風間サチコ「PAVILION — 白い巨象（もんじゅ）館」2020 年
木版画（パネル、和紙、油性インク）、915x1450 mm

撮影：木奥惠三
Photo Courtesy：日産アートアワード

日本の原発地帯

鎌田慧セレクション——現代の記録——

3

目次

装画：風間サチコ
「ＰＡＶＩＬＩＯＮ
——白い巨象（もんじゅ）館」より
装幀：藤巻亮一

日本の原発地帯

Ｉ　原発先進地の当惑　福井

民家に接している原子炉

夜半、ふと目覚めて障子をあけてみた。雪が降ってないか気になったからである。すぐ眼の前の暗がりに三基の原発がほの白くみえる。静まり返った海をへだてたドームの上に、なんというのだろうか、飛行機が衝突するのを防ぐための赤いランプが点滅している。距離は五百メートルほどのものである。

原発とむかいあって寝たのははじめてのことなので、なんとなく寝苦しかったのだ。それでも、ここ福井県三方郡美浜町丹《に》生《ゅう》のひとびとは、原発と一蓮托生の生活をしてすでに十年になる。はじめはやはりわたしとおなじように、夜半に障子をあけて外をうかがいみたりしたものだろうか。

わたしはいままで、いくつかの原発地帯を訪ねたことがあったが、ここははじめてである。原発のこんなちかくに民家があることなど、想像さえしなかった。

新幹線の米原駅から北陸線に乗り換え、敦賀で下車する。東京から四時間ちょっと。あとはタクシーに乗ると三十分ほどで丹生大橋につく。海水浴場のある海外とちいさな入江をかたちづくる岬とを結ぶ橋である。五百メートルの橋のむこう側が、関西電力美浜原子力発電所である。

橋のたもとのPRセンターでぼんやり模型を眺めて外にでると、船溜りのむこうに密集する集落がみえたのだった。クルマでくる途中にも海岸沿いに葦簾張りの海の家や民宿やプレハブの飯場がたちならんでいるのが眼についたのだが、海水浴のシーズンがはずれていたためか、人気は感じられなかった。

漁村ならひとに会えるだろうと歩きだして間もなく、予約していた民宿の看板が突然現れたのだった。丹生の部落である。原発とこんなにちかくに生活がある、それは新鮮なおどろきだった。

朝になって、Sさんのお宅を訪ねた。漁村特有の狭い露地の奥の家である。彼とは、前の日の夕方、海岸で立ち話をして顔みしりになっていた。彼は船の様子をみにきていた。雪のこぼれ落ちそうな寒風のなかでちぢこまりながら、わたしは話しかけたのだった。

「そこの原発の土地は、昔はなんだったんですか」

エンジンメーカーの社名のはいった作業帽をかぶった小柄なSさんは、

「イモ畑だったよ」

と答えたのだった。

村のひとたちはその畑へボートで通っていたそうである。

「こんなに原発にちかくて怖くないもんですか」

彼はうなずいた。

「気持ち悪いのう。ちかすぎるわなあ」

「それで反対するひとはなかったんですか」

「ここのひとはみんなまあーるいしなあ。そのころはカネ儲けもなかった。畑は坪三百円ぐらいやった。だまされたようなんやのう」

原発はコトリとも音をたてない。中がどうなっているか訳もわからない。恐ろしいことはわかっている。もうつくられてしまって、ただなんにもなければ、と思ってるだけだ。Sさんはそういうのだった。眼の前の丹生大橋の工事には人夫としてでかけたという。そのとき、橋は五十年もてばいい、ときかされていた。それに、原発の寿命はあと二十年、と電力会社の連中がいっているのも耳にはいってきた。

冷たい風をうけて海にこまかな皺がよっていた。夕暮れがせまった静かな湾が、かつて絶好の漁場だったことを想像させた。遠く、近くに霞んでみえる岬や山々と若狭湾のひろがりには、心をなごませるものがあった。それを断ち切るかのように、まったく異物としての円筒形の原発がたちならんでいるのである。

Sさんのお宅を訪ねると、生まれたばかりの赤ん坊が炬燵に寝かされていた。そのまわりで三歳になるという男の子が、オモチャの自動車にまたがって遊んでいた。お孫さんである。お嫁さんは敦賀市内からきた。

「原発のすぐそばに暮らして怖くないですか」

そんなきき方をすると、彼女は当惑したように、

「くるまえは恐ろしかった。いまは絶対（事故は）ない、というのを信用するしかありません。なんかあったらどこかへ逃げていかなくては」。

日本海にむかって長くひろがる若狭湾では、現在、九基の原発が建設され、それぞれ運転したり、故障で停止したりしている。丹生湾のまん中の美浜原発三基と敦賀半島の背なかあわせの岬に日本原子力発電の敦賀原発一基と、動力炉・核燃料開発事業団（現在・日本原子力研究開発機構）の新型転換炉「ふげん」一基。あとは舞鶴の方向にむかって関西電力の大飯《おおい》原発が二基、そしておなじく関西電力高浜原発の二基である。

このほか、建設準備および計画中のものとして高浜三、四号、敦賀二号炉、動燃の高速増殖炉一基の四基。あわせて十四基がやがてひしめくことになる。ドイツで運転中の原子炉は現在十二基だから、まもなくそれをうわまわる量となる。

「どうしてこんなに集中してしまったんでしょうね」

わたしが首をかしげてひとりごとのようにいうと、Sさんは茶をすすりながら、

「一基つくられたら、もう二基も三基もおなじことや」

と自嘲まじりにいう。

「〝毒を食らわば皿までも〟ですね」

「毎年一回、暮れに関電が部落のうえのもんを呑ませるんだのう。けんど、二次会は部落で持つんであわん。公民館をつくってもらっただけ。カネがはいらんようなってみんな眼が覚めてきたんやわな」

といって、Sさんはけっして原発反対論者ではない。息子さんは関電の下請社員として、構内で働いている。

つくりだされた「僻地」

丹生部落は六十八戸。三軒のお寺を除いて全員漁協の組合員である。二統の大型定置網を中心に、三トン未満の小型漁船での沿岸漁業である。半農半漁といっても水田は三反程度。戸数をふやすと生活が成りたたないので分家はさせない申し合わせでやってきた。すべて長男があとをつぐ。封建的といえば封建的だが、生活防衛のための知恵でもある。

昔は、冬の季節風もおさまり、春の気配が感じられるころになると、手漕ぎ舟でいっせいに海へでた。二十キロも沖にでれば、アジ、サバ、タイ、ブリ、なんでもとれた。このあたりで大敷網とよんでいる定置網には、さまざまな魚が何百匹となくはいった。それも時代とともにふるわなくなった。この間の消息について、『美浜町行政史』（七五年刊）には、こう書かれている。

「美浜町の漁場は暖寒流の相対的消長や、冷暖水域の出現によって漁況が左右されている。昭和二七年頃より暖流勢力の強化が見られ、昭和三三年から三六年にかけて、日本海全域にわたって暖化現象が最高に達し、海況漁況に大きな変動を与え、特に主要魚族のイワシ類やサバ・ブリの激減や、小アジの増加等により、生産構造にも大きな変化を与えたが、昭和三七年後半から暖流勢力がやや劣勢となり、低温化の傾向がうかがわれ、資源的にはやや好転のきざしが見える魚類もある。しかし一般に海面漁業の急速なる発展が期待できない状況である。昭和四六年度における漁獲量は約一千五百トンで、昭和四〇年頃とほとんど変らず横ばいの状態を続けている。漁業種別では定置網（大小型）が主で、刺網、延縄、一本釣等の小型漁船漁業、及び浅海における採貝藻が行なわれている」

半島の根元にある敦賀の町では、十五、六キロたらずのものだったが、長いあいだ潮風に吹きさらされる細い道だけで、バスも通れなかった。ようやく道らしい道となったのは六八年の福井国体のときで、このとき正田美智子さん（Sさんは皇太子よりも旧姓の皇太子妃のほうに愛着をもっているようだった）がくることになったからだった。本格的に二車線の舗装道路となったのは、原発工事がはじまるようになってからのことで、この地域は、政治からとりのこされ、長いあいだ「僻地」を押しつけられていたのだった。

五月になって、定置網を仕掛けるころになると、Sさんたちは二人の坊さんと一緒に原発の敷地に船を横づけにする。いまは関電のものになってしまった海岸に細長い自然石がたっている。三舎人の墓である。その墓の施餓鬼（供養）をおこなうためである。豊漁と海上安全の祈願のしきたりである。

Sさんがゼッカンエモンと呼ぶ三舎人は、二百五十年ほどまえ、このあたり一帯の漁業権をにぎっていた「刀禰」だったと伝えられている。さぶとね長者ともいわれているのだが、彼の許可なくしてはどんな漁師も海に網を入れることができなかった。彼の横暴なふるまいは漁師たちの怨嗟のまとだった。

ある日、網曳にいったとき、さぶとね長者は、「この浜の砂が絶えることがあってもわしの財は絶えることはない」と豪語した。それに怒った漁師たちは彼を地曳き網で簀巻きにして、海へ放りこんでしまった。

ところが、あくる年の五月にたてた大網には、どうしたことか、一匹の魚もかかっていなかった。さぶとね長者のたたりだったのである。漁師たちが坊さんを呼んで供養をすると不思議なことにこんどは大漁だった。それでも、漁師たちの反感はおさまらず、墓は海に背をむけてたてた。海をみせないためだという。

原発に海と畑を奪われることになったSさんたちは、毎年一回、船で上陸してここで墓前祭をおこなう。廃炉になった三基の原発がコンクリートに覆われ、その墓と並んでたつのは、やがて間もなくのことであろう。

建設までの複雑な経緯

美浜町の綿田町長が北知事から原発建設の要請を受けたのは一九六二年五月十四日（『美浜町行政史』）のことである。

「原子力委員会設置法」にもとづいて、原子力委員会が設置されたのは、その七年まえの五五年。ここで「昭和四〇年以降に新設する火力発電設備の相当部分を原子力発電に置き換える」との方針が決定されていた。

五七年九月、関西電力は原子力部を設置した。同年十一月、九電力資本参加による日本原子力発電株式会社設立。こうして電力会社は、原発時代に突入することになった。

知事が美浜町長に丹生地区に建設することについての協力を要請したのは、六二年五月十四日のことである。福井県は、五七年に知事を会長とする福井県原子力懇談会をいちはやく設置、坂井郡川西町（現在福井市）を中心に熱心な誘致運動をはじめていた。まだ茨城県東海村の日本原電一号機がようやく稼働しはじめたころで、原発などまだ海のものとも山のものともつかなかったころである。

大型工場のほしい川西町は町をあげての誘致運動をつづけていたが、予定地の海岸は地質調査の結果、地盤軟弱にして不適当、となった。県知事を先頭にした誘致運動はつぎの標的を敦賀半島にしぼったのである。

関西電力が有力候補地として丹生地区を選定したのは六一年十月（『関西電力二十五年史』）である。そして、地元の町長が知事から協力要請を受けたのはその半年後、この半年のあいだに土地買収の根まわしがすすめられていたことは想像に難くない。というのも、その一週間後に、丹生地区の総会で誘致が決定され、一カ月後に土地の売買契約はすべて完了していたからである。

これらの動きを年表風に整理するとつぎのようになる。

一九五七年四月　福井県原子力懇談会が設立
〃　九月　関西電力に原子力部設置
一九六〇年　福井県坂井郡川西町が誘致運動開始
一九六一年十月　関西電力は最有力地として丹生地区を選定
一九六二年五月十四日　県知事が美浜町長に建設協力を要請
〃　五月二十二日　丹生地区総会で誘致決定
〃　六月　県知事、川西町誘致断念、敦賀半島を有力候補地と発表
〃　七月　土地売買契約締結

これは、『美浜町行政史』と『関西電力二十五年史』によって作成したものだが、この正史によっても、極秘での長い準備のあとで電光石火に土地取得したことを知ることができる。用地の買収は県の開発公社がおこなった。それを日本原電に売却した。関西電力はそのあと美浜地区の用地を日本原電から譲りうける形をとった（福井原子力センター編『福井県の原子力』）。候補地の決定から用地の入手まで、どんな画策がなされたか、それはもちろんこれらの文書には残されていない。

六十六歳になるNさんは、いまは釣り客用に舟をだして小遣銭を稼いでいる身分だが、かつては漁師の組合長を務めたこともある部落の有力者である。白髪で眼差しの柔らかなご老人だが、彼は当初、反対派の急先鋒だった。

いつのころだったか、年月は忘れたが、県の役人と町長などがやってきて、説明会がひらかれたことがある。「闇（藪）から棒」とNさんは説明したのだが、突然、「ここに原子力発電所をつくりたい、協力してくれ」と切りだされたのだった。

それから部落は「すったもんだ、もんだすった」の大騒ぎになった。船で沖にでても、「原子力」の三字が頭からはなれなくなったのである。昼となく夜となく部落では寄りあいがもたれた。彼は軍隊生活の経験から広島、長崎での原爆の脅威をきかされていた。だから原子力なんて頭から反対だった。部落長（区長）や部落の役員たちは、部落の行政といえども県や町の協

力をえなければならないことが多いので、役人や町長の意向にはさからえなかった。

Nさんは、原発などというような危険なものより、風光明媚な土地を利用して観光に力を入れたほうが安全であるし、安心して働ける、と主張していた。やがて大学の先生が連れてこられ、「安全である」ということが力説されるようになった。敦賀の発電所の設置が一足さきにきまり、部落の役員たちは東海村に見学に連れていかれるようになった。

どんなに議論しても平行線で部落がまとまらないので、戸主たちの記名投票で決定しよう、ということになった。「反対派が勝つ」、という見通しになっていた。ところが結局、小差で丹生部落は原発受け入れを決定してしまった。たいがいのひとたちは県や町のお世話になっている、その顔をたてなければ、という部落の有力者たちの意見に従ったのである。

Nさんは反対論者だったが、そのころ、「部落の電灯料を無料にしろ、それだったら賛成してもいい」と主張して、関電の職員が「それだけは勘弁してください」と答えたのを記憶している。

原発予定地は、部落の眼の前に6の字のように垂れさがった岬である。陸路を迂回していくより、船でならアッという間である。ここに部落のたいがいのひとたちの畑があった。大根やジャガイモや麦などを植えた。肥料としての人糞を手漕ぎの舟ではこんでいたのだった。

畑や田んぼは女の仕事だった。あるいは山にはいって薪をとる、ワラジや草履を編む、それらもまた女が担った。男は、海にで、時化ると酒を呑み、煙草をすってバクチに熱中した。昔は、獲った魚を背負籠に入れ、敦賀までの五里の道を山越えしたのも女たちの仕事だった。六貫目で一荷、九貫目で一荷半といった。だいたい一荷半の魚を背負って、御用提灯をかざして山道を伝い、朝八時からの魚河岸に間に合わせた。

二、三男は部落をでて敦賀や京都で働く。そんな暮らしを長い間つづけてきたのである。

土地の買収価格は畑で坪三百五十円だった。漁業補償金もふくめて、だいたい一戸あたり七十〜八十万たらず、山を多くもっていたひとで、二百〜三百万になれば、最高だった。

美浜第一号機の建設は「万博に原子力の灯を」を合言葉に突貫工事ですすめられた。営業運転開始は一九七〇年十一月。その翌月、こんどは三号機の建設が関電から美浜町に通告された。あたらしく排水口をつくるための漁業権補償が問題となった。

Nさんが賛成に変わったのは、このときからである。一基つくられてしまえば、危険性はあとはおなじ、そう考えるようになっていた。部落の交渉委員になって補償金の交渉にはいった。

夜になると関電から差し迎えのタクシーがきた。人眼につくと困るので、部落のはずれの小学校の前で停まる。そこまでこっそり歩いていくのである。敦賀の料亭に何度もいった。「呑んで騒いで交渉」だった。

組合側は十億円を要求していた。関電側は一億円たらずである。ひとりあたまにすると百五十万円ほどにしかならなかった。料亭で関電の担当者が「今晩は本当の腹をきかせてください」といった。Nさんは「最低五百万はだしてほしい」と答えた。担当者は困ったような表情をして、「ヘエ、考えさせてもらいます」とひき取った。間もなく県がたちあってNさんの提示した価格で決まった。

Nさんは三倍にひきあげたことを少し自慢気に話した。しかし、総額で三億二千五百万円。組合要求の三分の一での手打ちとなったのだった。Nさんにしてみれば、いつまでも交渉していて時間を空費するよりも、カネを手にして、部落のひとたちの自宅を一日もはやく民宿や旅館に改造したほうがいい、との考えだった。彼は部落の総会でそう主張した。

「原発がきてよかった」

丹生漁協が漁業補償協定を結ぶまえから、美浜町の漁民の反対運動は急速に盛りあがってきた。丹生漁協を除いた若狭湾内漁師たちは総決起大会をひらいて反対の気勢をあげていた。町議会が「建設一時中止」を議決する寸前、関電はみずから建設中止を発表して追及をかわした。全国的にも原発反対の気運はたかまり、関電はほとぼりをさますため七二年七月まで工事着工を中止した。その後、この湾に林立することになった原発は、美浜一号機の燃料棒折損事故を筆頭に、さまざまな「故障」を繰り返すことになるのである。

わたしがこの地域をまわっていたとき、美浜の三基のうち、一、二号機とも運転停止で、帰るころになって、ようやく一号機が六年半ぶりに「運転再開」となっていた。この一号機の十年間の運転実績は二二パーセントというものである。

Nさんに、わたしは、いまどんなお気持ちですか、ときいた。彼は、「承諾してしまった以上、信頼するしかない」と答えた。会社にしても、なかで働いている従業員の生命をあずかっている以上、充分に注意しているはずだ。政府も後ろ楯にいるんだから、安心していいはずだ、というのである。

わたしが、Nさんと話して痛感させられたのは、建設決定当時の六二年ごろ、この部落のひとたちは部落内だけで、賛成と反対に揺れ動いていたというのである。やってきたのは賛成派の学者だけだった。いわば、彼らは原発推進時代の最先端の重みを、わずか六十八戸で耐え、そして敗退したのだった。あとは既成事実の積みあげと諦めの拡大である。一基つくられてしまえば、あとの危険性はおなじようなものだ、ということになってしまう。

Nさんは「原発があってよかった」といった。もしなかったら、この部落はどうなっていたか想像もできない。ここの漁業の中心である大型定置網の収入は、八〇年は六千万弱に終わった。そのまえは二億円、もう一年まえは一億円。一億円なければやっていけない。たとえば、先に紹介したSさんの収入は月十一万に終わっている。これは定置網組合の日給月給で、成績がいい年なら二十万になるはずのものなのである。すると、妻たちが下請の関電興業で掃除などの雑役(日給四千円)ではこんでくるカネが、大きなウエイトを占めることになる。

美浜原発では、八〇年現在、千五百四十名の労働者が働いているが、このうち、関電社員は二五パーセントの三百八十名にすぎない。それも部落から入社したのは、守衛ぐらいのものである。残りの千百六十名は下請労働者で、事故や故障がふえれば、それだけ下請労働者の雇用と被曝率が上昇する、という関係にある。

丹生六十八戸のうち、民宿経営は約二十戸である。その資金は原発補償金によってつくられた。Nさんが「原発がきてよかった」というのは、現在ただいまの経済生活からみた場合のことで、危険性を抜きにすれば、それなりに理解できないわけではない。

わたしは、Nさんの話をききながら、その日の午前、原子力PRセンターに申し込んで見学したときにみた、丸い屋根の、巨大なコンクリートづくりの「固体廃棄物貯蔵庫」を想いうかべていた。

丹生大橋をマイクロバスですすむと、橋の終点で鉄柵が自動的にひらく。建屋の中にはいるときも、案内者が入口の電話機で用件をつげてようやく鉄の扉がひらく。原子炉のちかくの建物のなかで、白い作業着姿の労働者たちが、汚染した作業着などを詰めこんだであろうドラム缶をクレーンであげているのが垣間みられた。原子炉など、放射能によって汚染された物体は、やがてコンクリートで塗りこめられ、巨大な廃墟になる。

この地域は、長いあいだ僻地として封じこめられていた。だからこそ「観光資源」としての海と景観を保全できた。といってもひとびとは生活道路を必要としていた。そして道路がつくられるのとひきかえに原発が押しよせてきた。

生活は便利になり、なにがしか向上した。しかし、それは将来の廃炉と環境汚染を織りこんだ「繁栄」である。

やがて、観光地の景観のどまん中に、無機質の、きわめて醜悪なコンクリートの物体が視界をふさぐことになる。観光資源はその価値をゼロにするだろう。そのとき、はたして民宿が民宿としての経営を成立させることができるのであろうか。「うたかたの夢」といったような感慨にわたしは捉われるのである。

「もう二十年もしたら、あの原発もすっかり廃炉ですね」

わたしはNさんにこうたずねた。彼はごく軽い調子で答えた。

「その時代、その時代でしゃーない。こう話しとっても、いつこの天井が落ちるかわからんがのう」

漁師特有の思いきりのよさとでもいうのだろうか。三号炉建設反対運動がひろがっていたとき、Nさんは、もっとおとなしくして、上手にカネをもらったほうがええよ、と顔みしりの漁師仲間にいったそうである。それでも彼は、このちいさな湾に取水口がつくられ、一日三十トンの水が原発に吸いあげられるようになって潮流が変化したばかりでなく、プランクトンまで吸いこまれ、ナマコ、カキ、それに彼自身「日本一」と自慢した真珠貝まで絶滅してしまったことを嘆いたのだった。

彼自身語ったことではないが、それ以外にも、コバルト60が検出されたり、岩場にコケが急速に増殖したり、海の生態系が著しく変化しているようなのだ。

廃炉後の恐怖

丹生での原発誘致に最後まで反対していたのはDさんである。部落が賛成、反対に二分され、収拾つかなくなっていたころ、彼はもういくら反対しても押しきられると覚悟した。有力者がすべて賛成で、やってくる学者で反対論者はいなかったからである。

「賛否」の決定を記名投票によるか、無記名によるかをきめるとき、ほとんど記名投票に賛成した。ちいさな共同体のなかで、投票方法まで争うことは、もはや気がひけるようになっていた。Nさんの話では、ほんの小差で「賛成」となった、とのことだったが、Dさんによれば反対は十人だけ。予想外にすくなかったという。

「いま、なにいうても、遅いけんどなあ」

と彼は嘆息した。それでも、いまなお、どうせ大会社がはいってきて事業するなら、どうしてもっといい大会社がみつからなかったか、とひょいと思うことがある。時代の変化とでもいうのだろうか、原発がやってきて、生活が「天と地ほど」変わったのは事実である。

十五年ほどまえまでは、ズボンはつぎはぎだらけ、屋根はカヤぶき、食べ物も買うことなどなかったが、補償金以後、すべて都会なみになってしまった。とにかく村も発展してきたところなのだから、このまま事故がなくて、すこしでも発展してほしい、と願うのは人情というものであろう。

彼はつづけてこういった。

「いずれ使い道がのうなって廃炉になるいうのはきいとるけどなあ、一年でも長持ちしてほしい気持ちはあるわな」

危険な原発なら一日でも早くなくなったほうがいい、というふうに、反対派のDさんでさえいうわけではない。もはや生活は原発のなかに組みこまれ、いやもおうもなく原発を中心にした生活になってしまったのである。

わたしは十数年まえ、これとおなじセリフをきいたことがある。長崎県の対馬で、カドミウム鉱毒に苦しむズリ山の下の部落で、やはりそこの住民たちは、鉱石の埋蔵量に限りがあるにしても、一年でも二年でも長く操業してほしい、と鉱山に哀願していたのだった。

「この鉱山《やま》は会社の宝庫である。末永く掘りつづける」

と会社の代表者はいいつづけていた。しかし、それから数年してあっさり閉山、職員たちはあっという間に島をひきあげてしまったのだった。

いまになって、ちかい将来の廃炉について公然と語られているのだが、建設当時、誰ひとりとしてそんなことをいうものはなかった。文字どおり「後は野となれ山となれ」である。わたしはこのあと、高浜原発周辺のひとたちと話し合うことになるのだが、やがて廃炉になるんですよ、といったとき、みんな一様にびっくりしてききかえしたのだった。いま原発の建設がすすめられている地域で、どれだけ、廃炉後の地域での生活が話題にされているのだろうか。

美浜町役場の商工観光課は、企画広報課を改組したものだそうである。原発建設時の「企画広報」の仕事が終わって、こんどは原発中心の「商工」が中心になった、と理解することもできる。

この町では、地方税のうち、関電からの大規模償却資産税、家屋資産税、法人、個人町民税などで十二億七千八百万円、七七・九パーセントを占めている（七九年度実績）。これは七七年の十四億九千二百万円、八三・八パーセントとくらべて漸減の傾向にある。しかし、それでも地方税収入の八〇パーセント前後が原発によって占められていることは、そのまま、この地域での原発の力を物語っていることになる。

といって、税収入がふえれば、その分だけ地方交付税が減る関係にある。それも償却資産は十五年定率で減っていくから、いつまでも安泰ということにはならない。

七四年から「電源立地促進対策交付金」制度がはじまり、立地分と周辺分として、合計七億四千万円がはいった。担当者の言によれば、それまでの四年間はその恩典に浴することなく、三号機建設の半分しかはいらなかったから、結局、この町は、俗な表現を使えば「あわてる乞食はもらいがすくない」ということになったのだ。「誘致するまえは、税金をただにするなど期待が大きかったが、フタをあけてみるとたいしたことはなかった。これからのところならいいのでしょうが」とのことである。だから町としては、「起爆剤」としての原発に依存しながら、観光に力をつける方針である。政府は、行きづまってきた原発立地のために、いまさまざまな交付金を創設し、札ビラを切って突進しようとしている。しかし、その弊害はすでにさまざまな面で現れている。

たとえば、電源三法による交付金は地方財政のなかで「投資的経営」にだけ使われ、人件費などの一般財源には使えないように枠をはめられている。原発地帯において、道路とか、学校とか、体育館などが、「身分」不相応にデラックスなのはこのためである。つまり、局部にだけの過剰投資となるのである。

これについて、「高速炉反対敦賀市民の会」の事務局長である吉村清さんは、「交付金をアテにして財政が拡大してしまい、人気取り政策だけが先行する」と批判している。敦賀市の市庁舎は県庁とまがうばかりの立派なビルなのだが、このほかにも、市民文化センター、青少年勤労センター、社会福祉会館、社会福祉センターなどのビルが目白押しである。危険な原発の代償が「福祉」のバラまきとなる。

その福祉も、みてくれだけの箱物の林立で、実際はまったく内容をともなっていないのが、なにか象徴的である。

地方自治にもちこまれる「秘密」

原発のもうひとつの特徴は、地方自治のなかに秘密がもちこまれることである。それは用地買収が電光石火、極秘裡のうちにすすめられることから端を発し、稼働中は何重もの自動ドアで仕切られ、事故や故障があってもその情報はなかなか外にもれない。

あるタクシーの運転手の話によれば、以前は事故や故障があると、東京や大阪から駆けつけた技師たちは、原発にむかうタクシーのなかで、修理方法についてのさまざまな議論をしていたものだったが、いまはみんなおし黙って直行するようになってしまった、とのことである。

敦賀市役所へいって、企画開発課原子力係長に会った。原発からの地方税収入を教えてほしい、とたのむと、まだ三十代の原子力係長は「守秘義務」だといったきり、口をつぐんでしまったのである。

「なにが秘密なんですか」

「個人のプライバシーですから」

「企業が個人ですか。法人じゃないですか。そんな数字はどこだって教えていますよ」

すこし声をあらげていうと、彼は、

「あなたはどっちの立場なのか判断がつかないから」

と眼鏡の奥からうかがうようにこっちをみたのだった。原発に関する情報はできるかぎり秘密にする、という行政マンの日常の姿勢をみたような想いがした。結局、彼が差しだした資料は、ここには関係のない九州電力の玄海原発のパンフレットだけであった。それは信じられないことであった。

敦賀駅前の動力炉・核燃料開発事業団へいった。敦賀半島の先端に建設準備中の高速増殖炉「もんじゅ」の資料をもらうためである。応対した若い担当者は、わたしを応接室に待たせて、あたふた出たり入ったり、卓上の電話をあっちこっちにかけて指示をあおいだりしていた。

「いまは微妙な時期でして、地元を刺激したくないもんですから」

彼はそう弁解した。

「もんじゅはつくらないんですか」

「やることは決定しているんですけどね」

「だったら、その計画ぐらいいってもいいじゃないですか」

こっちが気の毒になるほど、彼は当惑していた。そしていいにくそうにちいさな声で切りだしたのだった。

「どんな思想で書かれるんですか」

「原発に思想が関係あるんですか」

わたしはわざとらしい切り口上で返した。

「ちょっと待ってください」

彼はあわてて席をたち、しばらくして帰ってきた。

「上では、これだけ、といってますので」

そういいながら、「ご存じですか、高速増殖炉のはなし（これからの日本には、なくてはならない原子炉です）」というタイトルなどの宣伝用パンフレットを二、三冊差しだしたのだった。

「夢の原子炉」と宣伝されている高速増殖炉は、燃えないウランをプルトニウムに替えて自己増殖させるもので、これまでよりもウランを六十倍以上に使えるもの、といわれている。水と反応しやすいナトリウムや毒性の強いプルトニウムを扱うために、原子炉のなかでもより危険とされていて、科学者のあいだでも、まだ技術が確立していない（原発でさえそうなのに）として強い批判を浴びているものである。建設費は三千五百億円、昭和五十五年度の科学技術庁の予算では、三百五十四億円計上されている。

敦賀半島の行き止まりかともみえる丹生部落から、さらに山を越すと、ちいさな入江に激浪が押しよせ、身を守るように肩をよせあった集落がみえてくる。戸数十五戸、九十人たらず。白木部落である。

「もんじゅ」はそこから一・三キロ離れた海岸に計画されている。あるところで入手した「高速増殖原型炉計画の概要」には、「仮に事故が起ったとしてもその事故による影響を最小限にくい止め、一般公衆には被害を及ぼさないことを……基本的な方針として設計を行なっております」と記されている。

事故が起こっても、一般公衆に被害を及ぼさない方法として、当初、全戸移転が予定されていた。しかし、白木部落のひとたちは「先祖伝来の土地を捨ててまで「もんじゅ」を誘致する必要はない」と七〇年九月、文書で正式に断った。動燃は計画を変え、部落から山をひとつ越した地域に移し、それで同意を取りつけることに成功したのである。

白木は、対岸の朝鮮半島の新羅国の住民が渡来してこの名になったと伝えられている。が、ここには古代人が住んでいた形跡として製塩土器や縄文土器が発見されているので、当時すでに朝鮮にむかってひらかれた入江として、かなりの集落が形成されていたと推定されている。いまを去る三百年まえには、七十戸ほどの村落だったが、ある日、男たちが出漁していた留守に大火となって焼尽した、とも伝えられている。ここのひとたちは大型定置網とすこしの田畑と補償金によって家屋を改造して、十五戸全戸が民宿を経営している。高速増殖炉を受けいれたのは、僻地の丹生よりもうひとつ僻地にあって、道路から見放されていたことと、子弟を村に残すための悲願でもあった。橋本昭三の『白木の里』には、こう書かれている。

「……原電の安全性の問題は今後ますます研究されてやがて放射能に対しても安全性が確立されるようになるものと考えらえる。従って区民は安全性については国や事業団、県や敦賀市などを信ずる以外にない。学者の意見にも賛否両論あるが、若しも万が一事ある場合(無いものと信ずる)、白木は現在何の恩恵を受けずして、関電美浜、日本原電敦賀、動燃事業団新型転換炉の各原子力発電所の間にある。そこで白木が動燃事業団の高速増殖炉を誘致しても、区民にとっては当然のことであり何の不思議もないはずである」

この部落は、敦賀半島の中央に位置していて、南側に美浜三基、北側に原電敦賀、動燃「ふげん」の二基にかこまれている。すでに充分なまでに危険なのだから、あと一基すぐそばに建設されてもおなじこと。危険をテコに部落の便利さを図ろうという悲壮なる賭けである。

ここは、伝統的に戸主の力の強いところで、部落総会でなにが決まったか、女たちは寝物語にさえきくことはない、と伝えられている。だから、ほとんど新築の、シーズンを外れてひっそりした部落を歩きまわっても、こと原子炉の話になるとさっぱり要領をえないのである。

Pさんは、小屋で奥さんと一緒に昆布をけずっていた。大阪や京都にはこばれてバッテラなどの材料にするとろろ昆布は、北海道から仕入れた長い昆布を酢酸につけたあと、幅の広い包丁でうすく剝いでいくのである。

ここでは全戸この内職をしているという。民宿も全戸。部落が荒海の前で結束し、相和して生活しあっているのをよく感じることができた。Pさんの話によれば、原子炉に賛成することになったのは、たんに補償金がほしいためではなく、丹生に抜ける道路工事と港をつくってもらうことを条件にしてとのことである。「関係者以外立ち入り禁止」の看板をたて、二重の門にさえぎられた海岸沿いの道をすすむと、なんと、人眼を盗むようにして、すでにトンネル工事がはじまっていたのだった。

入江の端にいってみると、小屋の天井から一・五トンほどの船が吊るされていた。港がないため、船が波に流されないよう小屋に引きこんだあと、ロープで吊るしているのだった。生活の知恵というよりは、行政の貧困さを物語る光景で、わたしは胸をつかれた想いがした。

長いあいだ、道を、港を、と要望してもききいれられなかった。それが原発とともにやってくることになったのである。道があれば子どもたちは学校や会社に通える。港があれば嵐の日でも枕をたかくして眠れる。おそらく、ここのひとたちにとって、道と港にくっついて原子炉がやってくるように思えることであろう。ギリギリの選択である。

しかし、相手はもっとも危険な「夢の増殖炉」である。わたしは、吊り下げられた船の無惨な姿をみながら、他の道がないものかと思わずにいられなかった。

Ｐさんもまた「事故があればどこにいてもおなじことだ」といったのだった。こうして若狭湾は原発の過密地帯となったのである。

トラブルつづきの大飯原発

敦賀から急行で約一時間半。小浜線若狭本郷で下車。大飯町はちょうど若狭湾のまん中に位置している。人口六千三百。美浜町のほぼ半分である。ここの原発は二基。それで予算三十億七千万円のうち、半分の十五億円をまかなう。このほか、電源三法にもとづく交付金が七四年から七八年までの五年間で十八億円はいった。

駅前のタクシー会社の事務所で、タクシーが帰ってくるのを待っていた。メモ用の黒板をみると、予約のほとんどにＰＳと記されている。ＰＳとはなんですか、と無線を受けている内儀さんにたずねると、原電ですよ、というだけだった。そのあと何人かの運転手にきいても、

「ＰＳは原電ですよ。ぼくらはそういってます」

と当然のことのようにいう。取材が終わって帰るころになって、「ＰＳはパワーステーションのことですよ。原電のお客さんがそういってました」と答える運転手に出会うことができただけである。専門用語が仕事の略語になっているほど、ここでは原発が日常化しているのである。そして、原発側は原発といわず「原電」といいあっていることも知ることができた。原発は原爆に語呂が似ているので嫌われているようである。

「大飯発電所は、当社が建設した3番目の原子力発電所で、1番目の美浜、2番目の高浜に次いで、同じ福井県内の大島半島先端に立地された。当社の原子力発電の〝三男坊〟であるが、この〝三男坊〟の出産はまことに紆余曲折をたどった。「反原発」の運

動がようやく日本中に高まった時代環境のなかで、大飯発電所もまたその高波に巻き込まれたからである」(『関西電力二十五年史』)

長男、次男までは、相手の無知につけこんでかなり強引に産ませた形だったのだが、三男の誘致決議を町議会で取りつけたあと、日本原電敦賀一号炉での燃料棒の折損事故による放射能もれがあきらかになった。さらにアメリカで、関電の原子炉と同型の軽水炉の緊急冷却装置に欠陥のあることが発見され、世論は沸騰するように高まったのである。大飯町では反対派組織として、「住みよい町造りの会」が結成された。町長が関電と結んだ用地買収、漁業補償などをめぐる一方的な「仮協定書」が暴露され、ついに町長リコール運動へと盛りあがるのである。

仮協定書は破棄され、町長選では反原発の町長が当選、「工事中止」を新町長が関電に通告するようになった。

『関西電力二十五年史』での「「反原発」の運動がようやく日本中に高まった」との箇所は、関電側にすればついにといったほうがより適切な表現だろうが、六八年に誘致を決めてから営業運転開始まで、十二年もかかったのは、長男が八年、次男も八年ですんだのとくらべてみれば、その「紆余曲折」の難産ぶりを想像することができる。

しかし、「住みよい町造り」の会会員である中川三千男さんの話によれば、ついに原発がつくられることになったのは、ひとつは、町を関電に売り渡そうとした町長の秘密主義と独断専行にたいする批判が中心課題となり、論点は反原発から反町長へと移り、町長が辞任してしまい、新町長が無投票当選となると、運動は標的を失って下火になってしまったからだ、とのことである。

そして工事再開、新町長の落選となり、営業運転開始の事態を迎えたのである。

やがて、アメリカのスリーマイル島の大事故以後、大飯一号、二号炉をふくめて、若狭の原発群はそれぞれ欠陥を発見され、軒なみ運転停止の事態を迎えた。

といって、原発の「危険性」は事故だけにあるものではない。わたしも中川さんとまったく同意見なのだが、むしろ日常的にすすむ住民の金力と権力への依存、自治体の自治精神の喪失こそが重大なのだ。

地域の行事や公共施設の建設などになると、住民たちはごく自然に「関電さんに頼もうや」ということになってしまったのである。

「知識が足らんかった」

大飯原発のすぐそばの部落に住む田中千太郎さんは、一九〇三年（明治三十六）年生まれの七十七歳である。炬燵のまわりをひ孫がかけまわるのを眼を細めてみやりながら、「山が惜しかったのう」と嘆くのだった。

大飯町出身の大林組の副社長（当時）が、「大島に道路がほしかったなら、原発を誘致せんか」と部落の有力者をまわったのがそもそものはじまりだった。大島半島は若狭湾につきだして細長く、頸部は狭いので、いわば孤島ともいえるものであった。こうして、部落の八町八反の水田、山林、そして村有地などが大林組に買収されることになった。

田中さんの土地はいまごろ、一号炉の炉心部あたりになってしまったのだが、いまでもつくづく惜しいと思うのは、せっかく植林した梅や柿やミカンやビワの果樹やひと抱えもあるまでに育った檜などである。ごくたまに原発用地内にはいってみると、彼が植えた梅や柿が主人《あるじ》なくともたわわに実をつけているのをみることになる。それに山林は、実測せずに役場の登録簿どおりの評価で買収されてしまった。実際はその三、四倍もの面積だったのだ。

そのころ、原発を怖いものだと思うひとは部落にいなかった。東海村の見学に連れていってもらっても、みんなの目的は東京見物だけにあって、四十人ほどいったうちで、実際に東海村まで足を延ばしたのは、田中さんをはじめとした、七、八人のものでしかなかった。

彼は「せっかくきたのに話をきかんと」と考えていったのだが、熊谷組に連れられて東海村の役場へいってきかされた話は、排水口のそばに魚がよってくるとか、税金もタダ同然になる、とかの結構ずくめで、それですっかり安心しきっていた。

それに、たしかに道はつくってくれたが、それは部落のためにつけたのではなく、「原発道路」の名が示すとおり工事用のもので、原発が完成するまでは、一般車の通行は禁止されていた。いまから考えてみて、道がそれほど必要だったかといえば、若いもんたちの通勤にはたしかに便利にはなったが、普段の生活では村や漁協の定期船もあったし、急用のときには自分の漁船で小浜市までは一時間もあれば充分にいけた。

道路ができてバスになり、バス賃は廃止された定期船よりほど高いものになった。この部落も、ご多分にもれず、ほとんどが民宿を経営しているが、都会からきた娘たちに、「船でくるなんて観光地としてサイコーよ」などといわれたりして考えこんでしまうのである。

「ここは気楽なとこやったのう。コメも野菜も魚も豊富なもんで、みんな自給自足でけた。コメも醬油もみんな自分でつくったもんや」

田中さんのゆっくりした口調の話は、わたしにはけっして老人の繰り言にはきこえなかった。彼は、こうもいったのだった。

「ここはええとこや、と誇りに思っとんや。知識が足らんかったし、しゃあねえかった。うまことだますもんやのう。これから、ますます暮らしにくくなるのはわかりきっとるわな」

南隣の内海半島にあるのが高浜原発である。

つい先日、「公開ヒアリング」が終わったばかりと思っていたのだが、きてみると、コンクリートミキサーがまわり、三、四号炉の建設工事のまっ最中だった。基礎工事はとっくの昔に終わっていたのである。

ここもまた、既成事実の押しつけである。

高浜町でお会いした時岡孝史さんは、孤立無援の裁判をつづけていた。町長が三、四号炉増設をめぐって、関電から九億円の協力金を受けとり、それを自分の選挙対策費として、独断で漁協に配分したり、一年半にもわたって個人名義の貯金にいれていたりしたことを「不当な公共費管理」として住民監査請求をしていたのである。町の監査役は関電出身者、そのことも地方自治体の不明朗さに拍車をかけている。

時岡さんたちの訴えは結局、「時効」として取りあげられなかった。六十六歳の時岡さんは、広島での被爆体験をふまえて、「事故のときにはもはや退避はできない」と主張しているのである。彼は一、二号炉があるから、三、四号炉にも賛成する、という住民たちの思想を「玉砕精神」と批判し、町当局にさからって生きられない、という住民たちの生活のスタイルを嘆いていたのだった。

高浜原発から直線距離にして五百メートルも離れていないある住民は、匿名を条件にして、「勝手に道普請すると警察に怒られるが、原発は国の許可のおりるまえに建設工事をはじめて平然としている」と憤慨していた。いままで、原発はぜったい安心だ、危なくない、と保証した人間がどれほどいたことか。農薬にしたって科学者が太鼓判を押して使いなさい、使いなさいとすすめていたくせに、牛や馬や人間が死んでからあわてて使用禁止にしたのもあるじゃないか。こんな社会が気にいらんのや、と彼はいい放った。

この原発先進地をまわって、しだいに怒りを強めている多くの老人にわたしは会った。怒りを表さないひとたちでさえ、当惑の色をかくしていない。そして、間もなく、日本原電敦賀原発での廃液もれが、暴露された。

九六年現在、福井原発は、敦賀二基、美浜三基、大飯四基、高浜四基、計十三基である。停止した「もんじゅ」をはじめ、ここでの事故は、日常茶飯事である。事故発生時の道路遮断機も完備している。

それが降りるまえに、無事に廃炉の時代を迎えるかどうか。

Ⅱ　金権力発電所の周辺　伊方《いかた》

往復料金を請求するタクシー

　島津マサオさんにお会いしたいと思っていた。伊方原発について想いをめぐらすとき、きまって眼のくりくりした、小柄な彼女の姿が浮かびあがってくるのである。

　予讃線八幡浜駅から走りだして間もなく、タクシーはバイパスにはいった。風景は六年まえと一変していた。

　そのころ、わたしの乗ったバスは、九十九折りの道を、登ったりくだったりしながら佐田岬をすすんでいったものである。木立の陰から道の下に覗かれるちいさな入江に人家がひしめきあい、耕して天に至るミカンの段々畑に陽を受けて甘夏ミカンが輝き、海はどこまでも青く、わたしは交通の不便さに驚嘆しながらも、次第にそののどかな風景をたのしむ気持ちになっていた。目的地の伊方町九町《くちょう》まで、一時間あまりもバスに揺られていた記憶がある。

　ところが、こんどは、入江にちかくなったりまた遠くなったりする優雅な時間をもつことなく、山をくりぬき、白いコンクリートの壁に視界をさえぎられた道を追われるように走ったかと思うと、アッという間に狭い道の両側に庇を接して家のたちならぶ、見憶えのある街なみにはいってしまったのだった。「原発道路」の便利さである。

　それでも、かつてとおなじように、「伊方原発建設反対」の横断幕が、細かい格子の出窓に貼りつけられているのを眼にすることができた。原発反対運動の代表者である川口寛之さんのお宅である。川口さんは、八幡浜市の病院に入院中とのことであった。

　佐田岬半島は、地元では岬十三里ともよばれ、四国の形を足をふんばった牛にみたてると、対岸の大分県にむかって長く伸びる尻尾ということになる。尻尾は豊後水道の流れをさえぎり、そのうえから伊予灘、そして瀬戸内海へとひろがるのである。尻尾の根元に、ガンのようにこびりついているのが四国電力の原発である。

　豊後水道に面している九町から、島津マサオさんの住む島津部落へいくのには、岬の背を越えて瀬戸内海側にでなければならない。島津は原発が建設されている九町越しに隣接している入江なのである。

　わたしは食堂にはいってそばを注文し、店内の赤電話でタクシーをたのんだ。二軒ほどのタクシー会社はクルマをまわすのをしぶった。往復料金を払え、といわれ、それに応じることにしたのだが、それでもいつになるかわからない、という始末だった。歩いても四十分、昔の小学生たちの遠足コースだ、と食堂の女将に励まされ、わたしは決心した。方向オンチなので、あまり自信はなかったのだが、まあ、なんとかなるだろう、そんなたより気ない気持ちで歩きだした。

バイパスが通って便利になった、といってもそれは地域の中心地である八幡浜市から原発にむかう道のことである。タクシーはその道を必要とする原発関係者に吸収されてしまう。バイパスからはずれた周辺地域では、むしろ昔より不便になってしまったのである。

それでも、しばらく歩くとむこうから空車がやってきた。信じられない幸運である。わたしは必死で止めた。二倍払うからと切りだし、懇願してとにかく乗せてもらうことになった。

やがて、眼の前に瀬戸内海がひろがってみえる。対岸には中国地方が霞んで横たわっている。道の下に深い海の色を映したちいさな船溜りと身を寄せあうような集落がみえてくる。鳥津部落である。隣に原発ができても、ここの風景は相変わらずの静けさを保っていて、ほっとする想いだった。

鳥津マサオさんの顔の皺はふえ、まえよりもいくぶん小柄になったようだ。七十七歳になったとのことである。夫の実さんは八十二歳である。わたしは再会の挨拶をし、座敷の炬燵に入れてもらった。ポカポカ暖かく、老夫婦と話し合っているうちに気持ちがゆるんでいたのだろうか、突然、猛烈な睡魔に襲われ、ちょっと横にさせてくださいともいいかねていた。ノートを取りながらすこし眠っていたようである。

「十月二十四日　ひる頃に竹丘久夫さんのうちにけいじいさんがたずねてきたので、わたしがおしえてあげた。これがけいじいさんのきはじめ。

夜、西山けいじがきたので、私はといにこたえた。

十月二十六日　今日もけいじいさん四人きた。

十月二十七日　今日もまたけいじいさん二人きた。うねのイモをほりおこした。其時、うねの内山へもきた。よしのり、しかのすけ方へもきた。

十月二十八日、又二人のけいじいさん。田之浦の浜田もオサカ方のキク花見にと申してきた。

十月二十九日　今日けいじいさん二人きた。

十月三十日　今日もきた。

十月三十一日　五人きた」

一九七〇年十月のある夜、地盤測定用のボーリング器材が破壊される事件が発生した。伊方署から反対勢力の強い鳥津部落へまいにち刑事がやってきた。マサオさんは小学生が使うノートにボールペンでそれを記録している。

「警察いうのが、あたしは嫌いでな」という彼女は、俳句も書きつけている。

げんにして寝むれぬままに俳句かな

俳句のテーマは、たいがい「刑事さん」である。

秋夜づりあわてて帰るけいじいさん
秋風に吹かれて寒いけいじいさん
秋の潮寄せては返すけいじいさん
芋掘りに山まで来るやけいじいさん
秋の空むなしく帰るけいじいさん
冬日中目の前ちらつくけいじいさん
冬の海ながめて帰るけいじいさん

十一月、十二月になっても刑事の捜査はつづいたが、ついに犯人は逮捕されることなく終わった。この地方では、「伊方天狗の仕業」とささやかれている。

そのまえの年の一九六九年からはじまった伊方町の原発反対闘争はそのころがピークだった。海上デモ、陸上デモ、集会、同盟休校までおこなわれた。海を奪われ、放射能によって汚染されることを心配したマサオさんたち半農半漁のひとたちは、山を越えて町役場へデモにいった。

「五月二十九日　伊方のやくばにデモに行った。おねんぶつもとなえた。
やくばまえ涙とともにおねんぶつ

その夜九時半のニュースに私が出た」

地元の漁協幹部たちが、四国電力と漁業権放棄の確認書を取り交わしたのは、七一年十二月中旬である。補償金額は六億五千万円。それまで四電側がだしていた四億二千万円に二億三千万円積みあげたものだった。マサオさんはその日の新聞を大事にしまいこんでいた。すっかり黄ばんでしまった『毎日新聞』（愛媛版）のトップ記事の見出しは、つぎのようなものだった。

「県の調停で妥結
賛成派、大きな前進
一年二カ月ぶり」

四国電力が大幅に譲歩した理由について、「解説記事」にはこう書かれている。

「町見漁協の反対派組合員が松山地裁八幡浜支部へ提訴している松田組合長ら役員四人の職務執行停止処分申請で四国電力は役員に定款違反の疑いが濃いことを知ったのが、補償金額を大幅に譲った一つの要因。来年早々にも判決が出れば不利とみて年内解決を急いだらしい」（七一年十二月十七日）

その一カ月まえ、町見漁協二見支所では臨時総会がひらかれていた。誘致反対の漁民たちは、資格審査があいまいだとして松田組合長を追及していたが、彼は突然議長を指名して開会にもちこみ、あっという間に「採決にはいります。賛成多数と認め可決しました」といったのである。「いった」というのは議長本人の話で、そのとき議場はつかみ合いの大混乱だったから、議長の声などきこえるはずもなかった。議案も提案されておらず、議事録に署名するものもなかった。混乱状態で満場たちあがっていたから、「起立多数」ということになったのである。

議事録もなく、誰がどうみても採決は無効なのだが、四国電力はそのことを法廷で争われるまえにカネをつりあげ、個別に落とすことにしたのだった。補償金交渉が妥結されたとのニュースをきいて、川口寛之反対共闘委員長はこう語っている。「総会で漁場放棄も決めないうちに補償額を決めるのは逆だ。エサをみせて釣りあげたようなもので、正常ではない」

「妻は原発のために死んだ」

伊方原発建設の歴史とは、金力と権力で強行された歴史であった。伊方町企画財政課がつくった資料によれば、「四十四（一九六九）年三月二十四日、四国電力に対し、伊方町長、関係地主ならびに関係漁協から原子力発電所の誘致陳情」となっているのだが、四国電力はその一年まえに愛媛県津島町や徳島県海南町での用地取得に失敗、立地を断念していたこともあって、深く静かに潜行しながら、いわば必殺の意気ごみで伊方町にやってきたのである。

住民の知らないうちに町当局は、四国電力と「業務委託契約」を結び、手数料（総額一千六百万円）を受け取っていた。町役場の職員たちは、原発予定地の関係地主百二十三名の家を戸別訪問し、原発を建設するなどとはおくびにもださず、「立ち入り調査のための契約書」であるとか、「ボーリング調査のための契約書である」といったり、「ハンをついていないのはあなただけだ」などといっては「仮契約書」にハンをつかせてまわったのだった。

二号炉設置許可の取り消しを請求している原告のひとり、井田與之平さんは、準備書面でこう書いている。すこし長いが全文を引用してみよう。

「私の妻は伊方原子力発電所のために死んだのであります。私は西宇和郡伊方町九町に住む、明治二十三年生れでもうすぐ満九十歳になる原告の井田與之平であります。伊方原発一号炉の設置許可取消裁判の原告にもなっているのでありますが、ここで妻の死についてふれることは、私事にわたることと言われるかも知れませんが、この妻の死が伊方原子力発電所の建設を四国電力株式会社がいかに理不尽に行なったかということの証明になると思い、敢て書き置きたいと考えるのであります。

私の妻キクノ（当時72）は、昭和四十八年四月二十日、自ら命を絶ってしまいました。まだ大事にすれば十年や十五年は生きられたものを、なぜ寿が自ら命を絶たなければならなかったかと言いますと、その理由は、四国電力の用地買収問題にからむものがあります。私は原発用地内に二十数カ所の土地を有しておりました。その一部が今の炉心部あたりに妻と子供名義の土地があったのですが、昭和四十六年四月、私が名古屋方面へ旅行した留守につけこみ、四国電力の水口某が、地元の者に道案内をさせ、私の妻をそそのかし、「名義が貴女になって居るのだから主人の承諾はいらない」といい、売却せずに頑張っていると収用法で安くとられると半ば脅して調印させてしまったのであります。

私が原発に反対しており、土地は絶対に売らないものだから、留守を狙ったのであります。旅行から帰った私が妻を叱ったのも当然でありましょう。それから、四国電力は私に調印をこわされることを恐れてか、八幡浜市内の旅館に私の妻をかくまい、その後名古屋にいる実子の所へ家出したのであります。それから一年後、昭和四十八年四月十七日、私の家に戻って来ましたが、三日後、私に黙って売買契約に調印した自責の念から、自ら命を絶ってしまったのであります。

考えてみて下さい。四国電力ともあるものが、公益企業を営んでいるものが、悪質不動産屋のようなことをして私をだましたのであります。普通に常識のあるものであれば、契約書にいくら調印してもらいたくても、「名義はあなたになって居ても土地は井田家のものだから、御主人が帰ってからまた参ります」といって帰るのが当然でありましょう。それを理不尽なことをして土地を取り上げたことによって妻の命をうばったのであります。

その他の土地も立木も大体、これと大同小異の手口を使って行なったことはいうまでもありません。賛成して土地を売った人々も絶対安全であると国や四国電力が宣伝するので、みなだまされたのであります。今日、伊方原子力発電所にも、アメリカスリーマイル島原子力発電所で起ったような重大なる事故が起ることが明らかになったのであります。

今まで絶対安全であるといわれて土地をとられ、命を奪われ、命を奪われないまでも心に深い傷をうけたものは誰が償ってくれるでありましょうか。この人達のためにも、伊方原子力発電所は絶対安全でなくてはいけないのであります。今度のアメリカの事故でも明らかなように、伊方にもあのような、あれ以上の事故が起きることが明確になった以上、伊方原子力発電所一号炉も建設中の二号炉も許可を取り消して頂きたいのであります」

町長先頭で誘致

細い万年筆の達筆でしたためられている。字がいくぶんふるえているのは高齢のためであろう。井田さんは息子の家で寝たきりということなので、うかがうことを遠慮した。六年まえ、わたしはひとり暮らしをしていた井田さんを訪ねたことがある。二階建ての屋敷は荒れ放題、薄暗い奥座敷のまん中に据えられたちいさな炬燵を前に長身の老人が端座していた。地元の名家の出身で、二十数年ものあいだ町見村の村長を務めていた。伊方町は伊方村と町見村が対等合併してできた町で、最後の町見村長は、実弟の川口寛之さんである。

井田さんは当初、賛成派地主の総代表だった。町長が原発誘致をもちだす半年もまえに町長にちかい町議が「町のため最後の奉公をしてほしい」といってきたのである。「銅像を建てよう」などともいったそうである。やがて「原発建設」ということがわかったのだが、そのころは原発の危険性についての格別の知識があるわけではなかった。当時の山本長松町長の後援会長は、村出身の四国電力の重役だったので、その線から町長は「誘致」に熱が入っていたとみられている。

地主との契約は、「ボーリング調査をして、発電所用地として適地であることを確認することを停止条件とする」ものであった。つまり、調査した結果、地盤が不適格と判断されたなら四国電力側が契約を破棄できるのである。一切のリスク負担はない。それに「ボーリング調査」を前面に押しだして「仮契約」をとって歩くことができた。留守番の老人たちは、町の職員たちを信用してハンを押したのだった。

それと前後して、町の臨時議会は、質疑討論ぬきで、「原子力発電所誘致促進に関する決議」を採択していた。

「当施設の実現が地域の開発と産業の振興に貢献するところ大なるものがあることを信じ、ここに原子力発電所の誘致建設の促進を期すると共に地域住民の生活向上の為最大の努力を尽すものである」

そのあと、町は数回にわたって原子力講演会をひらいた。講師は、内田秀雄東大教授、原研幹部職員、都甲泰正東大教授など、推進派ばかりである。関係部落をまわった講師も、動燃や原電から派遣されたひとたちばかりだった。

井田さんが原発に不安を感じるようになったのは、弟の川口さんを中心にはじめられた反対闘争が盛りあがってから、一年以上もすぎてのことである。謹厳な明治人である彼が、自分の意見を修正するのには、各地を視察し、原発がけっして地域の繁栄に結びつかないことをたしかめてからのことであった。

鳥津マサオさんの夫である実さんもまた、はじめは原発に賛成しかけたのだった。山本町長がやってきた。部落のひとたちは集会場に集まっていた。町長の話は、どこでもおなじように、いいことずくめであった。原発がやってくれれば、税金もいらんようになる。出稼ぎもなくなる。座長の実さんはこういった。

「それが時代の波なら、乗ろうやないか」

しかし、漁師たちは猛反対だった。

「海をとられることは、百姓が畑をとられることとおなじことやでえ、どうするんじゃ」

突きあげられて、実さんは反対することになった。五十二戸の全員が反対だった。それ以来、島津夫妻は部落のひとたちがあらかた崩れ去ったいまなお、いぜんとして反対なのである。

三十六年まえの八月六日。山にいたとき、対岸の上空がピカリと光り、たちまちのうちに上空が黒煙に覆われたのを目撃した。広島の原子爆弾である。

ふたりは木の下にしゃがんでそれを眺めていたのだった。

「十月十六日　今夜上田タメシゲさんの家にジツインをもってみなきてくれとのマイク放送したので、私たちは実印をもって行き、せいやく書におしたのです。其の時はみんなよろこび、これさえあればもう大丈夫だ。四十七士の血判状だ、とよろこんだ」

マサオさんの七一年の日記である。部落のひとたちが署名、捺印した誓約書は、つぎのようなものであった。

「私たち大成・島津部落に住居をかまえ、永久に生活して行かねばならない漁民の同志は、安全性の確認されて居ない原子力発電所に対して、他部落に住居を構えて我々と同調する者と共に今後如何なる策略にもまどわされる事なく、益々同志の結束を固め最後まで反対運動をつづけ原子力発電所建設を阻止することを別紙署名を以って誓います」

しかし、それは二カ月間で反古になった。

運動の中心人物だった区長があっさり寝返ったのである。

「十二月十九日　今夜はげんしの事にて上田タメシゲさんの家によってくれとの事でみんな行った時、タメシゲは自分は町長さんからこんなものをもろうたと申し、これでもう反対はできないからと申してことわられたのです。あまり突然の事でだれもタメシゲのあとをつぐものはなく、これで（運動は）くずれた」

上田区長がふりかざしたのは町長と四国電力との「協定書」で、「発電所の運転に起因する地域住民の健康の保持についてはご期待にそうよう措置します」などの抽象的にして内容空疎な項目が三つほどならべられたものだった。

漁業補償金六億五千万の配分はきわめて不平等なものだった。島津本家が六百五十万、上田区長が五百八十万、正組合員平均二百五十万、不在組合員八十万、非組合員は二十五万五千円であった。

港の建設には部落中で仲よく出夫していた。それでも、補償金に組合員と一般住民とのあいだに大きな格差がついたことについて、いまでも不満が残されている。涙金といえどももらってしまえば、もはや原発反対の声をあげにくくなるのである。

「海さえ売らなければ」

わたしが最初にきたとき、原発はまだ運転されていなかった。白い円筒形の原子炉格納容器がたち、なかに金属性の原子炉が据えられたばかりのころだった。タービン工場などもみて歩いた記憶がある。燃料装荷がその年の暮れで、営業運転開始は七七年九月末である。わたしはそれらのニュースを東京の新聞で読んでいただけだった。

六年ぶりにきてみると、すでに二号炉もたちならび八二年三月運転開始予定とのことである。成田空港とおなじように、これまでどんな違法な無茶なことがあったにしても、その結果の既成事実だけがひとり歩きしているのである。

原子炉が動きだすと、この部落からも六、七人が働きにでるようになった。まず最初に温排水の影響で、カキなどの貝類が姿を消し、ウミウサギやナマコ、そしてヒジキ、ワカメ、テングサなどが採れなくなってしまった。

四国の、きわめて交通不便な山の中の暮らしであったにしても、ここは明るい自然にとりまかれ、住みなれたひとたちにとってのなにものにも替えがたい故郷である。「たとえ、こがいなところでも住めば都、わが里よ」マサオさんは歌うようにいった。原発に反対しつづけてきたのは、「四電や町長がどないにいうたかて、キケンなものはキケン。自然のままにこしたことはないぞ」とのかたい信念である。

マサオさんは、ちょっとでかけて缶ジュースを二本ほど買ってきて、わたしのほうに何度も押しつけ、眼をくりくりさせながらいうのだった。

「原発の話になると、死によっても生き返るんじゃ。病気になってもはねくり起きるぜえ。これのカタがつくまでは、死によっても死にきれんわい」

そばで、彼女の話に相槌をうっていた実さんは、くやしそうに嘆息した。

「漁会（漁協）がのう。海さえ売らなんだらなあ、（原発は）できんと思うんじゃ。九町のひとたちも土地を売らなんだらなあ」

区長が裏切り、誓約書に署名していた部落のひとたちもひとり変わり、ふたり変わり、次第に声をひそめてしまった。

それでも二号炉の稼働もちかづき、三号炉建設の話まででてくるようになったので、さいきんではまた不安の声がひろがってきたとのことである。

わたしがいままで歩いてきた開発、原発地帯のなかで、ここほど「買収」の話が満ちあふれているところはなかった。菓子折りやお茶の包みに二、三万はいっていた、という噂にことかかないのである。

六十二歳になる奥本繁松さんの話によれば、原発の社員たちはまるで品物を売るみたいにしてきたとのことである。

「原発はいいもんですから賛成してください」

「そんなのはいらん」

そんな戸別訪問がつづいていたのである。区長が三万円もらった、という話が伝わってきたころには、部落のなかでも「わしももろうた」「わしももろうた」というひとたちがふえていた。「気持ちは反対でも、ちいとでももろうたほうがトクじゃ」

誰かれなくそういうようになった。

「わしはゼニはいらんけん、テレビがほしいのや」

といったあとで、電器屋がカラーテレビをもってきた家もある。原発のバーゲンセールだった。区長は二年に一回交代するのだが、反対派だった区長には十万円だした、との噂もある。信じられないことだが、信じないほうが非常識というものである。

高須賀ふさ子さんによれば、三万円が相場だったという。ある反対派の中心人物が、「五十万円やるから賛成せんか」といわれたと彼女はきいている。そのひとは、子どもが大きくなったとき、顔をそむけて道を歩くようになっては可哀想だと思いなおして断ったという。こうして、ひとり変わり、ふたり変わり、反対派は少数派になっていった。放射能汚染よりもまえに、カネの汚染が進行していったのである。

いま四国電力は、三号炉建設に躍起となっているのだが、伊方町の議員十八人が全員協議会で「こんご二度と疑惑を招くような行動を取らない」と申し合わせたのは、八〇年九月上旬のことである。七月末に、議員十七名が「研修会」の名目で松山市へでかけ、市内の料亭で四国電力の接待を受けたことを反省したのである。この供応事件は、「四電より三号機建設の申し入れを受けている現在、町を代表する議員としては誠に軽率な厚顔無恥な行為ではないか」との議員あての警告書が発送されてはじめて発覚したのだった。

全議員十八人のうち、病気で欠席したひとりを除いた十七人が夕食をご馳走になった。接待は二次会、三次会とつづいたが、夕食だけで退席したのは五人だけだった。そのひとりはこう語っている。

「（料亭に）行ってから知った。議長があいさつした。こういう場には来ないほうがよいと思った。四電さんが、また何かしると思った。（増設）申し入れの時期なので、いつまでもおってはいけないと、（帰り際に）金払うとこうといったが、（辻議長が）払わんでもエエいうて、間に入った事務局長がオロオロしていた。まあ、だまされて連れて行かれたかたちだ。（私は）行ったのは悪いと思う」（『南海日日新聞』八〇年九月六日）

辻議長はこう語った。

「3号機うんぬんというものではなく、日ごろお世話になっているので気軽な気持ちで受けた」（『愛媛新聞』八〇年九月四日）

電力会社には日ごろ世話になっている。だからご馳走されても軽い気持ちだ、というところに、議会と電力会社の関係がよく表されている。そんなことはニュースでない、というのが、地元紙のコラムニストの意見である。

「伊方町議（定員十八名）十七名が松山市の料亭で四電から夕食の接待を受けていたことが県下の新聞に大々的に報道されている。そう、それはあたかも鬼のクビでもとったように……昔からいい古されたことだが犬が人を噛んでもニュースにはならぬ。人が犬を噛んでこそニュースになる。伊方町議が四電から御馳走になっているのはいまにはじまったことではなく、それは伊方原子力発電所誘致運動がはじまる前からのことであり、それいらい今日に至る十数年間にわたって続けられていることだ。別に珍しいことではない。

とくに昭和通りにあったキャバレー「ブルースカイ」は伊方原発様御指定店ともいわれるくらいで、その伊方原発さんが招待するお客さんの六割は伊方漁協関係者、三割は町議さん、残る一割が原発建設用地関係者他、といわれているくらいだ。伊方町議が四電を招待したといえばビッグニュースだが、四電が伊方町議を招待したのでは、〝犬が人間を噛んだ〟のと同様ニュース性は低い」（『八幡浜民報』）

異常なことが日常化して、もはやニュースではなくなる。国家目標としての原発建設はこのようにしてすすめられているのである。これでは政府の主張する「原発クリーンエネルギー論」が足元から崩壊することになる。高知県の窪川町長選は、結局、推進派の勝利となって終わったのだが、町長がリコール選に敗退した直後、鯨岡環境庁長官は、四国電力を批判してこう語った。

「電力会社がカネをばらまいて、住民を納得させようとしているのは許せない。カネを出せばなんとかなるというやり方は根本的に間違ったやり方だ。人間の品性にもかかわる問題である」（『愛媛新聞』三月十一日）

窪川町長選で、四国電力のカネがはたして動かなかったかどうか。窪川町の青年たちは伊方町を訪問して調査報告書をだした。そのなかにこんな一節がある。

「福田伊方町長の意見（三号機も受け入れる姿勢）

△町民の要求をみたすために金がいる。

△将来のことは考えていない。二十年三十年後の展望など全くない。

△原発が停止した後のことについてはまた次の人達が考えればよい。

福田町長の発言

今度十六億円をかけて公民館を建設する。県はなんでそんな大きな建物がいるかといいよる。今日これから松山へ金をねだりに行くのじゃ。

――町長自らタカリ姿勢を表明している。大公民館は避難場所か？――」

伊方町長はその文章の作成者に内容証明書で抗議文を送った。

それを受けて窪川町の推進派たちはパンフをつくってバラまいた。そのなかで、伊方町長は、「島岡さん達（パンフの執筆者）は推進派だと思い、純朴な蓄《ママ》産関係の後継者と思っていた……それが意外や反対派の中心人物とは夢にも思えなかった。また窪川町議会の事務局の連絡の中でも、全然そのことを教えてくれなかった。町同士のおつきあいの上からもこういうことは事前に教えてほしかった」

　町長は原発反対派を賛成派と勘ちがいして、うっかり本心をしゃべってしまったらしかった。四国電力傘下の両町は、たがいに連絡をとりあっていたことがこれでわかった。ただ、その連絡も、まだ反対派のブラックリストの交換までいってなかっただけである。わたしが敦賀市（福井県）で経験したことでもあるのだが、賛成派以外は、原発自治体での取材はすでに困難になっているのである。

協定を反古にした三号炉計画

「日本じゅうの原子力発電所と、その予定地を全部まわってきたなどと言うと、たいていの人は、無条件原発推進派だと思うらしい」などといささか誇大妄想ぎみに書いているのはＳＦ作家の豊《とよ》田《た》有恒《ありつね》だが、彼は『原発の挑戦』（祥伝社）のなかで、伊方原発の建設がスムーズにすすんだことを特記したあとで、こう書いている。

「原発の建設許可には、さまざまな手続きがいる。ここでは省略するが、そのうち、いちばん重要なのは、電調審（電源開発調整審議会）を通過することである。伊方発電所は、全国で二十二番目に電調審を通過したが、完成したのは十四番目である。伊方より先に電調審を通っても、まだ、もめている原発が、沢山ある。伊方は、あともどりせずに、スピーディに完工したといえる」

　スピーディに完工したのは、安全審査を経て、総理大臣の設置許可がおりる以前から着工していたからである。つまり、用地買収の段階から四国電力は、クロをシロといいくるめ、遮二無二、工事を強行してきた。その潤滑油がカネであり、カネが民主主義をつぶしてきたことを、彼は知っていて書いているのであろうか。

　広野房一さんのお宅へうかがうと、彼は井上常久さんと奥本繁松さんとの三人で、炬燵にはいって茶碗酒をやっていた。その日の午前、広野さんが事務局長を務めている伊方原発反対八西連結協議会のメンバーは、町役場で町長に面会し、「貴殿が本当に、「三号機の建設については住民の意志を尊重する」という姿勢を持続するならば、ただちに、三号機建設に向けての諸準備作業を中止されるよう強く申し入れるものであります」との申し入れ書をつきつけてきたのだった。

席上、福田町長は、三号機の建設について、「立地となれば、どのくらいメリットになるのか、その具体的な検討をしなければ」などと答えた。推進派の相変わらずのメリット論である。

広野さんたちは、「ゼニ、カネの問題ではない。集中立地がすすむことにたいする住民の不安感のなかにこそ行政の真実があるはずだ」と主張して議論がはじまった。

小柄な白髪の広野さんは、七六年三月末、県知事、町長、四国電力社長の三者のあいだで締結された「安全協定」第九条に、「原子炉総数は二基（一基の電気出力が五十六万キロワット級のもの）を限度とする」とあるのをどう解釈するのか、と町長にせまった。

町長は答えた。

「これは三者協定だから、三者のうちの当事者が更改してくれ、と申し入れてきたなら、やむをえんことです」

四国電力は八〇年五月になって、突然、三号炉の建設を県と町に申し入れてきたのだった。二基を限度にする、との協定書は反古にされかかっているのである。三号炉の計画は、八十九万キロワット、八八年末運転開始とされている。これは住民感情を逆なでにするものである。三号炉建設の予定が、当初からあったにもかかわらず、反対運動がひろがるのを抑えるために二号炉だけにしていたのか、それとも、さいきんの立地難時代に対応して、「毒を食らわば」式に押しつけてきたのか、それは推測の域をでない。しかし、七五年六月の、『国際経済』誌のインタビューにたいして、山口恒則四国電力社長は、こう語っていたのだった。

「われわれは国の政策でやれというから急いでやったわけでしょう。……燃料サイクル問題の解決がついていないのに日本でどんどん軽水炉をつくっていく。本当におかしな話で、濃縮が日本でできるわけでなし、再処理が日本でできるわけでなし、とにかく発電所だけがどんどんできていくのは早過ぎます」

これを額面どおりに受けとれば、三号炉までは考えていなかったとも判断できる。ところがその後、原発反対の住民運動が予想以上にたかまってきた。新立地の手当てはむずかしい。一号炉の廃炉も時間の問題となった。それならいまのところに密集させるのがいちばん簡単だし、安あがりだ。そう考えることになったのかもしれない。つまり、無計画なのである。

一号炉の建設資金は七百八十億円だった。二号炉は千三百億円、三号炉は二千八百億円である。倍々ゲームである。四電側にその理由をきくと、安全設備に力を入れたとのことである。たとえば、一号炉の屋根は煙突型で上部があいていたのを、二号炉ではドーム型の密閉にした。ということは、一号炉からは微量放射能がもれていたことになる。物価上昇分を勘案したにしても、時代が古いほど安かったということは、それだけ「安全」にカネをかけていなかったことになる。

さいきんの日本原電敦賀の高濃度放射性物質の流出事件にみられるように、危険な放射性物質が一般排水路のマンホールを伝って流れていたこともある。新しい原発にはカネをかけるということは、古い原発ほど危険だということの証明でもある。自治体が「経済的メリット」などに浮かれている場合ではない。

反対運動の四原則

広野房一さん宅の床の間には、「辛酸入佳境」の軸が掲げられている。田中正造の言葉だが、日本初の原発設置許可取り消しの行政訴訟に敗訴したときの記念である。この裁判は、原発反対の科学者たちの協力をえて四年ほどつづけられていたのだが、そのあいだ裁判長は二度も交代して、判決まえから「「行政寄り」との懸念」(『愛媛新聞』)といわれていたものだった。だから、敗けるべくして敗けたともいえる。国家をあげての原発推進にクギを刺す勇気を、国家権力を担う裁判長に期待するのは、過大にすぎるというものだろうか。

それでも、これまでの大衆行動や行政訴訟の積み重ねによって、三号炉にたいする住民の反対はこれまでになく強くなっている、と広野さんは語った。彼は農協の書記を永年務め、定年で退職したあと、原発反対にうちこんでいる。豊田有恒は、原発反対のリーダーである老人について、「老人の一徹というのだろうか。この人の内面世界では、原発反対が老後の生甲斐にすらなっているのだという。こういっては失礼だが、小説のネタとしては、うってつけの人物だろう」などと書きつらねているが、過疎化の地域にいて原発反対にすべてを懸けている老人のほうが、電力会社のPR誌に寄稿して稼いでいる豊田などよりは、はるかに健全である。

六十九歳の広野さんは、一号炉心から西南六百三十メートル地点にある一反二畝ほどのミカン畑にでて働いている。政府や電力会社は炉心から千三百メートル以内に人家はないといっているが、それが嘘であることを、広野さんの存在が証明している。そして、彼は買収にも応ぜずこの畑に身をさらしている。

広野さんが住んでいる家は、原発から山ひとつ越した千五百メートル内外の地点にある。いずれにしても、伊方町八千八百人は、原発周辺にいて、原発との運命共同体を強制されているのである。

「人類と原発は相いれない」というのが広野さんの主張である。彼は呉工廠の徴用工時代に広島のキノコ雲を目撃した。そのときの寮長が、「一瞬のできごとが永久に通じるんだ、これを肝に銘じておけ」といったのをよく憶えている。原爆は原発の産みの親だった。おなじ一瞬の恐怖を拭いさることはできない。

七十一歳の井上常久さんは、「わしは自民党系かもわからん。

ただ日本人として正しく生きたい」という。ミカン畑四町歩をもつ篤農家である。奥本繁松さんは、ほとんど出稼ぎ暮らしである。彼はあるとき、二十人ほどで敦賀へ出稼ぎにいった。道路工事と思っていったのだが、原発敷地内での工事だった。約束がちがう、といって全員で引き揚げてきたという。それぞれが、自分の主義によって生きているのである。伊方原発反対運動の原則とは、

①いかなる政党にも属さない
②いかなる支援も敵視しない
③各自共闘の自主性を尊重する
④経費は自前とする

の四項目である。大衆運動の理念が、簡潔にしてよく表現されている。

原発労働者の雇用形態

広野さんたちにたいして、町長が強調したことは、第一次産業の不振についてであった。ミカンでの農業収入が下がっている。漁獲量が減ってきている。所得を向上させ、町民を定着させなければならない。町長は先のことはいわなかったが、その延長線上に第三号炉の「メリット」が据えられている。

しかし、農漁業を衰退させているのもまた原発なのだ。温排水は海藻や貝類に被害を与えている。原発内での五、六千円の日当の魅力は、農作業をおろそかにさせる。農外収入の増大は農業と敵対関係になるのである。

原発と隣接する亀浦地区にいってみても、ほとんど人気を感じさせなかった。しばらく歩きまわって、洗濯物を干している三十代の主婦と会うことができた。彼女によれば、四十戸ほどのこの部落での反対運動は早いうちに崩れたとのことである。

「はじめはもめていましたが、あとは静かにしています」

そう彼女はいった。その恩恵によってか、この部落では、原発で働いているひとは多いのだそうである。夫婦ででかける。女たちは、お茶汲みやご飯炊きや掃除などである。

彼女は幼稚園への子どもの送り迎えの往復に、道ばたのモニタリングポストを覗いてみる。

「今日はいくらかしら」

それが唯一の安全の目安である。気休めといえるかもしれない。天気の日は三・五（マイクロレントゲン／時）、雨の日は五・五ほどになる。向地区でお会いした高須賀ふさ子さんもやはりおなじようなことをいったのだった。風邪をひいたりして身体の具合が悪いと、ちかくのモニタリングポストをみにいく。

「放能射の関係やろか、とおびえますけん」

そういう彼女を、誰が非科学的だと笑うことができるだろう

か。余計な心配をかけるのが行政だとしたら、そんな政治はないほうがいい。

原発推進派の主張するメリットとは、「過疎化」を防ぐということであった。しかし、現実はそうはすすまなかった。伊方町のひとびとは七八年に九千人を四十六人だけ超えていたのだが、いまは八千八百人である。

八一年一月末現在の、伊方原発労働者は千八百六十二人である。このうち、地元出身者は四百十二人、県外出身者は千四百五十人である。定期検査のときは、二千五百人ほどにふくれあがるが、これはたいがい県外からやってくる労働者で、地元には関係がない。

雇用形態別にみると、つぎのようになっている。

社員　九〇七名
職員　一三五名
日雇　　八五名
請負　七三五名

会社別の雇用形態を39、40ページに掲げる。これでみると原発の労働構造の複雑さをよく理解することができる。社員や職員の数がすくなく、日雇いや下請けのほうが多ければ多いほど「人夫だし会社」の色彩が強いことになる。

海上抗議で逮捕

伊方に隣接する保内《ほない》町に「公害問題若人研究会」が結成されたのは七一年二月のことである。原発問題がはじまるまえから、地元に残っている青年たちが海を守るための勉強会をはじめていたのだった。いまどき珍しいグループである。わたしはそのメンバーたちに案内されて瀬戸内海に面した磯崎地区にいった。この辺はいまでも狸がでるんだよ、といわれても、話半分にきいていたのだが、実際、ヘッドライトに照らされて、悠々と草むらのなかに姿を消す狸の姿をみて、彼らの自然を守ろうとする気持ちを理解できるような気がした。

標高三百五十六メートルの瞽女《ごぜ》峠を越えると海に一列に並んだ漁火がみえた。平家の落武者たちが夜の追手の跫音《あしおと》をきくため、瞽女を峠の頂上に座らせていたのでこの名がついたという。そんな情景が眼にみえるような深い谷がつづいているのである。

民宿の二階に集まったのは、西村州平（32、土木作業員）、寺岡幸治（35、鮮魚商）、道休基文（30、農業）、鎌田健一郎（33、半農半漁）、西村交平（28、作業員）、兵頭慎平（32、農業）の六人。このうち、五人が八〇年四月、核燃料輸送船にたいして船でピケを張り逮捕されている。

その日、漁船二十二隻を動員して抗議行動をおこなった。それにたいする警備は、「陸上で機動隊百二十人、空にはヘリコプター

社　名	社員	職員	日雇	下請
（三菱・1061名）				
神戸造船所	86	0	0	0
高砂製作所	21	0	0	0
三菱電機	25	0	0	0
日本建設	39	40	0	187
三光設備	21	0	0	132
明星工業	8	0	12	98
新菱冷熱	7	0	0	82
栗原産業	14	0	0	69
昭和電業	16	0	3	51
西日本プラント	22	0	5	12
東興建設	7	0	0	15
堀工業所	6	0	0	13
稲田塗料	7	0	0	6
四計ガデリウス	10	0	0	0
ユタカ計装	8	0	0	0
非破壊検査	8	0	0	0
栗田工業	2	0	0	6
日本アスベスト	2	0	0	0
四電エンジニアリング建設工業所	7	2	0	12
四国計測	38	1	0	0
原子力代行	8	0	0	0
西日本塗装	0	1	0	4
四国電工	4	0	0	5
四電産業	3	2	0	0
奥村組	1	0	0	0
日揮	12	0	0	6
扶桑建設	2	0	0	5

社　　名	社員	職員	日雇	下請
（四国電力・437名）				
原子力事務所	12	3	0	0
発電所	223	27	0	0
建設所	114	18	0	0
町見緑化	30	0	0	0
綜合警備	9	0	0	1
（四電エンジニアリング・128名）				
原子力工事所	59	11	5	13
フジケンエンジニア	11	1	0	17
昭和電業	4	0	0	1
明星工業	2	4	0	0
（大成建設・128名）				
大成建設	16	15	0	0
向井建設	4	1	20	0
堀内建設	4	0	17	0
尾崎鉄筋	1	0	10	0
浜崎組	11	0	0	0
堀川建設	1	0	9	0
建装工業	7	0	0	0
森鉄工所	3	0	0	0
茶家鉄工	0	0	3	0
松下工業	3	0	0	0
北村塗装	2	0	0	0
仙波工業	0	0	1	0
（大成土木・16名）				
大成土木	2	1	0	0
富士カッター	4	0	0	0
内場地下	1	8	0	0

二機、飛行機一機、海上には警備船十六隻、モーターボート二隻、消防船一隻を出動させるものものしさ」（『南海日日新聞』）だった。

彼らの船は別段、たいした妨害をするつもりはなかった。核燃料輸送船が岸壁に接岸しかけ、それから、どうしたことか船一隻分のスペースをあけたので、思わずそのあいだにはいってしまったという。

ところが「公務執行妨害」で逮捕となったのである。それも海上での捜査権のない八幡浜署が、海上保安部をさしおいて逮捕したのだった。数日前から刑事たちは、漁民たちに「こんどはタダですまさないぞ」と触れまわっていたというから狙いうちだった。逮捕後、かつての鳥津部落のように、毎日刑事たちが山越えしてやってきては漁師や留守を守る女たちに任意出頭をかけたり、脅かしたりしたのだった。

「気合が入った。もう恐ろしいものはなくなった」

逮捕の体験談から、話題は「秋祭り」に移り、それは尽きることなくはずんだ。

一月十四、十五日の両日が、樹齢五、六百年にもなる楠の木に囲まれた「客神社」の大祭である。各部落から、御輿、四つ太鼓、五鹿、唐獅子、牛鬼などがだされる。男もハッピを着て化粧する。家々をまわって、一軒ずつ酒をふるまわれる。無礼講である。「最高の祭りだ」と、彼らはくちぐちにいう。この土地を去らないのは、この祭りがあるからだそうである。

「それが自然を守ることにつながるんや」

と誰かがいいだしてみんな賛同した。わたしは、何度も何度も「必ずこい」といわれた。話をきいているうちに、なんとなく、またきてみたくなってしまうのである。中学生にでも巡査が酒をつぐ。中学生と先生が肩を組んで酔っ払って歩く。村のひとたちは一体となって祭りを楽しむ。それが「若人研」が十年間もつづいてきた土壌でもある。

彼らは、独力でアラメ（海藻）の群落の生育調査をおこなっている。温排水の影響の調査である。そんな気のながい地道な調査をみんなでやっていたのである。彼らの話をきいて、わたしはすがすがしい想いになっていた。

地方自治は死んだ

翌朝、伊方町役場で福田直吉町長と会った。「安全協定」では、「二基を限度とする」となっているのに、三号炉の建設はできるのか、ということをまずきいた。

彼は、「協議、了解する」の項目を拠りどころとする、と答えた。議会での議決をいつにするかだけが問題で、あとは、「当事者の責任においてやる」とのことである。

「みなさんの意見をきいて、では町長はもたん。やるかやらないかしかない」

と町長はいいきった。

「安全協定」第九条(事前協議)にはこう書かれている。

「丙(四電)は、発電所若しくはこれに関連する主要な施設を設置し、若しくは変更し、又はこれらの用に供する土地を取得しようとするときは、当該計画について、あらかじめ、甲(県)及び乙(町)に協議し、その了解を得るものとする。この場合において、原子炉総数は、二基(一基の電気出力が五十六万キロワット級のもの)を限度とする」

町長は、おそらく四電も、事前協議制にアクセントを置いてこの条文を読もうとしている。しかし、それらの「変更」はすべて「この場合」に収斂されると読むべきではないだろうか。「二基を限度とする」制約内での変更でしかないはずである。それに三号炉の八十九万キロワットなどは、「この場合」を大きくはみだしたものなのである。

「いまはメリットを強調されていますが、たとえば二十年後、廃炉になったとき、この地域はどうなるのでしょうか」

わたしはそうたずねた。

「三年、五年むこうのことでさえむずかしい。二十年、三十年あとのことは、あとの町長が考えます」

と彼は答えた。とにかく彼の当面の課題は、三号炉のスムーズな設置なのである。

「個人のメリットにつながる政策を考えてくれ、との要望が強い。税金を安くしてくれとのことでしょう。このことが三号炉受け入れのカギです」

彼の不満は、国が町村長の立場を理解しないことである。

「町長にはリコールがついてまわるし、いつコレ(と刺す身ぶり)をやられるかわからんからね」

彼は半ば冗談めかしていったのだった。

伊方町にたいする、八一年までの「電源立地促進対策交付金」は、二十二億四千五百万円となっている。これにともなう事業費は三十五億八千九百万円である。すでに十三億円もの事業費の超過となっているのである。それを完遂するには、三号炉での新規交付金をアテにするしかない。

町の財政方針は、原発拡大志向型となっているのである。それが町長のいうメリットなのである。

一方、地方交付税は七四年に五億円だったのが、七九年には一億円に激減している。「メリット」など、一瞬の夢でしかない。賛成派町長は、その一瞬に懸ける。

地方自治は原発とともに死んだ、といって過言でない。

伊方原発は九六年現在、三基稼働。電力過剰時代を象徴する「出力調整試験」反対闘争とその後の日比谷公園二万人集会(八八年四月)は、日本の反原発運動の新しい時代をつくりだした。

Ⅲ　原発銀座の沈黙　福島

日本一の発電所密集地帯

崖のうえにたつと、掘りこまれた巨大な穴のまわりで、ちいさな人影が動きまわっているのがみえた。穴には、やがて原子炉が据えられ、そこが炉心部となる。眼を移すと、海に沿ってクレーンが輻輳してたちならび、それぞれが鉄骨を組みたてていた。四基の原子炉が同時に建設されているのである。

右端が一号炉で真四角の建屋がすでに完成し、試運転もまぢかである。そのつぎの二号炉は原子炉を覆う建屋を建設中で進捗率五〇パーセント、三号炉は基礎工事の上に建屋が伸びはじめた段階で、進捗率九パーセント。そして、眼下の四号炉の穴のまわりでは、労働者たちが群がって鉄筋を床に敷いている最中である。

土砂を満載したダンプカーが泥道をはいあがっていく。すでに陽は傾いて、広大な敷地にはクレーンの長い影が射していた。三人ほどの下請労働者が、作業服のままで土手の草むらでなにかを探していた。

眼をこらしてみると、手ににぎりしめられていたのは、わらびだった。原発は急ピッチで建設されている。しかし、まだ「建設中」であることの安心感とこれからの不安を、そのわらびが物語っているようにみえたのだった。

「福島県の相双地域（浜通り地帯）は、太平洋と阿武隈《あぶくま》山系に挟まれた幅のない平地で、水資源に恵まれず、海岸線は五〇メートル程の絶壁となっており、戦後も過疎化の進行が激しく「福島のチベット」ともいわれたところであります。現在、この地域には東京電力福島第一原子力発電所（発電出力六基、合計四六九・六万ＫＷで営業運転中）のほか、同福島第二原子力発電所（将来計画も含めた発電計画四基、四四〇万ＫＷ）及び東北電力浪江・小高原子力発電所（将来計画も含めた発電計画四基、三八五万ＫＷ）の建設計画があり、本県相双地域は、全国でも有数の電力供給地になろうとしています」（『原子力行政の現状』福島県）

福島県の海岸線二十一キロほどのあいだに、東京電力十基、東北電力四基、合わせて十四基の原発がたちならぶことになる。福井県の若狭湾岸は、計画中のものもふくめて十三基だから、ここがやがて「全国でも有数の電力供給地」になることはまちがいない。

すぐ南側の広野町には、東京電力の火力発電所があり、さらに北上した原町市には東北電力の火力発電所が計画されているから、ここは日本一の発電所密集地帯となる。「原発銀座」とよばれる所以である。

四基の原発が建設されている地域は、地元では「第二原発」とよばれている。六基稼動中の第一原発は、大熊、双葉の両町にまたがっているのだが、第二原発もまた、富岡と楢葉の両町にまたがって、それぞれ二基ずつ建設されている。わたしは常磐線富岡駅前のちいさな旅館に泊まった。いつもは原発関係者で満室なのだそうだが、休日の前の日ということで、宿泊者たちが自宅に帰ったので空室ができたのだった。

深夜、道路ぎわの部屋に寝ていると、電気機関車の鋭い汽笛がひびき、無人のホームを走り抜ける列車の振動がつたわってくる。常磐線の寝台車は上り下りとも、原発の町の小駅を石ころのように黙殺して目的地にむかう。浪江、双葉、大野、富岡、これらの駅は上野への通過駅でしかない。それは、ここでつくりだされた電力が、そのまま東京へ直送されるのと、どこか似ているようだ。

翌日、わたしは駅からすこし離れた毛萱《けがや》部落にいってみた。農家の庭先には鯉のぼりがひるがえり、その先の林のむこうに、紅白のだんだら模様の排気筒やクレーンの先端がみえ、すすむにつれて工事の物音が次第に大きくなってきた。排気筒やクレーンがなければ、ここにあるのは太平洋に沿った、畑にかこまれたごく静かな普通の農村風景である。

この部落で、ひとりの老人と出会った。わたしが庭のなかにはいっていくと、彼は窓ぎわで陽なたぼっこをしながら、寝ていたのだった。突然はいってきた男に、彼は不審の眼差しをむけた。

わたしの話をきいてちょっと考えてから、しぶしぶ招きいれた。

「謝ってしまったんだから、いまごろしゃべってもなんとも仕方がない」

彼はそういって、あまり語りたがらなかった。

「思いだすと、ぐらぐらしてくる。ごしゃげでくる（腹が立つ）。忘れてしまいたい」

最初、三十四戸の部落は全戸反対だった、とのことである。毎日、昼夜おかまいなしに東電と県の職員がおしかけ、切り崩しにきた。「起きろ、起きろ」と入れ替わり立ち替わりやってきた。「どんなに情を張ってもついに駄目だった」と奥さんは嘆息した。老夫婦は、老人部屋でじいっと過ごしていたのだった。いったん話しだすと、ふたりは長い話をつづけた。ちょうど、敦賀原電の事故隠しが報道されていたときだった。その不安感が、重い口をひらかせたようでもあった。

「謝ってしまって、賛成してしまって、いまはやむをえないと思っていた矢先、この騒ぎだ。これから、このあたりもおびやかされるんではないだろうか。将来は、若いもんにうらまれるんではないか、年寄りの力が弱かったからだ、と」

そういってAさんは、「ハハア」とため息をついた。

部落はうちそろって反対していた。

しかし、病人のいる家とか、カネを必要としていた家から、次第に切り崩されることになった。

原発隠しの調査

このころのことについて、八〇年三月に福島県が発行した『原子力行政の現状』にはこう書かれている。

「大熊町、双葉町の原子力発電所誘致運動が発端となり、富岡町、楢葉町においてもその気運が高まり、昭和四二年十一月には、南双地区総合開発期成会が企業誘致を知事に陳情し、四三年一月県は、東京電力㈱福島第二原子力発電所の誘致を発表した。なお、富岡町、楢葉町は協力の態度を示し、富岡町議会でも原子力発電所誘致促進の決議を行っている」

県側の資料によれば、誘致陳情があって東電がやってきた、ということになる。しかし、肝心の立地点である毛萱部落のひとたちにとって、それは「寝耳の水」の出来事であった。

Aさんは、一冊の大学ノートを秘蔵していた。いままで、誰にもみせたことのない日記である。それによれば、原発は「大工場」の白粉を塗りたくって、ドアをノックしたのだった。

「四二年十二月十一日、午後五時十分　晴　役場総務課長（猪狩輝記）来宅
南双地区開発の為向山地区に大工場誘致を計画し、県も本腰を入れて来たので実地検分したい。明十二日午前九時迄に楢葉役場より二、三人くることになっているので区長も立会って欲しいと話あり、立会う事を約す。其の間二五分なり」

「十二月十二日　午前九時　火　晴
区長として立会いを約すも、私一人よりはと思い副区長石井一郎氏に朝食前話し、同時に立会いを求め承諾を得、八時四〇分、町より遠藤助役、総務課長、長野書記が自動車にて毛萱橋に来る。石井氏宅で楢葉町役場の方々の来るのを待つ。約三〇分。

楢葉町役場より助役、公民館長他二人ジープにて来る。自動車に分乗して向山に至る。先ず、中の沢地区の海岸線を約十五分程見る。ところが、五万分の一の地図を出し、赤線の枠内をみて拡大するに驚く。これ程の大きな地域を必要とする工場とは何か、と総務課長に問うも何工場か不詳《わから》ぬと言う。

其の後、小浜作及波倉の部落頂上迄行き其処で、こんな凸凹の激しい場所に来る工場とは何かと問うも不詳ぬと言う。十一時頃、自動車にて私宅迄帰る。全員で約三十五分間程茶の飲み帰る。其の間世間話で内容等全然不明なり」

原発は、原発と名乗らずにやって来たのだった。Aさんは町職員の取りだした五万分の一の地図の赤線枠内のあまりの広さ

に驚嘆し「いったいどんな工場ですか」とたずねた。それにたいする返答は、「町長でないと知らない」というものであった。原発は住民をだまして、まず現地調査を終えた。

それから、二週間ほどたった。富岡、楢葉両町の町長など町の代表者たちがやってきて、部落の「協議員全員」と懇談した。そのとき町から送付されてきた文書にも、ただ「開発」と書かれていたにすぎなかった。

「南双開発懇談会開催について

今般低開発地域の開発促進をはかる為、南双開発期成同盟会を設立いたしました。この計画を更に進歩させる為、貴地域の開発について懇談いたしたく御多忙のところまことに恐縮ですが、お参画下さる様お願いいたします」

この日の懇談会で、町ははじめて「原発」の言葉を口にだしたのだった。部落の代表者たちの意見はそのときはまだ、「絶対反対」というほどのものではなかった。とにかく、部落総会で賛否をとるということで散会した。

しかし、翌日の夕方、また助役、総務課長、書記がやってきた。そのいい分は、もう御用納めになるので、部落総会の結論をまつ時間はない。年のあけた一月四日には、県知事は施政方針として発表しなければならない。だから、とにかく、部落の代表者の印鑑がほしい。もし、あとで部落総会で反対になった場合、そのときにはこの調印はなかったものにする。このことは絶対に約束する、町の幹部たちはそう泣きついてきたのである。

そのときだされた条件は、つぎのようなものであった。

一、土地を失い、農家だけで経営の出来ない者は東電職員として雇用する。

一、失う土地の代替地は当局に於て絶対に保証する。

消えた反対運動

暮れもおしつまった六七年十二月二十九日、午後六時から公民館で部落総会がひらかれた。県会副議長も出席して二時間ほど、条件などについて話し合われたが、反対論が多く結論はでなかった。このころはまだ、東海村の日本原子力発電一号機が運転を開始して一年すこしだったばかりで、反対論も原発の危機性にたいしてというよりは、「先祖伝来の土地を手放したくない」という気持ちのほうが強かった。建設予定地は、部落のひとたちの水田や畑のうえだったのである。

年があけた一月十日、再開された部落総会は、全員で原発設置反対を決定、反対委員を選出した。そして町当局へ、「調印」の無効を通告したのである。その後、町長、助役などが何度か部落に足をはこんだが、反対の態度を崩さず、県や議会に反対決議書を送付して抵抗した。三月になって、部落全員で「誓約書」に署名、捺印した。

「今般、東京電力会社が紅葉川以南の当部落の山林田畑約七〇町歩に原子力発電所の建設を計画し、県及町はこれが実現に奔走しつつあり、部落は一致協力して其の実現を阻止し、毛萱部落本来の食糧生産基地として又円満なる部落組織を維持し以て現在は勿論、後継者をして不安を一掃し、団結と生産力を尚一層高めて行く覚悟である。

この団結力を尚一層結集する為私達は左記条項を守る為署名、捺印いたし誓約いたします。

一、東京電力会社が建設計画の原子力発電所には、先に提出した決議書通り絶対反対であり、決議書の再確認をいたします。

一、東電の原発建設に対し、部落総会の決議を得ずして個人で賛成又は承諾し書類等に署名捺印したる時は、部落所有の山林の権利を放棄し如何なる処置をされても絶対に異存がありません」

Aさんは毎日、深夜まで机にむかって書きものをしていた。日記をつけるのも日課だったが、そのほか、折り込み広告の裏などに文章を書いて、それを回覧した。ビラをつくるかわりに回覧板をつくっていたのである。たとえば、こんなのがある。

原発反対の強化　三原則

一、話し合いには絶対に応じないこと

一、だんまり戦術により多忙な様に仕事する

一、印は絶対に押さないこと

（イ）　部落一致団結して堅く三原則を守り勝ち抜く。

（ロ）　町当局の策戦として各要人を差配して話し合いの糸口を見つけ出そうとしております。地権者挙げてのこの謀略には乗せられない様にたしかめましょう。

毛萱原発反対委員会

各位殿

彼は、原発に関するそのときどきのニュースを回覧板で解説し、噛んでふくめるようにして、警戒心を涵養した。戦時中の、行政の連絡機関として発達した町内会とその伝達手段だった回覧板が、行政に反対する宣伝媒体として逆転させられたのである。

「原発に就て寸言

先方のずるいやり方に注意しましょう。

境界がはっきりしないから立会ってくれとか、あるいは杭ぐらい打たせてくれとかで甘言を以てくる場合、うっかり立会いしたり話したりすると、既に承諾したものと見做すとして測量に取り掛かりますから、この点お互いに注意しましょう」

「話し合いには絶対に応ずるな。仕事場にいっても相手にするな

話し合いになれば測量することになる恐れあり

今は役人は泣きおとしみたいなことを言う」

しかし、隣接している楢葉町の波倉部落は、いとも簡単に陥落したのだった。毛萱では建設予定地に住んでいるひとはいなかったのだが、波倉では十三戸がそこで生活していた。波倉部落は、幅のせまい波倉川で二分され、川のこっち側に十三戸が居住していたのである。

こっち側からは小浜作川でさえぎられ、いわば陸の孤島で生活していたひとたちにとって、原発にともなう移転は、むしろ渡りに舟ともいえるものであった。

いまは、原発道路に面した高台にあがって生活している佐藤武房さんは、

「こうやっていられるだけでいいとしなくては」

といった。九軒一緒におなじ場所に移転してきたのである。

移転してから、みんな原発の下請で働くようになった。農地の代替地はもらわなかった。水田一反あたり百万円、畑七十万円の買収価格は、当時としては破格の値段だった。彼のところは約一千万円の補償金がはいった。二千万ほど入ったうちもあったという。

いまからみれば安いものだが、十年ほど前は大金だった。交通の便が悪く、耕地としても不適当な土地に縛りつけられていた波倉のひとたちにとって、原発が経済的な恩恵であったのは事実である。佐藤さん自身も定年になる昨年まで、下請の資材置場で働いていた。「勤めさせていただいた」と彼はいった。奥さんはいまでも下請で働いている。

「危険性？　テレビでいわれてますが、そういうことはない、と信用してます」

佐藤さんは「信用」に力をいれていった。さまざまな原発地帯できかされた言葉だった。信用は、そこに住むものたちの悲願ともいえるものである。

それはともかく、建設予定地四十万坪のうち、約半分を占め、先に工事のはじまる一号、二号炉予定地である楢葉町波倉の住民たちが無抵抗で補償金に飛びついたことは、毛萱の反対運動を孤立させることに作用した。この部落でも、密かに条件派がうまれていたことがやがて明らかになったのである。

そのことを話してくれたBさんも匿名を希望した。彼の家族で原発で働いたものはないのでさほど差しつかえのあるというものではないのだが、それでも、部落での反対運動が消えてしまい、木立の梢ごしにせわしく動くクレーンの先端を朝夕みることになったいま、昔のことを話すのは、どこかためらいがちになるようなのだ。

部落のひとたちが気づいたときに、賛成派は三分の一の十一戸となっていた。リーダーの一人がいつの間にか東電側に抱きこまれ、賛成派を集めていたのである。Bさんたちは、ある晩、彼のところへ抗議にいった。

「反対といっていながら、陰にまわって賛成派をまとめていたのはどういうことか」

Bさんたちが詰問すると、彼は返答のしようがなく、ただ涙をこぼして謝ったという。やがて、彼の息子は東電に採用されて守衛になった。それが寝返る条件のひとつとなっていたのであろう。ところが、息子は父親がよく呑まされていた料亭で働いていた女性と駆け落ちしてクビになってしまったという。いまは妻子のもとに帰って、下請で働いているとか。それを、裏切りの代償、といってしまっては酷というものだろうか。

知事も登場

条件派が旗揚げすると戸別訪問はさらに激しくなった。代議士、県議、町議が入れ替わり立ち替わりやってきた。県の職員は海岸にテントを張って泊まりこんだ。ことさらテントで寝起きしなくても、ちかくの旅館から通えばすむことなのだが、一種の威嚇ともいえる。あとは、お定まりの、あそこもハンをついた、ここも承諾した、がんばっていても、強制収用されて元も子もなくなるぞ、とまわって歩くのである。

こうして、毛萱部落は集中砲火を浴びることになった。部落内でも強い家と弱い家との差が現れるようになった。七〇年八月、部落内だけの運動ではもはや耐え切れなくなっていた。「どうせ駄目なら、みんなで謝るべえ」

Aさんは負けた心境をそう語った。部落に亀裂を深めないための弥縫策である。

八月下旬、部落集会に県知事がやってきた。異例のことである。当時の知事は、のちに全国知事会長にまでのぼりつめたあと収賄容疑で逮捕、転落した木村守江だった。知事は全面的な協力を申し入れた。

部落からは二十七項目にわたる要望書が町当局に提出された。富岡駅から部落にわたる踏切を立体交差にしろ、川を改修しろ、道路を改修しろ、防波堤を強化しろ、港をつくれ、炉心から一キロ以内に社宅をつくって東電職員も一緒に住め、などである。これらにたいして、町は「検討する」と回答したまま、いまなお実行されていないのがほとんどである。

部落の要望のひとつに、海岸堤防をテトラポッドで強化してくれ、というのもあった。しかし県がやったのは、旧堤防のはるか手前に二百メートルの新堤防をつくったことだけである。新堤防をつくったほうが、土建業者は儲かる。そのかわり旧堤防は捨てられ、部落の面積はちいさくなってしまう。

「海岸線をなくしてしまってなじょになる」Bさんは憤慨していた。「原発ばっかりつくって、日本は自滅するぞ」

しかし、部落のたいがいのひとたちはもう話したがらなかった。「謝ってしまったのだから、いまさらいってもしようがない」という心境なのである。

あるひとはよく語ってくれた。が、それも午前中までのことだった。昼食をすましてもう一度うかがうと、彼は口をつぐんでしまった。

「いまは部落もよくなっています。ただ二十七項目が完全に実施されてないことが問題ですが」

そんな型どおりのことしかいわなくなった。その日は休日で、昼になって、でかけていた息子さんが帰ってきたのだった。

「息子に叱られました」

奥さんはそういった。息子さんは東電の守衛になっていたのだった。これから、もし、つづきを話してもらえるとしたなら、息子さんが停年になったあとのことである。そのころには、第二原発は四基とも稼動しているだろう。

「地元の合意」の内実

福島県が原子力産業会議に加盟して原発の立地調査をおこない、大熊、双葉両地点が適地であることを確認したのは、一九六〇年五月のことであった。そのころ、東京では連日、安保条約反対のデモ隊が国会を取りまき、闘争は六月にむけて全国的に昂揚していくのだが、ほとんどのひとが気づくことなく、福島県では原発設置の動きが深く静かに進行していたのだった。

大熊、双葉両町にまたがる太平洋岸の元飛行場跡地を東電が「物色中」だった。両町当局が東電にたいして設置方を陳情、用地買収で協力することを約束したのである。

橋本鉄治郎さんのところに原発が現れたのは、それから二年ほどたってからのことである。そこから百メートルも離れていないところに第一原発の正門がつくられることになるのだが、最初はまず、東京の鑿井《さくせい》会社が、道路をへだてた奥村美代子さんの土地に井戸を掘らしてくれ、といってきたのだった。原発のゲの字も口にださなかった。県から頼まれた、という「試験掘り」は長いあいだつづいていた。

ドッカン、ドッカンと山にこだまする音をききつけて、見物人が集まってきては、「なにするんだべ」と頭をひねっていたのだが、誰も井戸を掘る理由に思いあたるものはなかった。一年ほどして、三百メートルほど掘りすすんで、ようやく水がでるようになった。

すると、東電の課長が姿を現し、原子力発電所をつくるので案内してくれ、といいだしたのだった。大熊町議会が原発誘致促進を決議したのは、六一年九月、すかさず、用地買収の誓約書も議決されていたが、肝心の地権者である橋本さんのところに「原発」の話が伝えられることになったのは、二年もたってからだった。

「地元の誘致」とか「地元の合意」などといわれても、たいがいはこのように地権者たちの頭をとびこし、県とか町の幹部たちのあいだで話がすすめられるだけのことである。

「六四年十一月二十七日、法人所有地一〇一万平方メートルの売買契約が成立し、東京電力の発電所用地が確保される」(『原子力行政の現状』)

第一原発の敷地面積約三百五十万平方メートルのうち、三割弱は堤康次郎の所有地だった。それが用地買収を簡単なものにしたのだった。原発予定地の海岸側は民有地、内側は堤の所有地となっていたのだが、かつてこのあたりは、熊谷飛行隊の「磐城飛行場」だった。東西に走る滑走路を、海にむかって赤トンボが飛びたっていったのである。敗戦直前になって、米軍艦載機の爆撃を受けて壊滅した。

敗戦後、その一部が国土計画興業の塩田に払い下げられた。塩水を大野駅のちかくまでひいて精製していたが、それも失敗に終わっていた。残りの土地は地元の農民に払い下げられた。もともと、陸軍飛行場は、昭和十四年に農民の土地を強制買収して建設されたものだったので、農民たちは仙台の財務局にでむいて払い下げ方を申請した。時代は食糧増産時代に変わっていたのである。

こうして、六十人に七十町歩ほどが払い下げられた。が、それも間もなく、原発に奪い取られてしまうことになるのだが……。

井戸掘りがはじまったころ、橋本さんは酪農を経営するようになっていた。職業軍人だった彼は故郷に帰り、荒れ放題になっていた原野を開墾して牧草地とし、県の補助金をえてサイロもつくり、ホルスタイン二頭を飼育して、ようやく酪農の基盤を築くようになっていた。これからの事業拡大を夢みていたのである。

そんなある日、県や町の職員がやってきた。「誘致運動の先頭にたってやってください」と依頼されたのである。彼が黙っていると、「橋本さんの生活は保障しますので」と切りだしたのだった。

「どんな保障かね」

「東電で雇います。奥さんも子どもさんにも働いてもらいます」

東電採用を条件に彼は買収に応じた。原発反対運動などなかった時代だったし、問題は買収価格の交渉だけだった。橋本さんは東電が買収した用地の管理人となって、測量にたちあうようになった。「正社員にしてくれ」とたのんだりしたがすでに五十五歳を超えていたので、「常用人夫」がその身分だった。

「原発に奉仕してきた」

といったあとで、彼はいま、それを後悔している、といった。

彼の人生にとって、二度目の後悔である。一回目は、職業軍人として復員したあと、警察予備隊（現自衛隊）に復帰しなかったことである。そしてもう一回が、そのあと酪農経営でやっていける見通しがたったのに、東電にすべてを売り渡してしまったことである。

七十三歳という高齢にもかかわらず、橋本さんは肩のいかつい、がっしりした偉丈夫である。それは、農業労働によって、というよりは、やはり若いときから職業軍人として鍛えられたことを表しているようである。

士官学校を卒業したあと、昭和四年から敗戦の年まで、十六年ものあいだ「満州」や太平洋諸島を転戦してきた。沖縄へむかう戦闘機の中継地点である、南鳥島の飛行場守備隊として配属されていた。敗戦がもうすこし遅かったなら、玉砕だった。

その年の十月、浦賀に上陸し、熱海の旅館で残務整理を終え、帰郷することになった。妻子は前橋の市営住宅で生活していた。ここで陸軍士官学校の教官だったときに、南鳥島へ召集されたのである。

汽車が高崎駅へつくころ、むかいあった老人が橋本さんにたずねた。

「兵隊さんはどちらまでですか」

「前橋へ帰るんです」

「前橋はどちらですか」

その老人は、前橋駅前の輪タク屋（自転車でひく人力車）だった。

「岩波町の市営住宅ですが、空襲でやられたとか、生きているかどうですか」

家族とは音信不通になっていた。

「なんとおっしゃるんですか」

「橋本ですがね」

「橋本さん？　ご健在ですよ。女のお子さんふたりのお宅でしょう」

家族と二年ぶりに再会した。子どもは怖がって逃げた。奥さんは南鳥島で戦死したと信じこんでいたのだった。

「なんともいえない感激だった」

東京の陸軍省にでむくと、公職追放になっていることを知らされた。彼は大尉で、中隊長を務めていたのである。だから希望の警察にはいることもできず、かつての上官のすすめで前橋練兵場跡の開拓農団にはいることにした。

奥さんは東京生まれで百姓仕事は素人だったが、他に仕事もなかった。とりあえず福島の実家に挨拶に帰ると、両親たちは、どうせ百姓やるならこっちに帰れ、とすすめるのだった。こうして両親や兄夫婦たちと一緒に住むようになった。家族は一挙に十三人になった。

避難訓練を拒否する東電

その翌年、兄から一町歩の土地を分けてもらい、それに不在地主の荒れ果てた田んぼを整地して、百姓になることにした。ようやく農作業も板についてきたところ、公職追放解除の報らせが届き、県から警察予備隊の募集にきた。もとの階級で使うとのことだった。部下たちがそこで出世している噂も伝わっていた。しかし、橋本さんはそれを断った。土地もできたし、家もつくっていた、ということもある。

しかし、職業軍人として生きてきた彼にとって、国のために戦ったのに死刑になった先輩たちの末期をみれば、「やっていられない」との気持ちが強かったのだ。それで誘いを断った。が、いまになって考えれば、山奥で牛を相手に暮らしているよりも、都会にでて自衛隊にはいっていたほうが、子どもたちの教育にはよかったし、それに仕事もずうっと楽だったはずである。まして、せっかくの苦労も原発で帳消しになってしまったのである。

橋本さんのお宅は、炉心から千五百メートルの地点にある。放射能は空気とおなじで眼にみえないが不気味である。避難訓練をやってほしい、と東電の職員と会うたびにいうのだが、事故を予測することはできないので、訓練のしようがないとのことである。

おそらく、避難訓練の実施は、地元のひとたちの心に潜在している恐怖を攪拌し、原発にたいする疑問の泡を生みだす作用をもたらすことになるので、やろうとしないのである。彼はコンクリートの避難所や退路をつくってほしいとも要望しているのだが、県の答えは、連絡網は完備している、というようなものである。

原発がやってくるまえにきかされた話は、電気料金は無料になるとか、関連工場ができて地元が発展する、などの結構ずくめで、橋本さんたちはよろこんだものだった。ところが、結局は、電気を東京にもっていかれるだけのことでしかなかった。

「こうなるとは思わなかった。無知だった」

橋本さんは話の途中で何回かそう繰り返した。「世界一の原発地帯は、世界一危険な大熊町になってしまった」

しかし、そうかといって、毎日心配して暮らしているわけではない。彼は、われわれがどうのこうの心配してもしようがない、ともいうのだった。原発には幾重にも安全装置がほどこされている、という東電側の話を信用するしかない。それに反論できないのである。つまりは「泣き寝入り」である。いまでは「安全にやってくれ」というぐらいが関の山である。

たしかに、原発がやってきて、道路はよくなったし、カネまわりもよくなった。下請であるとはいえ、かつては橋本さんも原発で働き、奥さんも働き、いまは娘婿も働いている。「これで事故さえなければ満点」というものである。

これから、二十年、三十年のあいだに、事故がないかどうか、そして人体への影響がないかどうか、そしてつまりは、孫の代になって、原発を受け入れたことが「よかった」と感謝されることになるか、それとも「バカヤロー」と怨まれることになるか、さいきんではそんなことを考えるそうである。

原発への不安が杞憂に終わってくれれば、と元職業軍人の橋本さんは、肩幅の広い身体をちぢめるようにしていったのだった。

「大熊町役場まで」とタクシーの運転手にいうと、やがてまったく見覚えのない道を走りだした。広大な前庭を配した鉄筋、鉄骨三階だての、眼もくらむような白亜のビルに到着したのだった。五年まえの七六年六月に訪ねたときの、木造のちいさな古ぼけた庁舎を頭に描いてきたわたしは、タクシーを降りてしばらく、一種の時差ボケに陥っていた。

なかにはいると、一階の煉瓦を象ったタイルの床はすべるほどに磨きたてられ、各フロアは機能的なデザインを競いあっているようだった。総務課の職員によれば、工事費七億三千六百万円をかけ、七七年十二月に竣工したとのことである。原発立地県を歩くと、市役所は県庁のごとく、町役場はまるで市役所のような偉容を誇っていて、さながら原発景気のショーウインドーとなっているのである。

大熊町新庁舎は、田園風景のなかにあって、工学的なデザインを強調し、温かさよりもむしろ冷たさを感じさせる建物なのだが、町長室もまた一分のすきもない四角形で統一されているのだった。遠藤正町長は、県職員だったのを前町長の志賀秀正にひっぱられて水道課長に横すべりしてきた人物である。

彼は志賀町政にひきつづく原発推進派で、東電派であることは衆目の一致するところである。取材されるたびに「原発九五パーセントメリット論」を唱えているらしく、わたしにも、まずそれを切りだした。

「生活は極度に向上した。このあたりは千ヘクタールの土地に千世帯がしがみついていて、現金収入といえば、日雇いや出稼ぎに頼るぐらいのものだった」

それが原発工事がはじまった六五年から農外所得が向上し、七〇年には町民分配所得は、県内第一位となった。かつては九十町村のうち、ビリから二、三番だった、ということである。町民分配所得といっても、法人分もふくまれるので、そのまま全町民の収入が向上したということでもないのだが、統計的にはそうなるのである。町長の「メリット九五パーセント論」での、残りの五パーセントのデメリットとは、交通事故や暴行傷害、泥酔保護などが激増し、物価が上昇したことである。

たとえば、警察の記録の任意の箇所を取りだしてみても、こんな状況になっているのである(一九七九年)。

3・12　午後9時50分ごろ、富岡町内東電下請業者宿舎におい

て労務者同士の傷害事件、被疑者取調べ

3・29　午後10時50分ごろ、広野町内小料理屋において、広野火力労務者同士による暴行事件

3・31　午前9時ごろ、東電第一原発敷地内で頭がい骨発見（検視）

4・5　午前10時ごろ、富岡町内において東電の送電線鉄塔建設中、転落死亡事故

4・8　午前2時ごろ、大熊町内において東電下請労務者が就寝中の主婦を襲った婦女暴行事件、被疑者逮捕

4・9　午前10時ごろ、富岡町の自宅において労務者の首つり自殺（検視）

4・9　午後3時ごろ、東電第一原発内下請業者宿舎内において、労務者の首つり自殺（検視）

5・17　午後10時ごろ、富岡町内小料理屋において東電関係者と広野火力の労務者による傷害事件発生、被疑者任意取調べ

5・24　暴力行為処罰ニ関スル法律違反事件で、東電下請労務者二名逮捕

これらの事件の合間に、交通事故、労働災害、泥酔者保護が加わり、地元署はテンテコ舞いとなっている。これに加えて、原発の事故、故障、労働者被曝、その死亡者が加わる。双葉地方原発反対同盟の調査によっても、七一年九月から七九年二月までで、ガン、リンパ腺腫瘍、心臓マヒなどで死亡した原発内労働者は二十九名に達し、その後も被曝労働者の死亡はふえているとのことである。

ただ、農村部であるため、原発下請労働者が被曝の疑いによるガンや白血病で死亡しても、遺族たちは、風評をおもんばかって隠す傾向にある。

五年ほどまえに、第一原発周辺の農家をまわって被曝者を訪ねたことがある。ガンや白血病が死因であることはたしかだったが、それが被曝によるものとする因果関係をあきらかにする制度がまったく確立していなかった。彼らは被曝手帳さえ渡されていなかった。小頭症で死産した嬰児が二人いた、との情報が駆けめぐり、「水頭症だった」と医者にいわれたりした。

このような、労働者や住民の計量不能な不安をもふくめた場合、はたして「メリット九五パーセント論」が成立するものかどうか。

不安定な町財政

七八年に納入された大熊町の町税は十九億二千万円である。このうち、東電からの、法人税、町民税、固定資産税、電気税など、いわゆる「原発関係税」は、十七億円に達している。町税収入に八八・五パーセントが原発によって支えられている。

原発城下町である。原発城としての庁舎は、電源三法交付金によるものである。

交付金は、眼をみはるようなスポーツセンターや公民館建設に使用されるのだが、そのうち立地分は七八年までの九億六千六百万円で打ち切りとなった。隣接分も年々減っていく傾向にあり、歳入にうち一〇パーセントを占めている交付金はやがてはいらなくなる。原発依存の財政は、原発の老朽化とともに破綻していくのはいまからすでに織り込みずみである。

ところが、身分不相応ともいえるスポーツセンターや公民館の維持費は原発がその命運を絶ったあとも、毎年かかることになる。どこの原発地帯をまわってみてもいまからささやかれているのは、「ポスト原発」の不安である。

つまり、原発が運転されているあいだは、事故と被曝の不安にさらされ、交付金は打ち切られ、いったん廃炉となれば地方財政の灯は消える。原発依存の自治体は、そんなジレンマに陥っているのである。

そのことについて、遠藤町長は、「財政調整積立金」でカバーするという。現在二十億円の積立金があり、毎年五千万円ずつ貯金するという。これで、国債や証券や東電の社債を買って利子をふやす。それが「ポスト原発」対策のひとつである。町民の健康を担保にいれて原発からカネをひきだし、その利殖によって町財政を賄う、一種の投機である。まして、税収入は企業の景気に著しく左右される。七九年度の法人税は一億六千万円計上していたのだが、東電の決算が悪かったため、逆に六千八百万円ほど虎の子の財源から吐きだす始末となった。

大熊町の財政規模は、六五年を一〇〇とすると、七九年には二六六二・八にも達している。二六・六倍にも激増しているのである。これがやがて伸び悩み、縮小する。それに逆比例して交付金で建設した維持管理費は、毎年三千五百万円も見込まれている。固定資産は十五年間で償却される。するとその分の税金がはいらなくなる。

「電力をつくっている限り、〝発電税〟を払うべきである」

と遠藤町長は主張している。固定資産税がなくなったあとの対策である。つまりは、国の政策に依存して食うという発想である。「国は、立地に協力したところは、未来永劫にこうなる、といういい見本をつくってほしい」それが原発自治体の叫びである。彼にとっての国の政策とは、これから立地するところを優遇するあまり、古い立地町を冷たくしているように思えるのである。それに、これから避難道路や避難所をつくる資金も、国で責任をもってやってほしい、とつけ加えたのだった。

「国が安全である、というから引き受けた。だから、あとのことも国で責任を取ってくれ」原発メリット九五パーセント論者は、すでに国にゲタを預けてしまった。自治の精神など、どこにもない。退廃である。

国道六号線沿いに、ドライブインや喫茶店やスナック、ゲームセンターなどがたちならぶようになった。原発の「メリット」に吸い寄せられてきた店である。

大熊町の橋本鉄五郎さんの家のまわりとか、原発にちかいところには、「下宿」の看板がたちならんでいる。もちろん学生下宿などではなく、下請労働者たちの宿泊施設である。一見旅館風のものから、プレハブの飯場スタイルのものまで種々雑多なのだが、外からみるだけでも、たいがい空部屋になっているのがわかる。

第一原発の工事が終わり、建設労働者の大群は潮がひくように第二原発に流れる。だから、こんどは、富岡町界隈に下宿屋が繁茂し、看板が林立するようになった。原発盛衰史のひとこまである。空になった下宿に、日雇い労働者がもどってくるのは、事故（原発側は故障といいかえるのだが）が起こったときである。事故の処理は、日雇い労働者たちの人海戦術によっておこなわれるからである。黒人労働者が働いていた、との噂もある。

ある教師は、こんな戯れ歌をつくった。

このごろ　双葉にはやるもの　飲み屋　下宿屋　弁当屋　のぞき　暴行　傷害事件　汚染被曝　偽発表　飲み屋で札びら切る男　魚の出所きく女

わたしが訪れたとき、第一原発の第一号炉は運転停止中だった。八一年四月十日、午前零時三十分ごろ、非常時の際に原子炉を冷却する隔離時復水器につながる蒸気配管の一部がヒビ割れて、放射能をふくんだ冷却水もれが発見された。この一号炉は七一年に稼動してから平均稼働率三〇パーセントでしかなく、双葉地方原発反対同盟によれば、「被曝者製造炉」ということになる。

東電のＰＲセンターの案内で見学（といっても、構内をクルマで十分ほど走っただけのことだが）したときは、小雨がけぶっていたため、一号炉は濃霧《ガス》にほとんどみえなかったが、一日四、五千人の労働者が入構しているとのことだった。四基同時建設の第二原発でも六、七千人の入構者というから、その人海作戦ぶりを知ることができる。

蒸気配管や原子炉容器壁のヒビ割れ修理や給水スパージャーのつけ替え作業は、被曝線量のもっともたかいもので、故障の多さは、そのまま被曝のたかさを物語っている。

七八年度の全国の原発労働者被曝線量のうち、二五・八パーセントはこの第一号炉によって占められ、福島第一原発六号炉までの総計は、全国の六一パーセントを占めている。ここは被曝者多発地帯である。

だから、さいきんでは、地元のひとたちは建設工事にはでるが、原発内では働かない傾向にある。それで県外から親方に連れられてくる労働者がふえ、下宿屋に泊まるようになった。それでも、下宿屋は供給過剰で廃業の例がではじめているのである。

　敦賀原発での事故隠し以来、新聞の社説などで、「地方自治体の監督権の強化を」などの論調が現れているが、これを実情を知らないものの空論ともいえる。原発を誘致し、用地買収の手数料を稼ぎ、さまざまな交付金と原発からの税収入で水ぶくれになった地方自治体に、城主を完全に監督する意志などあろうはずもない。

　事故の責任追及は、安全性を強調して地元民の用地を買収した、自治体の長の責任問題にハネ返りかねないのである。市長や町長は世論におされて、原発側に申し入れるだけのことである。七三年六月二十六日、第一原発廃棄物地下貯蔵庫から廃液もれの事故が発生したとき、大熊町の遠藤正助役（当時）は、入院していた志賀町長を訪ね、「怒りましょう」といったとのことである（『原発の現場』朝日新聞いわき支局編）。怒りも計算ずくである。

帰れ!!　なんしゃ来た
開発公社は反対同盟の土地を安く買って
東北電力に高く売るブローカーだ
棚塩の公社は決定権のないシタッパ役人だ
責任のない公社を相手にするな
ウソツキ役場を相手にするな

浪江町棚塩原発反対同盟の桝倉隆さん宅のガラス窓には、庭にむかってこんな檄文が貼られている。役人や政治家とは会わない、話し合わない、というのが最大の戦術である。

　第二原発の毛萱部落が県や町の職員の夜討ち朝駆けにふりまわされ、県知事や副知事の訪問に顔を立てて負けたことからの教訓である。反対同盟員の各戸には、「原発関係者立ち入り禁止」の札が掲げられている。一種の「魔除け」である。

　桝倉隆さんは、六十八歳になるのだが、五年前と変わることなく若々しかった。彼が断固として東北電力の原発建設に反対しているのは、かつて第一原発で「人夫」として働いた経験からである。原発は「科学技術の粋」などと喧伝されているが、労働環境が悪く、修理したあとの検査の杜撰さをみただけでも、そのひどさといい加減さがわかったのである。働きつづけて「原発病」で死んだ友人や知人には、ことかかない、という。

　わたしが会った孫請業者（パイプ工事担当）は、「パイプに継手を使っていないから、亀裂が入って当たり前、いい加減なものだった」と証言した。

　東北電力は海に面した崖沿いに百五十町歩の用地を買収し、八十二万五千キロ二基、百万キロ二基、合計四基の原発建設を計画している。六七年五月に浪江町議会が誘致決議してから、十四年たったいまなお、着工の見通しはたっていない。

建設用地の中心地を所有している棚塩部落は、七七年一月に二分した。原発建設用の気象観測塔建設にともなうカネを使うべきだとする北棚塩（五十一戸）と拒否した南棚塩（九十二戸）に分裂したのである。反対同盟員は南棚塩で五十七戸、北棚塩に十戸ほどいる。百五十町歩の地権者総数は三百二十戸だから反対派は人数にして二一パーセント、所有地で四〇パーセント強でしかない。

といって、三分の二の賛成で決定される漁業権放棄とちがい、建設は地主が最後に一戸残っただけでもできないし、まして、一号炉の炉心部に五町歩ほどの共有地が横たわり、ほかに三反十二戸の共同墓地もある。桝倉さん自身も予定地内に五ヶ所ほど分散した土地をもち、買収は前途遼遠の難事である。

「原子力船「むつ」をみてもわかるように、知事や市長や大臣が約束してもあっさり反古にされる。百姓はコメをどうするかということだけしか考えないが、相手は毎日だますことだけを考えているんだ。桝倉隆は百姓だ、口をきいたら負けるだけだよ」

単純明快である。桝倉さんはこうもいう。

「会社の儲けのために犠牲になりたくない、ではなく、犠牲にはならない、ということさ」

餌付けとしての補償金

桝倉さんの家のちかくにある県の土地開発公社へいってみた。県職員五人、町職員九人の寄り合い所帯である。彼らは敦賀原発の事故で意気阻喪していた。「そんなに響きますか」ときくと、「そりゃ、大変ですよ」と浮かない表情だった。第一原発の買収は、堤康次郎の土地や町有地があったから簡単だった。

が、こっちは全部民有地、それも平坦地で、他地区にくらべて土地の条件がいい、それが買収がすすまない理由とのことである。とにかく農民を口説き落とせば、東北電力から県と町当局に三〜五パーセントの「委託金」がはいるのである。

建設予定地へいってみると、なるほど平坦地がつづき、素人眼ながら地味も豊かなようである。視界をさえぎるものは、台地のはずれに、ポツンとたっている紅白だんだら模様の気象観測塔だけである。

その下で総出でタバコの苗を植えている家族がいた。土を盛った上に開けた穴に苗を入れ、ビニールをかぶせていくのである。手ぬぐいを姉さんかぶりにした五十前後の主婦は、腰を伸ばしながら、自慢した。

「タバコ五反で、五人家族がまま食っていける。出稼ぎしたことは一度もない」

これだけで三百五十万の年収になるという。四月下旬に苗を植え、八月で終わり。

あたり一面に菜の花が咲きほこっていた。のどかな田園風景である。そのむこうの畑では、やはり主婦がソラ豆に消毒液をかけながらゆっくりすすんでいた。彼女たちは、原発ができるものかできないものか、半信半疑のようだった。小高町から通ってきているとのことである。この町での反対運動はほとんどないようだ。

すぐちかくの家の庭で、背の孫をあやしながらぐるぐる歩きまわっていた老人は、

「あと、五、六年はきまらんよ」

と達観していた。

海岸の請戸《うけど》漁協へいった。岸壁には四、五トンの漁船がつながれ、コウナゴを積んだ船が陸揚げしていた。金沢光清組合長の話によれば、このあたりはヒラメ、カレイなどの刺し網漁業が六五パーセントほどを占めているとのことである。正組合員二百五十六名、準組合員六十二名。

八〇年の水揚げ高は九億六千万円だったという。

この組合には、第一原発建設にともなう共同漁業権放棄で四百万円（総額一億一千万）、第二原発と広野火力発電所の漁業権放棄で五億七千万（同三十五億円）がはいった。こんどは地先漁業権の放棄が要求されることになるのだが、このことについて、彼は、

「まだ海のものとも山のものともつかないので、答えられない」

と言葉をにごした。玉虫色の回答といえる。

「地域全体のコンセンサスがはっきりしないので、はっきり答えられない。組合員の意志に従って運営するものであって、おれが独走すべきものではない」

彼が慎重な発言をつづけるのは、去年から組合長になったばかりだからではないようである。これから事態が進行してくれば、「反対」といってない人間が反対になるのは、珍しいことになる。しかし、いずれにしても、漁業権が問題になるのは、「用地買収」がすんでからのことである。あるいは、二度までもらった補償金の三度目に期待する組合員が多いかもしれない。

補償金は一種の餌付けともいえる。だんだんそばによっていくと、突然、首根ッ子をギュウとつかまれ、それからあとは、グウの音もでない沈黙を守らされることになる。

そうなってしまうまえに、桝倉さんのように、

「桝倉隆は百姓だ。けっして原発の犠牲にはならないぞ」

と胸を張っているほうが、どれほど人間的なことだろうか。

九六年現在、東電福島第一原発は六基、第二原発も四基稼動している。が、東北電力の浪原発は、依然として手つかずの状態で、土地は守られている。

Ⅳ　抵抗闘争の戦跡　柏崎

八年ぶりの再訪

芳川宏一さんに指定された柏崎駅前の喫茶店は、主人が鉄道マニアらしく、店の奥にむかって古い列車の座席がならんでいて、座っているとまだ旅をつづけているような錯覚に陥るのだった。

「最初にこられたのはいつごろでした」

間もなく姿を現した芳川さんがたずねた。もう何年まえのことだったか、そのときも彼が駅に迎えにきてくれたのだった。一面識もなかったのだが、思いがけなくもわたしが乗っていたバスに飛びこんできて、「鎌田さんはおられませんか」と大声をあげたのが芳川さんだったのである。ここの原発反対運動が妙に人間臭いのは、そんな彼の人柄によるところが大きいようなのだ。

駅に降りたって、わたしはその日のことを突然、思いだしたのだった。そのとき、彼は免許のとりたてで、おぼつかない運転ぶりだった。それまでのバイクをやめて、五十すぎて運転免許をとった、ということだった。そんな話をすると、

「じゃ、もう八年になりますね」

という。そうですか、もう八年たってますか、わたしは鸚鵡返しにいった。八年まえの冬、まいにち風が強く、氷雨が吹きつけたり、細かい雪になったりしたことをよくおぼえている。このあたりでは、「弁当を忘れても傘を忘れるな」といい伝えられていることを教わったのはそのときだったような気がする。

その二年後、わたしはもう一度訪れている。冬も終わろうとしていたためか、ちょっとした晴れ間に、雪に輝く米山《よねやま》を垣間みたのだった。しかし、民謡で有名なこの山をみたのは、あとにも先にもその日だけで、期待していたこんども、霞がかかったきりで、水平線でさえさだかでなかった。

「惣じて越後出羽は街道北海にほりして、一月《ママ》も砂原を通らざる事なし。歩行するにも足首迄は常に埋れ、すすめども只退くやうにのみ思はれ、又殊に九月頃より三月の末迄は日として風吹かざる事なく砂塵常に天を覆ふ。その吹き散す砂、風の吹きまはしによりて所々に吹きたまり或は堤の如く塚の如く日々に其形を変へず、其上北地の草木は皆秋の末より春の末までは青き葉はなく、渺々たる砂漠に白草の風に動く体、彼の塞外砂漠の事作れる詩にいふ所と少しも違《たが》はず」

とは『荒濱村誌』に引用されている橘春暉の文章であるが、この佐渡にむかい合って、いま原発予定地とされた日本海の砂丘地帯の荒涼とした風景が活写されている。一九五四年七月に

柏崎市に編入された旧荒浜村は、きわめて即物的な地名なのである。ひとたび風が吹けば交通が途絶するこの海岸は、「越の高浜」ともいわれていた。『村誌』にはこうも記述されている。「越の高浜とは荒浜より宮川に到る海岸一帯の総称にして波風荒き浦辺なり。今より一千年の昔、和歌を深く嗜みて神妙に入りし能因法師は、

しなさかる波のうね〳〵伝へきて
あゆみもくるしき越の高浜

と、また六百年前、民部卿藤原為家は、

ふり続く雪の高浜はる〳〵と
帆かけも見えぬ越の高浜

と詠ぜられたり。

げにや天風一度吹かんか海鳴り山騒ぎ砂塵天を覆ひて昼なほ暗く、行舟は覆り人馬の往来は絶え、乾坤皆悲壮の音をなす、大なる哉自然の節奏殺気にみちたる哉北風動地の活劇渺茫たる哉日本の一大沙漠、これぞ越に名だたる越の高浜」

しかし、地元の人たちから「砂山」とよばれているこの砂丘も、そのまま打ち捨てられてきたのではなかった。三百年ほどまえ、刈羽郡奉行だった青山瀬兵衛は掘割工事を起こし、新田開発を図った記録も残されているし、その後も、簀子で砂を止め、営々として開拓の努力はつづけられてきていた。さいきんまでは、海岸沿いに飛砂防備の保安林が長くつづき、砂丘のおおかたも黒松の林で覆われるようになっていた。隣接する刈羽村の佐藤武雄さんの話によれば、昔のひとたちは、水もちをよくするために土の団子をこさえ、それと一緒に松の苗を植えたものだという。

松の木陰は、秋になると初茸、アワタケなどの宝庫となった。それればかりか、この松林は村のひとたちにとっての燃料庫でもあり、ガスがはいる十五年ほどまえまでは、台所や風呂場のたきつけは、松葉や枯れ枝を拾って充分にことたりた。

また浜辺は、いったん強い風が吹くと砂嵐が吹き荒れるとはいえ、田んぼのすくない村のひとたちにとっての貴重な食糧基地であり、魚や昆布をとり、肥料にする干鰯《ほしか》をつくったり、塩をつくっては近郷の農家にはこんでコメに替えた。浜に打ち寄せる流木は貴重な薪となった。

こうして、砂山には入会《いりあい》権が確立し、浜は村民の共有地とされ、村のひとたちは貧しいとはいえ、平和な暮らしを営んできたのである。

八年まえとくらべ、あざやかなハンドルさばきをみせる芳川

さんの助手席に座っていた。市街地を海岸に抜け、海に沿った県道を走りつづけると、そのまま彼の家のある宮川部落にはいるのである。ところが、荒浜の人家が切れた地点で、道は杭とフェンスががんじがらめにされ、突然、行き止まりになっていたのだった。

道ばたに立て看板があった。

県道廃上のお知らせ
ここから大湊地先までの県道は、昭和五十六年二月十九日から廃道になります。大湊方面への交通は、右方向付替県道を利用してください　新　潟　県

鉄柵のむこう、たち切られた道の彼方にひろがっているのが、東京電力の原発予定地である。ほんのすこしまえまで、そこでひとびとは海水浴を楽しみ、あるいはキノコをとっていた。いまは、フェンスが張りめぐらされ、その内側にバラ線がまきつけられ、数えきれないほどの「関係者以外立ち入り禁止」の札がぶらさげられている。県道は廃道とされ、まわりの飛砂防備保安林は刈りとられてしまった。

その代わりにか、道の片側に緑のペンキを塗りたくった野球場のネット状のものがたてられている。保安林の代用品の防砂ネットである。むきだしになった砂地に、まだ県の立て札が残されているのが皮肉である。

「この森林は飛砂を防止するための保安林です。みんなで大切にしましょう。新潟県」

砂丘から波打ち際まで鉄条網がはしっている。囲いこまれた海は縛られたようにみえる。保安林の伐採、海の封鎖、これらの作業は、深夜および早朝、機動隊を配備し、県外から駆り集めた労働者を使って、電光石火のごとくやってしまったのだった。砂浜が共有入会地であることを主張する地元のひとたちの裁判がまだ決着のついていないときに強行されたのである。七八年七月の保安林伐採開始時には、三名の逮捕者をだしている。

砂丘をたち割る形でつけ替えられた県道は、原発用地に沿って大きく迂回し、トンネルをくぐってようやく大湊の海岸へ抜ける。この間、海はまったくみえない。道のうえには厳重にフェンスが張りめぐらされている。わたしは助手席からそれをみあげながら、要塞化した成田空港を想い起こしていた。原発はまず、ここに住むひとたちの長い生活のしきたりにくさびを打ちこんで、建設開始となったのである。

突然、海岸に杭が打ちこまれてバラ線が張られた日は、海を眺めながら県道を往来していた地域のひとたちにとって、占領にも匹敵する大事件だった。芳川さんの奥さんの話によれば、学校から帰ってきた末娘は、一変した海岸の風景について興奮して報告し、「お父さんはどんな気持ちでみるだろう」とつぶ

やいたという。遅く帰ってきて食事をしている芳川さんに奥さんがそのことを伝えると、彼は茶碗に大粒の涙を落としたとのことである。

田中角栄が誘致した

「原発はあの野郎が持ってきたんだデ」

いまではあの野郎などとののしられることになってしまったが、それまでは東京にでもいって田中角栄の名前でもでようものなら、柏崎、刈羽のひとたちは、

「うん、おらちのちかくだコテ」

などと鼻をうごめかしたものだった。なにしろ庶民宰相の出身地の西山町は隣町で、このあたりの越山会のメンバーは、砂丘の砂粒に匹敵するほども多く、彼は多大なる尊敬をかちえていたのだった。

当時、指先で触れるものをすべて黄金に変えていた田中角栄が、不毛の砂丘の利用について言及したのは、六五年十二月のことである。彼は翌年に予定された知事選のテコ入れにやってきていた。

塚田十一郎県知事は、県議クラスの票固めのために二十万円入りの菓子折りを配り（二十万円中元事件）、反対派の県議たちがこれを暴露して、蜂の巣をつっついたような騒ぎになっていた。新潟に乗りこんだ角栄は、県庁で記者会見して談話を発表した。

「新潟県に自衛隊をもってこよう。戦争する兵隊ではない。施設大隊である。もし、災害が発生しても、すぐ出動してもらえる。どうだ、いいだろう」

いまから考えてみると、つまりはこれが発端だった。早速、誘致運動がはじまった。戦前に工兵隊が置かれていた小千谷《おぢや》市、長岡市、そして柏崎市が名乗りをあげた。ところが、小千谷、長岡の両市の誘致運動はたちまち立ち消えになり、柏崎だけが市議会に自衛隊誘致特別委員会を設立したり、それにたいして誘致反対市民会議が結成されたりして、自衛隊誘致をめぐる賛否の世論は次第に大きくなっていた。

ところが、越山会のメンバーである市議たちの防衛庁陳情や自衛隊見学などの空騒ぎにくらべて、肝心の市長たちは冷ややかなものだった。新聞記者のもたらす情報によっても、新潟ではいまある新発田《しばた》市のほかに自衛隊はかけらもみえない、とのことだった。

不審を感じた芳川さんたちが、予定地と目されていた荒浜砂丘地の登記簿謄本をとりよせてみると、そこはすでに買い占められていた。買い主は田中角栄の室町産業である。
一、一九六六年八月十九日
北越製紙株式会社所有三十二筆、約五十二町歩が木村博保に

所有権移転
一、六六年九月九日
同三十二筆五十二町歩、木村博保から室町産業に所有権移転
木村博保氏は、当時刈羽村村長で、田中角栄の側近ナンバーワン。ところが、翌六七年一月十三日、「錯誤抹消」の名目で、この三十二筆五十二町歩は、室町産業から木村博保に買い戻されている。土地ころがしである。ほかにも、田中直系県議の長男が経営する土建屋やその愛人の長男、使用人等の名義などで約十二町歩が買収ずみであった。

当時、この砂丘は坪百円でも買い手がつかないといわれていたのだが、木村から東電に売られたときには、二千六百円にもなっていた。これによって木村がつかんだカネは三億九千五百万（税込み）といわれているが、それがそのまま彼の懐にはいったのか、それとも室町産業をにぎる親分こと田中角栄にはいったのか、といえば、どうも彼のところを素通りしただけ、と地元ではささやかれている（木村氏は、二〇〇一年二月号の「文藝春秋」に、田中角栄の「目白邸」へ「用地売却代金五億円を運んだ」、との手記を発表した）。

木村はやがて県議の地位を得るのだが、十年後の七六年、刈羽農協の組合長が民間企業が振りだした手形十八億二千五百万円の保証をしていたことに関係していたとして失脚している。

このことについて、刈羽村の村民はこう語っている。

「村は田中と木村県議におぶさってきた。何をするにも二人におうかがいをたて、また面倒をみてもらった。その因縁が今回のような不正事件となって出てくる。農協も、村も一人歩きをしなくては……」（『新潟日報』七六年十月二十日）。「ロッキード刈羽版」とは同紙の見出しだが、この不正事件は、木村の参院選出馬への資金づくり、ともいわれている。親分も子分も金銭感覚がマヒしている、その地盤の上に原発がすべりこんできたのである。

柏崎原発の情報は、突然に、東京からもたらされた。木川田一隆東電社長（当時）は、六七年九月、『日刊工業新聞』の記者に、「柏崎市が原発を誘致してもよいというので、東電は設置したい」と語っていた。来いというならいってやろう、という姿勢である。議会で追及された小林治助市長（当時）は、「そんなことはぜんぜん関知しない。ただ、せっかく東電さんが設置したいというのなら、誘致してもいい」旨の答弁をした。

しかし、それより先に、すでに通産省は原発建設適地として調査ずみだったので、自衛隊から原発への「平和利用」のプログラムは、ひそかに練られていたのだった。やはり、自衛隊誘致問題当時とおなじように、越山会が歓迎の旗をふり、社共を中心に「市民会議」が組織されて反対運動もはじまった。

原発予定地は、柏崎市荒浜地区と刈羽村にまたがる砂丘地百

二十万坪におよぶもので、双方でほぼ半分ずつ占めている。それに符節を合わせたように、両市村の合併問題が持ちあがり、やがて消えた。

自衛隊、市村合併、土地ころがし、と田中角栄の地盤では、奇妙な胎動がはじまっていた。小林治助市長は、田中角栄の後援会会長で、「闇将軍」との直結政治を誇っていたのである。

六八年十月上旬の『日刊工業新聞』では、市が東電と交渉をはじめ、田中幹事長も県知事と連絡をとっている、東電側は常務や重役を派遣して用地買収まで手をつけはじめた、と報じられ、これまた議会で問題になったが、小林市長は、「用地買収に着手している。あるいは田中角栄先生も県も働きかけをやっておる。まあ、いろいろと具体的な記事がのっておるわけでございますが、まだ全然そこまでいっていない」と市議会で答えたあと、東電常務と会ったことを認めたのだった。

彼はその日、つぎのようにも答弁している。

「私自身は、科学に対しては非常に弱いのでございます。まして、原子力発電等についてこれがどうこういうようなことは、自分自身で判断するわけにはまいりません。ただわれわれが信頼できる機関、そういう学者、それらのお話を聞いて、そして判断することになろうと思うのでございます」

しかし、「素人」の彼が判断するまえに事態はすでに走りだしていたのだった。わたしが彼に会ったのは、病没する六年前の七三年十一月のことだったが、彼は原発の安全性を信じている口調ではなく、「危険性の研究と克服については、専門機関、学界、政府ですすめてもらいたい」といっていたのである。

「責任は政府に、カネは自治体へ」それが原発自治体の長の全国共通の思想である。つまり、無責任なのである。死の直前、彼は側近に、「オレはロボットだった」ともらしたそうだが、それは、東電のロボットだったのか、わざわざ葬儀にまで駆けつけた角栄のロボットという意味だったのか、いまとなっては聞きだす術もないが、住民のロボットでなかったことだけはたしかなことである。

今井哲夫市長(当時)は、スリーマイル島の事故のあと、市民たちに責任をとれ、と追及されて、「叩《はた》きたければ、オレの頭を叩《はた》け」とひらきなおったとのことである。

当時、世界最大の計画

社共合同の「市民会議」は、社共ともに牽制しあってさっぱり運動の成果をあげていなかった。

六九年三月、柏崎市議会は圧倒的多数で「誘致決議」をおこなった。

「原子力発電所を誘致し、建設の実現をはかることは柏崎市の産業振興に寄与し、ひいては豊かな郷土建設をめざす地域開発の促進に貢献する……」お定まりの文句である。原発が産業振興にも、地域開発にもなんら貢献しないことは、わたしのこれまで報告してきたとおりである。

柏崎市が誘致決議した三カ月後、刈羽村も決議した。「柏崎市議会も誘致決議しており、ぜひ本村も決議をおねがいしたい」。それが、村長の提案理由であり、それでなんの異議もなく、議決された。柏崎市、刈羽村の議会決議がでるのを待って東電は計画概要を発表した。八基の原発で年間八百万キロワットを発電する。当時、世界最大の計画だった。芳川さんたちはびっくり仰天した。せいぜい五十万キロ級一基ていど、と考えていたからである。

市と東電は一体となって地元各部落での説明会を開始した。社共の「市民会議」では、この動きにまったく対応できなかった。もっと柔軟にして、キメ細かな運動が必要とされていた。

芳川広一さんは旧制工業高校の数学の教師だった。戦争中は学徒動員され、小千谷の施設大隊にいてまいにち匍匐前進、黄色爆弾を抱いて敵の戦車の腹の下に飛びこむ訓練を受けていた。労働運動にクビを突っこむようになったのは、一九四七年の二・一ストのときからである。日教組青年部の集会で議長席にひきずりあげられてしまったのだ。そのあと、家計は教員の幸子夫人にまかせて社会党の活動家となり、六九年から市議になった。いま六期目の社会党市議である。

彼の口癖は「ぼくは既成の人間だから」である。既成とは、既成政党の略で、新左翼との対比において使用される。形骸化して機能を喪失した社共両党による「原発市民会議」と別に、守る会連合、反対同盟をつくったのは、芳川さんと「反戦派」の青年たちで、反戦派は、共産党からは蛇蝎のごとく嫌われ、社会党からは鬼ッ子あつかいだった。

そんな連中と、現職の社会党の市議がともに運動してきたのは、一種の奇跡ともいえるが、ひとつは情勢がそれを必要としてきたことと、芳川さんの楽天性と大衆性による。親子ほど年齢のちがうこともあって、議論しても意見の一致することは珍しく、意見が対立しても当面の課題には一致してあたった。

いつも議論でやりあい、やりこめられている十二年の歴史が、「ぼくは既成の人間だから」という言葉にふくまれている。それは自嘲をふくんでいるようでもあるが、どっこい、つねに運動の先頭にありつづけてきた五十八歳の自信でもあるのだ。

芳川さんは青年たちと原発の学習会をつづけていた。海岸線の地域では原発にたいする期待感がたかまっていた。このあたりは、明治末期から石油坑掘が本格化し、西山油田は日本石油史上に残る大油田だった。

「この石油開発と発展は、わが刈羽村経済と住民に大きな貢献がなされた。村人は日石をはじめ守田、小倉の各社に入社、あるいは農耕のかたわら資材運搬など農外収入の道が開け、関連産業が起り、その他多様な面から活況が生じた」(『刈羽村物語』)

兼業農家がほとんどだったために、小作争議のメッカとしての新潟県内でも珍しく農民闘争はなく、おカミに抵抗した歴史をもたなかった地域といわれている。それが越山会隆盛のひとつの基盤でもある。柏崎には、ほかにも新潟鉄工、理研ピストンリング工業などの大手機械メーカーがあり、二、三男の就職先もある。農地がなくとも生活できるのである。

市と東電の説得工作が激しくなると、反対派もぐずぐずしていられなくなった。まず、予定地の荒浜地区で「原発反対荒浜を守る会」が旗揚げされた。とにかく勇気をだして名乗りをあげることにした。結成大会には三十人ほど集まったが、その半数は家庭の主婦であった。

原発予定地をはさんだ南側が荒浜、北側が宮川、そして山側が刈羽村である。守る会は敷地を取り囲むようにして結成されていった。ひと月後の、六九年十一月には、芳川さんの地元の宮川で結成された。彼はそれまで「定会」で原発の話をさせてほしいと申し入れ、九つの定会のうち、四つで話し合いの機会をつくっていた。

そして、結成大会では、宮川二百二十世帯のうち百八十人のひとたちを集めることに成功したのである。このうち六〇パーセントは婦人層だった。男たちは勤め先に気兼ねしてその種の会合にでたがらないこともあったが、生活の問題や子どもの将来について真剣に考えるのは、いつでも家庭の主婦である。

住民組織である守る会のほかに、日常的に活動する集団が必要とされていた。活動家集団である。柏崎の労働組合の活動家や新潟大学の学生や高校生など二十名ほどで柏崎原発反対同盟がつくられることになった。

芳川さん以外は二十代の青年たちだった。彼らが日夜、ビラをつくり、地域をまわって配って歩いたのである。いわば草根をかきわけての手づくりの運動だった。この存在が十数年の柏崎原発反対闘争を牽引してきたのである。

柏崎出身で東京の大学にはいっていた学生が、当時、大学院の学生たちを中心につくられていた全国原子力科学技術者連合と連絡をつけ、現地にやってきては学習会をひらいた。武谷三男、服部学、水戸巌、久米三四郎などの科学者たちも支援するようになった。荒浜と宮川の守る会と反対同盟は、地権者が多く、ほとんどが越山会といわれる保守的な刈羽村に、「守る会」をつくることに専念した。

芳川さんは子どものころ、村の鍛冶屋にナマズとりに連れていってもらったことがある。川岸のナマズ穴から頭だけだしてもぐっているのをつまみだすのだった。その鍛冶屋が刈羽村に住むようになって、集会を準備してくれた。

が、そこは越山会の牙城である。そのためもあって、夜の十時すぎにきてくれとのことだった。国道まではバイクでいって、あとは雪を踏みこえてすすむ。カッパを脱ぎ、足元に投げてそれを踏む。五百メートルたらずの道を一時間もかかった。女性が五、六人、男が三人ほど八、九人との話し合いは朝方までつづいた。

反対同盟のメンバーたちが一軒ずつチラシを配って歩いても、はじめのうちは追い返されるのが関の山だったが、夏になってようやく、守る会の結成大会にもちこむことができた。

お盆の前日だった。小学校の講堂に三々五々集まってきた。玄関先からのぞいただけでもどったり、またひき返す村民が多かった。それでも、二百五十人ほどになった。村はじまって以来の集会だった。しかし、三十分たっても、会ははじまらなかった。議長のなり手がいなかったのである。郵便局に勤めているひとが、「じゃ、おれが議長になろう」といってくれて、ようやく開会になった。

そんなふうにして、刈羽村にも守る会が結成された。署名運動や小集会、ミニ学習会が部落ごとにつづけられた。その三カ月後の七〇年十一月、東電は地権者たちを公民館に集めて一括買収の調印をしようとしていた。

守る会は、会場の前にピケを張ることにした。村のひとたちにとって、そんなことははじめての経験である。とにかく、集まってください。「原発のことはまだ了解していないんだから、待ってくれ」とわたしがいいますから、みなさんはそのあと、声をそろえて「お願いします」といってください、と芳川さんはたのんだ。

翌朝、七時ごろから、公民館の前にひとが集まりだした。雨が降っていた。それでも百人ほどになった。主婦が多かった。東電と村役場の職員がクルマで到着し、会場にはいろうとした。反対同盟の青年二、三人が「待ってくれ」とたちふさがった。と、遠まきにしていた村民たちが、輪をちぢめて「帰れ」「帰れ」と叫びだしたのだった。予想もしてないことだった。

こうして、その日の調印式は流会となった。

刈羽村史はじめての村内デモがおこなわれたのは翌日である。刈羽小学校の校庭には荒浜、宮川を守る会のひとたちをふくめて五百人ものひとたちが集まった。「原発反対住民総決起大会」である。集会が終わって、ムシロ旗を先頭にして耕耘機の隊列がそれにつづいた。「全村民が納得するまで土地買収の斡旋を中止しろ」と村当局に申し入れた。

東電の走り使いの越山会幹部と村の将来を思う住民との対立が明らかになってきた。刈羽村で、偉大なる田中角栄の票が減るには、ロッキード事件の発覚を待つまでのこともなかったのだ。

東電対反対派の対決

地元のひとたちから、「旭屋」の屋号でよばれている池田米一さんは、はじめから原発に反対したのではなかった。砂丘のすぐ隣に住んでいて、ここが開発されるのを願わないわけがなかった。青年団の連中が反対しはじめ、守る会がつくられ、よくよく話をきいてみると、開発どころかとんでもないことだと気づくようになったのである。

池田さんは、六十八歳になるというのだが、まえにお会いしたときにくらべて、眉毛が白くなっていることが、この間の歴史を物語っているようだった。小柄な方なのだが、眼や鼻などの造作が大きく、顔の両側に張りだした耳はひとの倍ほども大きく、豊かである。この風貌は温厚な人柄と芯の強さをよく表している。

荒浜のひとたちは、海にでて生活していた。春はマス、秋はサケ、北海道や樺太にニシン漁の出稼ぎにいくまえ、冬は家にこもってニシン網をつくっていた。『荒濱村誌』には、「明治十五年の調によれば製造者二千二百余人」とあるほどで、ニシン網づくりが村の「基幹産業」だった。

この村出身の成功者は函館に店を構え手広く製網販売を営んでいた。牧口、柴野、品田などがこのあたりの名家だが、それぞれ北海道との交易で成功した家系で、牧口家からは創価学会の創始者で、戦時中、軍部に捕らえられて獄死した牧口常三郎がでている。

池田さんは網元として、漁夫を十人ほど使っていたのだが、築港がない、魚が減る、漁師が工場にとられるなどで、二十五、六年まえからは、菓子の製造、販売に転じ、さいきんまではＮＨＫの集金人になったりしていた。

彼は遊びたい盛りの青年たちが毎晩、一銭にもならないのに海岸線一帯をチラシを配っている姿に彼は感動した。それで反対運動を手伝うようになり、いまでは荒浜での反対運動の中心的存在である。

最初のころ、市は、荒浜町内の十二の区から三人ずつ選んで原発問題対策委員会を設置した。メンバーは賛成派ばかりで、原発問題については全部ここで話し合うことにし、各区の常会では問題にされないようにした。どこの原発地帯でもおなじように、原発視察がはじまり、福島に見学にいったひとたちは、常磐ハワイアンセンターで温泉にはいり、坑夫の娘たちのフラダンスを楽しんだ。対策委員たちは、市内の料理屋で東電のご馳走にあずかり、条件付賛成を決めた。

守る会と反対同盟の運動は、区長を代え、町内会長を代えることを目標にするようになった。生活レベルの段階で、保守的な基盤を形成している市の末端組織を変える地道な運動が、柏崎原発反対運動が大衆的にひろがり、根強くつづいている最大の理由である。

七二年三月、十二人の区長のうち反対派が七人を占めて、「条件付賛成」の白紙撤回を決定した。七月には、反対派が町内会長になった。まず、まっ先に原発の賛否をめぐる住民投票（一戸一票）を実施した結果、

原発賛成　三十九票
原発反対　二百五十一票

となった。

ところが、反対を標榜して就任した町内会長が、途中から歯切れが悪くなったので、不信任、池田さんが町内会長になった。全国どこでも、ふつうは町内会長は「名誉職」で、なり手のないものなのだが、柏崎では原発賛成、反対派、というより、東電対反対派の対決となったのである。池田さんは五年間、町内会長として反対闘争の先頭にたっていたが、七九年、百九十三票対百七十八票の十五票差で敗退した。

賛成派は、酒、砂糖などを各戸に配って歩いた。賛成派のポスターを貼らしてくれと戸別訪問してまわった。狭い部落でそれを拒否するのには大いなる勇気を必要とする。それが踏み絵だった。

町内会長選挙の直後、アメリカ・スリーマイル島の大事故が発生した。選挙がもうすこし遅かったならまちがいなく再選されていたはずである。賛成派町内会長は、池田さんの徒弟である。文字どおり、血で血を洗う選挙戦だった。

刈羽村では、地区の代議員全員が反対派で占められてしまうと、賛成派は区をまっぷたつに割って、「第一刈羽」をでっちあげた。「第一」とはいうものの、実質はいわば、「第二組合」である。村はたいがい村びとたちの共同作業によって成りたっている。道普請などの土木工事、水かけ、病虫害駆除などの農作業がそれである。それができなくなることは、村の自治が破壊されたことである。

東京電力は、土地的にも存在しない「第一刈羽」に五十万円の寄付金をだし、環境整備事業として街灯をたてさせた。村を暗くした張本人が街灯をつけたのである。

守る会側は東電に抗議した。

「一、九月四日（七一年）までに刈羽部落地内に建てた街灯用電柱はすべて撤去せよ。履行しなかった場合に発生する事態の一切の責任は東電にある。

一、住民の分断と対立を目的として酒食をもてなしたり、金品を贈るなどの反道徳的行為は今後一切やめよ」

七カ月後に、街灯は賛成派の手によって撤去された。

八〇年六月、総工費七億円を投入して建設された刈羽村新庁舎で、臨時議会がひらかれていた。このとき出された議案のひ

とつが、「五十五年度補正予算の承認」だった。配られた議案書をみると、当初予算十九億四千七百十万円に、五億円が上積みされていたのだった。東電からの「寄付金」である。

これに電源三法の周辺立地分交付金三億九千万円をたすと、原発関係は、村財政の三九パーセントも占めることになる。

出席議員十六人（定員十八名、二名は病欠）のうち、反対したのは、武本和幸議員ひとりだけだった。彼は、タダ金をもらうことによって村の自治の精神が侵される、村が東電の植民地化される、と反対理由を唱えて起立しなかった。

村長の答弁は、村に東電の議員がふえ、事務も忙しくなった。その協力金である、というものだった。賛成派の議員たちは、原発のあるところでカネをもらうのは通例である。ここだけもらわないのは、村長の政治力の問題である、と演説した。タカリの精神がすでに当たり前になって罷り通るようになった。

武本和幸議員は、新潟大学一年生のときから反対同盟の結成に参加していた。柏崎市の測量事務所に勤めているのだが、刈羽村および柏崎市での反対運動が全国的になるについては、彼の活動が大きく影響している。十八歳から二十九歳までの十一年間、原発反対運動ひとすじにきたのである。

ほかの地域での反対運動は、過疎化がすすんでいることもあって、老人たちの活動が中心なのだが、ここの特徴は、柏崎市へ通勤している武本さんのような若ものたちが多いことで、それが運動のエネルギーをつくりだしているのである。逆にいえば、ここの原発はそれだけ都心部にちかいということも表している。

若ものたちは、予定地周辺の十一地域に「守る会」をつくり、反対同盟の事務所に毎日集まっては情報を交換し、方針を決め、ビラをつくり、ビラを配って歩いた。部落ごとの反対署名運動、学習会、学者をよんでの講演会、集会、デモを組織し、末端行政の執行機関を変え、あるときは市議会、県議会を占拠した。

八〇年十二月には、霙まじりの強風が吹きつける街路で、公開ヒアリング阻止の六千名の座りこみを成功させている。地元で生まれ、地元で生活してきた青年たちが、運動を政党や労働組合などの団体にまかせるのではなく、自力で考え、自力でつくりだしてきたのは、貴重な財産である。

「生田萬の乱」の伝説

柏崎では、生田萬の叛乱の伝説が語りつがれている。生田萬は、上州館林の浪人だったが、一八三六（天保七）年、三十五歳のときに妻子を伴って柏崎に居を移し、塾をひらいていた。彼は若くして江戸にで、平田篤胤門下で国学を修め代講となっていたのである。

このころ、全国的に凶作がつづき、百姓一揆がピークを迎えていた。柏崎でも、農民の生活は疲弊し、陣屋から金を借りて年貢を払う「拝借金」がかさむばかりだった。それにもかかわらず、代官は回漕業者から賄賂を取って越後米を「津出《つだ》し」していくのである。柏崎にきてわずか九カ月たらずの生田萬は、大塩平八郎の乱に影響されて五人の同志とともに柏崎陣屋に斬りこんだのだった。

そのときの旗指し物には、ふたつのスローガンが書き記されていた。

「奉天命誅国賊」（天命を奉って国賊をうつ）

「集忠義討暴逆」（忠義を集めて暴逆をうつ）

死を決しての乱入だった。防戦する役人たちの鉄砲に撃たれ、生田は浜に逃げのび、同行した尾張浪人鷲尾甚助の介錯を受け切腹して果てた。代官は首のない死体を磔刑にしたという。

「この乱は、大塩の乱の影響をうけ、心情的に一般町農民の立場に立ちながら、彼らに何らの働きかけも行なわず、高揚しつつある反陣屋反町村役人闘争を結集し得なかったところに限界がある。柏崎一般町農民は、変後、ようやく生田の意図を理解するのである」

『柏崎編年史』（上巻）では、この決起についていささか冷ややかに総括されている。メンバーは三人の浪人と名主たちで、いわば大衆から遊離したエリートの挫折といえなくもない。ただ彦三郎など荒浜村の百姓数名が随行したとも伝えられている。

いま、柏崎小学校の西側に慰霊碑が祀られ、市の観光課がつくったコースのひとつとなっている。北川省一の『戦後・柏崎・風土記』によれば、乱から二十六年後にしてようやく建立された碑には「生田萬」の名はなく、「六道能化地蔵願王大菩薩」と刻まれていただけだったという。「六道」は六人の同志に掛けたものだ、とは北川省一の考察である。

生田萬の乱から百三十数年たって現れた原発反対闘争は、彼の孤立し、ヒロイックにして絶望的な行動としてではなく、きわめて日常的に、生活と深く切りむすんだところで、多くのひとたちの共感をかちえてたたかいつづけられているのである。

原発予定地を抱えている刈羽村は、海岸沿いの砂丘と砂丘からつづく丘陵地帯、そして、水田地帯によって成りたっている。田植えのすんだばかりの平坦部が、のどかな農村風景にみちみちているかといえばそうでもなく、村の中央は国道一一六号線によってたち切られ、そこから海岸にむかって原発の進入道路がはしり、ダンプカーが疾駆して、なにか落ち着かないのだ。

ある晩、わたしは刈羽村大字赤田北方の石黒健吾さんのお宅を訪れ、村のひとたちの話をうかがうことができた。藤川晶子、広川みゆき、広川けい、広瀬むつ、広川マツノ、それに藤田勇美、長世憲知、佐藤武雄の皆さんが集まり、お菓子を積みあげたテーブルを囲んで、いろいろ話してくださった。

話がもっともはずんで、おばさんたちが笑いあったのは、七四年六月中旬の県議会占拠のときのことだった。この日の議会で原発問題が論議されるとあって、守る会連合のひとたちはバスを連ねて新潟にで、傍聴席を超満員にした。

一般質問に引き続き、午後三時から連合委員会が開会。社会党の田辺栄作議員が質問に立った。超満員の傍聴席はムンムンした熱気が……。「知事は国の安全審査ばかり持ち出してくるが、県民の立場で県がなぜ調査できないのか」と田辺議員。「私は専門家ではないし、県も独自で調査する力はない。私は国や専門家の意見を尊重する」と県知事。

〝のれんに腕押し〟的な問答が続く。

しびれを切らした傍聴席からは「それでも知事か！」「住民の気持ちをどうする！」と鋭いヤジが飛びかう。

議長の制止も効きめがない。

一時間の持ち時間いっぱい使っての質問だった。

と、同時に廊下に待機していた支援の組合員を中心に議場の出入口が全部〝封鎖〟され、県知事ら幹部議員は控室の外に出られない……。

午後四時十分。住民と組合員は一気に議場内になだれ込んだ。あわてる自民党議員。「自然の成り行きだ」と社会党議員。議員席に腰かける人、床のじゅうたんに寝そべる人……。二階から原発反対のたれ幕がつるされるとドッと歓声がわく。「どうしようもない」と事務当局は渋い顔」（『新潟日報』七四年六月十八日）

村びとたちにとって、その日のことは、いまでも楽しい思い出なのだ。

「あんなとこ（議場）にはいってしまうと、もう、おっかねえものはなくなってしまうのう」

「そうだこった」

「木村博保の木札をぶんなげてやったで」

「そうそう。〝お前の政治生命はもう終わった〟と落書きしてあったコテ」

「ほんと、すっかりそのとおりになってしまったんだてば」

そのすこしまえの七四年六月、秘密裡にひらかれた電調審（電源開発調整審議会）に抗議するため上京し、経済企画庁や大蔵省の玄関前に座りこんだ。その二年後の七六年六月には、科学技術庁に抗議に押しかけた。

「あのときはあんたがよ、赤信号なのに興奮して飛びだしてしまって、赤信号だよ、といっても〝赤も白もない〟とえらい権幕だったね」

刈羽のひとたちは、手弁当で何回となく上京し、抗議にいった。科学技術庁の担当官に、東京につくったらいいだろうに、というと、東京は人口が多くて危険だ、と答えたという。

柏崎のこんな人家にちかいところにつくることをどう考えるのだ。そんなことから、刈羽の女性たちは、政府のいい加減さを身をもって知らされたのである。

多額の補償金に不信感

原発の話がでてきたころ、村はちょうど住宅の建て替え期だった。カヤぶき屋根の家は「時代遅れ」となり、文化生活への憧れが強くなっていた。それに燃料や雪囲いなどに使用され、生活に密接不可分だった松葉も、ガスが引かれる生活がはじまって不用なものになっていた。飛砂ばかりか、生活の防衛林でもあった松林の地位が低下しはじめていた。

そこに買収の話がでてきたのだった。一反五、六万でも買い手のつかなかった松林が、三十万となり、反対運動がはじまると立木分をふくんで八十万円にもなった。それが買収に拍車をかけた。土地の有力者たちは、広大な土地をもっているだけで、零細農民のように兼業しなかったので、現金収入はすくなかった。だから、買収に応じることによって一挙に生活を逆転させようとしたのである。

結局、こうして最初に用地内地主が崩れ、漁民は漁で生活に見通しをもてなかったから、あっさり漁業権を放棄した。しかし、それでもこれだけ息長く反対運動がつづいている地域はまったく珍しい。

広川みゆきさんが原発を恐ろしいと思うようになったのは、福島原発を見学してからである。外観だけをみたときは、白亜のビルでまるで観光地のようだったのだが、まず、温排水がすさまじい勢いで海に流れこんでいるのをみて不安な気持ちになった。建屋のなかでは作業員たちは自分の洋服を脱いで白い服に着替える。なかからでてきたとき、その作業衣を受け取る係員が、マスクをしているのをみて恐怖にかられた。このときは賛成派だけの見学だったためか、東電も安心してなかまでみせていたのだ。

広川けいさんはそのあとから見学にいってやはり常磐ハワイアンセンターで一泊してきた。バスの中で説明をききながらいい加減ねむくなっていたとき、東電の社員が口にした補償金の額があまりに大きかったのにびっくりして眠気が吹っ飛んでしまった。いくらだったか、金額はいまでは思いだすことはできないのだが、とにかくびっくりしたことだけは記憶に鮮明なのだ。そんなカネを払うということはなにかまずいことがあるにちがいない、と考えるのが庶民の英知というものである。

それぞれの部落で反対運動をつくってきたひとたちは、それぞれに工夫をこらしてきた。なにせ保守的な村なのだから、寄り合いで堅い話をしても息が詰まるだけで寄りつかなくなる。それで藤田さんや長世さんの住む新屋敷《あらやしき》の部落ではグループ旅行をすることにした。ゆったりした気分になっているときに、柔らかい話に織りまぜて原発の話をすることにしたのである。

七一年の暮れ、刈羽村を守る会が原発反対の署名運動を実施したとき、全有権者三千八百五十人のうち、過半数の二千三十九人がその署名に応じた。七三年六月に『新潟日報』が柏崎、刈羽村の住民におこなった意識調査では七二パーセントが原発は危険だ、不安だと答えている。スリーマイル島事故、そして敦賀の廃液タレ流しのあったあとでは、一層その不安が強まっていることはたしかなことである。

長世さんはこういう。

「こんなちいさな村に巨きな原発をたててどうする気なのか。村長は東電から五億円もらって、おれがもらってやったと自慢しているが、こんな住民を馬鹿にしたことはない。これじゃまるで動物園の動物だ。餌を食わしてもらうだけで、自分ではなんにもしなくてもよくなってしまい、本当の生き方ができなくなってしまう。もう心の病気がはじまっているんだ」

原発予定地を迂回する「付け替え道路」に面して、クリーム色の壁と赤い屋根の、民家を象った一見別荘風の瀟洒な建物がたっている。東電のPRセンターである。これは全国どこでも、原発予定地にまっ先に建てられる一種のショーウインドーで、たいがい、小、中学生相手の原発の模型などが飾られているものである。


芳川さんは「気分が悪くなる」といってちかづきたがらないのだが、わたしをクルマに乗せて通りかかってしまったいきがかり上、連れだってはいることになった。

わたしは、建設中の現場をみせてほしいと頼んだ。市会議員であり、反対派の代表者が同行していたこともあってか、あっさり入れてもらえることになった。芳川さんは応接室で待たされているあいだ、わたしにしきりに世間話をもちかけてきた。係員と話をしたくなかったためらしかった。

広大な敷地のなかは想像した以上に整然としていた。高台にたつと、真下に鉄骨で囲まれた炉体がみえた。それはあまりにも巨大で、不気味だった。出力百十万キロワット。やはり建設中の伊方原発でもすぐそばまでいってみたことがあるが、優にその三倍はあった。

わたしは原発の危険性をむやみに爆発などで強調する議論は使わないようにしているのだが、こんな巨大な容器のなかでおこなわれる核分裂を、人間が制御しようとする行為の愚かしさを悟った。おそらく、これをみたひとなら誰しも、本当に大丈夫かな、と思うことはまちがいない。柏崎原発は、地中から空にむかって、なにか叫ぶように大きな口をあけていたのである。

パンフレットにはこう書かれている。

「現在、建設がすすめられている当発電所一号機付近は岩盤が地下深くあるため原子炉建物は地下四十五メートルの岩盤に基礎をすえています。そして、建物全体の約三分の二を地下にした半地下方式の複合建屋という形式を採用し耐震構造の強化をはかっています」

係員の話によれば、工事の進捗率は二八パーセント。運転開始予定は八五年十月とのことである。八年前、やはりPRセンターできいたときには、七七年運転開始といっていたから、なんと八年も工事が遅れたことになる。その最大の原因は、反対同盟から「予定地内に断層破砕帯や活断層が存在している」と指摘され、国の安全審査に手間どったからである。

地盤問題を独力で調査し、東電の調査数値のごまかしまで暴露することに成功した武本和幸さんの話によれば、一号炉の炉心位置は当初計画では敷地中央部にあったのだが、転々と移動し、五度目の正直で海面下四十五メートルの現在地になったという。パンフレットで「耐震性」が強調されているのはこのためである。

活断層の上に地震に弱い原発を建設し、建物の耐震性を強調しているのは、泥舟に乗っていばっているカチカチ山の狸のような無謀といえる。ここに八基の大原発を並べるのが、東電の計画である。

敷地で眼をみはるのは、高さ百メートルにもおよぶ大鉄塔である。芳川さんに避雷針ときかされても、わたしは信じ切れなかった。いままで歩いた地域では原発ドームの上に避雷針がつけられていただけだったからである。PRセンターで確かめるとやはりそれはまちがいではなかった。

周囲一帯をカバーするためには、これだけの高さを必要とするのだそうである。このあたりは、名うての落雷地帯である。有名な三階節でもこう歌われている。

〽米山さんから雲が出た　いまに
夕立ちがくるやら　ピッカラ　チャッカラ
ドンカラリンと音がする

地震と雷、近代技術の粋を喧伝する原発は、この古典的な恐怖にまったく弱い。それが最大の恐怖である。いわば自然への無謀な挑戦なのである。

「原発はアリ地獄」

「国よ、しっかりせよ」

長野茂柏崎市助役はそういったのだった。国はもっと国民の信頼をうるような原発行政をすすめてほしい、というのが、敦賀事故からえた彼の提言である。だいたい環境モニタリングでさえ会社で実施しているのが現状だ、と彼はいう。たとえば悪いが、これは泥棒が刑事を兼ねているようなものだ。

昔流にいえば、博徒が十手をあずかっているのにも似ている。わたしは長野助役の憤慨をききながらそんなことを考えていた。敦賀事故以来、自治体の責任者たちが国の責任をいいだしたのは、いままで住民につきあげられていた安全論争の結末を国に転嫁するためである。まして柏崎では反対運動の歴史が長いこともあって、安全論議は徹底され、その予見がすべて当たってきていた。彼はこういった。

「原発も機械である以上、トラブル、事故はありうると思う。ウランの平和利用は危険なものだとの認識のうえにたって対応したい。これから先、柏崎でも事故は皆無だとは考えていない。そのとき、周辺に被害がないような態勢をとるのが第一だ」

かつては、電力会社も自治体も、「絶対安全」だけをいい張っていた。それがさいきんでは、「事故があっても被害を防ぐ」に力点がおかれるようになった。防げない被害がでたときどうするか、彼らはそこまでは考えないようにしているだけである。その代わりにというべきなのか、いまのうちにカネをバラまいておこうという寸法である。刈羽村への五億円の寄付はその前兆である。

刈羽村の企画開発課長に、このカネはこれからも毎年はいるんですか、とわたしはたずねた。彼はこう答えた。

「今回だけですよ。いまはもうネダっていませんから」

なにかあったときにネダるともらえるということでもあろう。

原発工事がはじまっても、柏崎市、刈羽村両地区ではたいした恩恵を蒙っていない。柏崎市にはいる交付金は歳入の五パーセント程度で、さほど必要でない公共施設がふえるぐらいのメリットである。

柏崎商工会議所の話によれば、工事は「地元最優先」の東電との「紳士協定」があるそうだが、本格的な工事は、すべて東芝、鹿島、大成、飛鳥、間、五洋建設などが引き受ける。地元業者でやれるのは道路工事ぐらいが関の山なのである。

「ふえたのは呑み屋だけ」

とまだ若い業務係長は苦笑した。それも活況を呈しているというほどでもなく、廃業した店も多いという。商店街への波及効果はすくない。それが永すぎた期待への報酬である。期待が肩すかしを食うと、さらに各産業へのもたれかかりが強くなる。

「核燃料工場の誘致」と柏崎商工会議所が作成したパンフレット『明日への創造』では強調されている。

「わが国のエネルギー政策が、今後かなり長期にわたって原子力発電を最優先にすることを考えれば、核燃料の需要も相当量増大するものとみられる。

このような需要を背景に柏崎に核燃料工場を誘致することが考えられる」

原発が建設されている砂丘には、ひとたび落ちるとたちまち底まですべり落ちてしまう場所があった、という。地元のひとたちはそれを「どんどん」と称して恐れていた。アリ地獄である。原発と周辺自治体は、いまこの「どんどん」にのめりこんでいっているように思えて仕方がない。

芳川さんたちは、県全体を結ぶ反対運動として「原子炉設置許可処分取消し」の裁判を起こしている。すでに二千名を超えるマンモス原告団となった。原発設置認可は、自主、民主、公開を謳った原子力基本法に違反し、「災害の防止上支障がないものであること」と規定した原子炉等規制法第二十四条一項四号に著しく違反している、との主張である。

ドイツでは、ほぼおなじ条文によって建設工事がストップされ、アメリカではスリーマイル島での事故以来、新規建設は中止されている。もっか建設中とはいえ、柏崎一号炉の行手はまだまだ多難である。建設中止が「原発どんどん」から脱出する最良の道である。

九六年十月現在、柏崎・刈羽原発では五基稼働、二基が建設中。六、七号炉（各一三五・六万キロワット）は、九七年に稼働が予定されている。神を畏れぬ驕り、というしかない。

V　政治力発電所の地盤　島根

刑事と間違えられる

海にころげ落ちるような坂を下りると、片句《かたく》港である。このちいさな入江のすぐそばまで、急な傾斜に貼りついた人家が庇を重ねておしよせている。朝と夕刻、家と家とのあいだの狭い坂道をつたってひとびとが姿を現し、家族ともども沖にでる支度をする。そのときだけ、部落ただひとつの広場ともいえる、入江の前の道がにぎわう。

わたしは、そんな光景を毎日眺めているうちに、白いゴルフ帽の、がっしりしたふたり連れの男に気がつくようになった。彼らは、道路ぎわに停めた乗用車の陰にしゃがみこんで涼んだり、港のまわりを所在なげに歩きまわったり、なにか思いついたように坂道をのぼって部落のなかにはいっていったりした。

私服刑事である。

「なんで刑事がきてるの」

タクシーの運転手にきくと、「殺人事件」の聞きこみとのことだった。彼の話は微に入り細を穿っていた。東京のテレビ局の取材スタッフを乗せて走りまわった、という彼の情報によれば、こういうことである。

　激しい雨が降りやんだあと、原発進入道路にちかい農道に一台の乗用車が停まっていた。通りがかりのちかくの住民が不審に思ってなかを覗きこむと、助手席に座っている若い女性の首に安全ベルトがまきつけられていたのだった。

　被害者は、松江市のアパートに住む結婚間もない新妻で、夫の実家のちかくのマーケットで買い物をしたあと、死体となって発見された。助手席にいたとはいえ、クルマは彼女のものである。誰が、マーケットから犯行現場まで運転していったかが、謎である。顔見知りの者か、といっても、彼女は神奈川県からきたばかりである。運転中に誰かに会ったとは考えられない。

　マーケットで脅かされてクルマに連れこまれた、と考えたにしても、白昼の行為としては大胆にすぎる。事件は迷宮入りの様相が濃くなり、あてもなく目撃者を探して、刑事たちが歩きまわっていた。

　ある日、刑事と顔を合わせることになった。漁協の支所へいくと、彼らのどっちかが応接セットに座っていたりする。

「どうですか」

　などと水をむけても、刑事はへの字に口を結ぶばかり。彼らは、聞きだすこと以外は、余計な口をきかないのである。片句以外の港でも、ひと目で刑事とわかる男たちが立っていた。食堂にはいっていくと、昼からビールを呑んでいた漁師風の男に、「あんた、刑事かと思ったよ」といわれる始末だった。

「刑事はたいがいふたり連れですよ」

　わたしが軽く訂正すると、

「そうだね」

　彼は、感心したように合点したのだった。その後、犯人が逮捕されたかどうかは、聞いていない。


　島根半島のほぼまん中に位置し、日本海を懐いっぱいに受け入れた輪谷湾《わだに》の奥に、中国電力の島根原子力発電所がある。広報部長の話によれば、この原発は、出力四十六万キロワット、日立製作所による国産第一号炉とのことである。

　これまで百十万キロ級の巨大な原発をみてきた眼には、波静かな入江に、一基だけ、こぢんまりとたっているちいさな四角い建屋は、ちょっとした安心感と、これだけでやめてくれれば、といったような感慨をもたらす。

　しかし、すでに八十二万キロワットの第二号炉が計画されていて、敷地は一号炉に隣接する山を削りとればすむとのことである。これにたいしての地元での反対が強く、八一年一月下旬には六千人による「公開ヒアリング」阻止闘争がおこなわれ、二名の逮捕者をだしている。だから刑事の徘徊の狙いが、殺人事件なのか、原発反対運動の情報取りか、なかなか判断がつかない。わたしも、マークされていなかったかどうか。

原発用地となった輪谷湾の周辺にあったのが片句のひとたちの田や畑だった。買収によって、片句部落の六〇パーセントの土地がもぎとられてしまった。もしもこれから、二号炉が建設されたとしたなら、排水路によって、こんどは漁業が壊滅させられることになる。片句はそんな不安を抱えて静まりかえっていたのだった。

島根原発は、中国電力社長・桜内乾雄《きみお》と元通産大臣・桜内義雄によって生みだされたものである。ふたりは兄弟で、父は出雲電気（現・中国電力）社長、農林大臣、大蔵大臣を歴任した桜内幸雄である。ここの原発の特徴は「桜内一家」とよばれる政治地盤のうえで、巧妙な駆け引きによって建設されたことにある。

桜内一家の強固さを物語るエピソードとしては、たとえば、一九五〇年の参議院選挙をあげることができる。

このとき、桜内義雄は次点と四百五十票の差で辛勝したのもつかの間、無効票を繰り入れられたとして訴訟を起こされ、結局、最高裁で当選無効と決定された。ところが、その無効票の大半は、父の幸雄や兄の乾雄の名前を記入したものだった。

そんな政治風土だったから、原発も、当初は、「桜内っあんがそんな悪いもん持ってくるはずがない」と歓迎された。それに、県議会、町議会の議員たちのたいがいは、親子二代にわたる「桜内っあん」の息がかかっていた。

「鹿島町長安達三郎は、乾雄の父幸雄が生存中、選挙の度毎に地元運動員として協力し、青年弁士として鳴らした男であった。したがって乾雄とはもとより旧知の関係だった」（鎌倉太郎『闘将桜内乾雄伝』）

原発「誘致」の町長と電力会社の社長との「旧知の関係」とは、社長となった乾雄が松江支店長時代、地元の各団体の名誉職をほぼ独占し、その威光によって父幸雄の選挙をとり仕切っていたことにもよっている。投票用紙に、幸雄ばかりか、乾雄の名前までも登場するのは、いわば当然ともいえた。

だから、島根原発は鹿島町で五〇パーセント強の得票率を誇ってきた義雄と中国電力社長の乾雄の血のつながりによって生みだされたともいえる。

義雄は、自民党の中曾根派として通産大臣になった。中曾根康弘は、一九五四（昭和二十九）年、史上最初の原子力予算を成立させた仕掛人で、当時「右住左住する学者たちのホッペタを札束でひっぱたいて眼を覚まさせる。政治が科学に優先しなければ、日本の原子力研究は進むはずがない」と発言した。

物議をかもした原子力政治家である。

原発被災地の平和利用

中国電力が、島根半島に原発を建設すると発表したのは、六六年十月十一日のことである。

当時の新聞には、こう書かれている。

「建設地を島根半島に選んだ理由は現在の原子力発電所の安全性、公害性などの客観情報と中海《なかのうみ》干拓に伴う需要増を含めた経済性を考えたためで、具体的には、①人口密度が低い②地盤が堅い③将来二、三基分が確保できる④将来、送電によるロスが少ない――ことなどがあげられる」(『中国新聞』六六年十月十二日)

安全性、公害性を考え、人口密度の低い地域に立地した、と中国電力は新聞記者に発表したのだが、一・五キロ離れて隣り合っている片句部落に百八戸、約五百人が住んでいるばかりか、人口十二万七千人の松江市とは、わずか九・五キロの距離でしかない。ここは県庁所在地にもっともちかい原発なのである。

この日の記事で、建設地点は島根半島、と書かれているだけだった。鹿島町の片句地区と発表されたのは、それから一カ月後の十一月十八日のことなのだが、奇妙なことに、十月十二日付の記事の上段に掲載されている地図で、鹿島町の部分はすでに黒丸で塗りつぶされていたのだった。

そして十月二十一日には、鹿島町当局は島根大学の岡真弘教授を招いて、原発の説明会を開いている。つまり、中国電力の常務などの幹部が、鹿島町を訪れて協力要請し、正式発表する一カ月まえ、すでに町は受け入れ態勢を完了していた。桜内ブラザーズと町長の「旧知の関係」とは、このようなものだったのだ。ついでに書き添えておけば、このころの岡教授の活躍には目覚ましいものがあった。

町役場が作成した年表によれば(これまた奇妙なことに、わたしに提供された鉛筆書きの年表では、議員の視察旅行や買収金額などはすべて消しゴムによって消され、六六年十一月十八日の正式発表以前の前史も、抹殺されていた。女子職員に年表を筆記させ、それを企画課の上司が検閲し、都合が悪いと判断した箇所を消したようなのだ。原発自治体では、このような姑息としかいえないような情報操作が、公然と罷り通っている)、岡教授は、六六年十月二十一日の町会議員、町執行部への説明会を手はじめに、六七年一月十四日、十九~二十三日、五月十二日と、地元および周辺町村の説明会の講師として歩きまわっていたのだった。

講演内容は、もっぱら「安全性」に関するもので、その片鱗は『中国新聞』六七年十一月二十日のインタビュー記事として残されている。彼は、こう発言している。

「したがって、基準通りに設計されれば、サカナの臓器に廃棄物がたまっても人体に害はない。基準は人間を対象に考えているので、人間が廃棄物を食べても心配ないわけである」

物理学教授の科学性とは、こんなものだったのだ。

中国電力が原発建設について正式発表したのは、六六年十月である。しかし、構想はその十年前から固められていたのだった。「中国電力で原子力発電開発の構想が立てられたのは、昭和三十一年頃である。つまり乾雄が副社長に就任した年である」(前年『闘将桜内乾雄伝』)

『中国地方電気事業史』(七四年十二月、中国電力刊)にはつぎのように書かれている。

「ところで中国地方における原子力発電は、いまわしい原子爆弾の記憶も生々しく、住民感情を配慮してとりわけ慎重に構想されていった。二九(一九五四)年六月の『社報』No.36には、社長室調査課による「原子力と人間生活」と題する資料がはじめて掲載され、原子力発電の現状が紹介されている」

一年後の五五年八月六日の原爆十周年記念日には、火力部火力課長が、原子力発電について講演、「解決しなければならない種々の問題が山積しているが、一日も早くこれを解決し原子力の平和利用に役立つことを望む」と結んだ、という。

わたしは、この社史によってはじめて知らされたのだが、驚くべきことに、その年の一月、アメリカ下院のイエーツ議員が、アメリカ政府原子力委員会の意をうけて、広島に日米両国政府の協力によって原発を建設する法案を提出していたのだった。「最初に原爆を投下された広島にこそ原子力の平和利用を目的とした原発が建設されるべきである」との提案にたいして、当時の渡辺広島市長は、「受け入れの用意がある」と市議会で言明、渡米していた島田中国電力社長は直接イエーツ議員と会談したという。

この計画は住民感情を逆なでして、強い反発を受けて立ち消えになったのだが、社史では、「この年をさかいに中国地方でも原子力発電への関心が高まったことは事実であった。翌三一(一九五六)年三月、中国電力では調査課に原子力係をもうけて、その調査研究を開始したのである」と評価されている。

六四年二月、記者会見で桜内社長は十年後に三十五万キロワット程度の原発を一基建設すると発表、その年の七月の記者会見では、候補地として山陰側を考えている、と表明した。

山陰は、瀬戸内海に面した山陽地方にくらべ、政治からうち捨てられ、経済的にとり残されてきていた。「陰」ではイメージが暗すぎるとして、かつて「山陽の北」という意味から「北陽」と改称したりした。が、自然条件や経済的条件は、名前を変えたぐらいで解決できるものではなかった。長いあいだ誇りとされてきたのは、国引きや国造りに代表される、荒唐無稽な「出雲神話」ぐらいのものであった。

たとえば、六三年の新産都市第一次指定にあたって、島根県は、宍道湖に隣接する「中海地区」を工業開発すべく、全国四十四地区と伍して、史上最大の陳情合戦に参加したものの、視察にきた関西経済団体連合会一行から「石油化学コンビナートの誘致などとっぴなことを望むのもよいが、立地条件というものがある」と軽く一蹴される（内藤正中『島根県の歴史』）体たらくだった。

それでも、そのあと、秋田湾地区が追加指定を受けるとの情報を聞きこんだ島根、鳥取両県は、バスに乗り遅れまいとして猛運動を展開、桜内通産大臣、徳安郵政大臣（鳥取県選出）の政治力にものをいわせ、地元財界の反対をも押しきり、最終の「新産都市」にぶらさがることができたのである。

といって、その後、中海地区が、念願の重工業地帯として発展したかといえばさほどのこともなく、木材・木製品・食料品などの軽工業地域にとどまり、公害地帯になることもなくすんだのだった。ところが、「中海地区」の新産都市指定は、原発誘致の絶好の口実を与えることになった。『中国地方電気事業史』には、原発建設地点として、鹿島町を第一候補に選んだ理由として、「中海地区の新産都市指定にともなって将来の需要増加が見込まれるとともに、山陽地区への送電態勢がととのっていること」と強調されている。しかし、結果からみるならば、島根原発で発電されたほぼ半数は、後段に記述されている「山陽地区への送電」にむけられることになったのである。「八雲立つ出雲」の国は、雨量にめぐまれ、総出力量はすくないとはいえ、山陰側には水力発電所が林立している。火力中心の瀬戸内海工業地帯が、その不足分を山陰の原発でまかなうことになったのである。

このように、きわめて用意周到に準備され、願うべくもない政治風土と経済的要請を兼ね備えていたにもかかわらず、原発建設は、スンナリ受け入れられたわけではなかった。

地元民を軽視

桜内中国電力社長は、正式発表の翌年二月の記者会見の席上、「十月までに用地の買収をすませ、年内には漁業補償を片づける」と豪語していた。「桜内王国」の自負がそうさせたのであろう。彼はこうもいった。

「原子力の発電コストを引き下げるため、土木部門の建設工事費をできるだけ切りつめる。運転経費に多少カネがかかっても建設時の初期コストを安くするというのが私の方針なので、この線に沿って関連道路のコストを引き下げるよう指示してある」（『中国新聞』六七年六月二十二日）

買収費をふくむ建設コストを安く抑える自信は、義雄の得票率五〇パーセント強の支持率を抜きにしては考えられない。その四カ月まえから、地元の正式同意をうるのも待ちかねるように、すでに測量、ボーリング作業に手を染めていた。これらの思いあがりは、温厚な地元のひとたちをいたく刺激した。

いま、原発反対の運動の中心人物になっている中村栄冶さんの話によれば、測量のために無断で立木を切ったり、勝手に農地に踏みこんだりした行為は、「地元民をみくびっている」「大企業はとんでもないことをする」との反発を強めることになったとのことである。

一方、町会議員、県・町職員幹部、そして漁協幹部たちは、福井県敦賀市や福島県大熊町などの「視察旅行」に招待され歓迎されていた。安達鹿島町長は、「(安全性についての)理論や技術の上から説明がなされ納得ゆくかというと残念ながらわれわれにはこれを理解する知識はない。この理解する知識のない一般住民を如何にして納得させるかということも町長として重大な任務の一つである」(『原子力産業新聞』六七年十月十五日)と語っている。

自分でも納得できないことを住民に納得させるのが町長の任務というなら、町長とはただ電力会社のいい分を鵜呑みにして伝えるスピーカーでしかないことになる。桜内社長の誤算は、おのれと弟との政治力を恃むあまり、地元の中小政治ボスたちに協力させれば、簡単に片がつくと考えたことだった。

地区の集会に桜内義雄や副知事を繰りだして説得にあたらせても、用地買収や漁業権交渉は遅々としてはかどらず、着工は著しく遅れる見通しになった。そのとき、実施したウルトラCの作戦とは、「建設計画白紙撤回」だった。「やめるぞ」とブチあげると、新聞は大見出しをたてて書きたてる。交渉ひきだしに成功し、条件をだしたあと「そんならよそへいくぞ」と脅かすのは、開発側の常套手段である。

桜内社長は、こう語った。

「島根県の低開発地を発展させる目的もあって同地に建設を決めたのだが、地元の協力が得られなくて残念だ。瀬戸内海など他に原発適地は多いので、そこへ計画を変えることも考えたい」(『中国新聞』六八年六月十五日)

演技たっぷりである。それを「家の大事」とばかりに書く記者も問題である。というのも、現地に乗りこみ、日夜、買収交渉にあたっていた中国電力の、島根原子力建設準備本部第一事務課長が、そのひと月半まえ、こういっていたのを記者は知っていたはずである。

「ムシロ旗を押し立てての反対運動はない。かといって協力的ではない。進取の気性に乏しいのは島根の県民性だが、こうした点が島根の後進性を象徴しているのかもしれない」そしてこういったのだった。「最後に彼らを動かすのは、これじゃないでしょうか」と、親指と人さし指で輪をつくってみせた(『中国新聞』六八年五月三日)。

「よそへいくぞ」と社長がブチあげた翌日、待ってましたとばかりなかにはいったのは、田部長右衛門県知事である。彼は島根の山林王として名高いのだが、早速、山根中国電力副社長、安達鹿島町長などと会い、いっさいの補償問題を白紙委任であずかることに決めたのである。第二幕、幕間劇での、三人の役者のセリフは、つぎのようなものだった。

田部知事　地元と中電のあいだに立ち、私が潤滑油の役目を果たす。私にまかせていただいた以上、全力をあげる。

山根副社長　知事を信頼し、全面的におまかせした。

安達町長　地元漁民は、原子力の安全性を理解してほしかった。今後は知事にいっさいおまかせした。

一転、漁業権放棄決定

知事への「白紙一任」で決着がついたかといえば、そうではなかった。妥結までの時間稼ぎに打ったつぎの手は、工事早期着工の「申し合わせ」だった。これも電光石火、五日後に調印されている。調印者は、知事、副社長、町長のほかに、片句区長、片句漁協組合長の五人で、立会人として「桜内義雄」が顔をだしている。

工事の早期着工、農地転用許可への協力、隣の宇中湾の埋め立てとその使用許可（三号炉建設が懸念されている）などを条件に、中国電力は片句部落に「挨拶料」として千百万円を支払うことにした。外掘を埋める既成事実づくりである。

そればかりか、中国電力は、ドサクサまぎれに、もう一歩、歩をすすめたのだった。排水路が漁場にはいりこむことになる隣の御津漁協には、おなじ「挨拶料」の名目で五百万円を払うことにした。エビタイ式ともいえるし、本格買収まえの軽いジャブともいえる。

この「挨拶料」を突破口にして、中国電力は中断していた準備工事を再開。その勢いに乗じて、片句地区の土地を百二十四平方キロ、二億七千万円で買収するとの知事斡旋案で妥結した。買収価格は、田んぼ坪当たり二千円、畑千三百円の超安値だった。知事の協力の賜物である。

のちに、中国電力は、「地元の理解と協力を得て、全国でも最低の補償ですみました」と社内報に書いたほどである。そして、五カ月後の十二月中旬には、片句漁協（組合員九十九人）の一部漁業権放棄を二億一千万円でケリをつけた。

ところが、翌六九年三月の御津漁協臨時総会にかけられた、排水口設置にともなう漁業権放棄の議案は、賛成七十三票、反対五十六票と、投票総数百三十二票の三分の二に達せず「否決」になった。

御津の漁民たちのたいがいは、「カナギ漁」によって生計を立てている。これは、岩礁の魚介類を、十数メートルもある竹竿の先端につけた鉤や銛や鎌を片手に、トモから身を乗りだし、ガラス製の箱メガネを口にくわえて覗きながら、アワビ、サザエ、ナマコ、ウニなどを獲る漁法である。

この見突き漁業は、古来からおこなわれているもので、箱メガネが普及する以前は、「もっぱらゴマの油やクジラの塩辛、アワビのナギワタ（はらわた）といった油性のものをよくかんで、海面にぷっと吹きつける。すると海面が一時鏡のようになるから、そのとき頭からむしろをかぶって直射光線をさえぎりつつ、突く」（石塚尊俊『日本の民俗　島根』）というやり方だったという。

カナギ漁は、海面から眼にみえるものだけを獲る漁法なので、潜って根絶やしにすることもなく、資源はいつまでも保存されるる。漁師たちが、「元金に手をつけないで、利息だけで食っているようなもんや」というように、自然と漁師が共生する関係をつくりだしてきた。原発による温排水は、この昔ながらの世界をぶちこわす。そのことを直感した漁師たちは、知事や社長や大臣の説得にも屈することなく、漁業権放棄の議案を葬り去ったのだった。

といっても、それで安心できたわけではなかった。漁協幹部たちは、なんと、その十二日後に、またもや臨時総会を招集した。そして、こんどは、賛成九十一票、反対四十票で三分の二を獲得、漁業権放棄決定にもちこんだ。わずか十日余りで、反対派十六人が〝転向〟したことになる。

この間になにが起こったのだろうか。

片句漁港とは、原発をあいだにはさんで隣り合っている御津もまた、波打ち際まで山がせまり、人家が狭い坂道にひしめいている漁村である。それでも、港は、片句よりいますこし大きく、海への出口ももうすこしひろがっている。御津は、「水の浦」が転訛したもののようで、藩政時代から明治にかけて、多くの相撲とりを輩出していた、と伝えられている。そのことは、〝陸の孤島〟といわれ、近年まで交通が途絶していた片句にくらべると、だいぶひらけていたことを示している。

Aさんは、御津漁協のすぐそばの小屋で、網の手入れをしていた。どうして、反対派漁民が、アッという間に賛成派に変わってしまったのか、それを話してくれるひとを探していたわたしは、「Aさんだったら話してくれるだろう」と紹介されていたのである。彼は、いまさら、というような表情だったが、それでも、話しはじめた。

わたしは六九年三月の、排水口設置にともなう漁業権放棄のことをきいていたのだが、彼が話していたのは、八〇年三月の臨時総会についてであることをしばらくしてから気がついたのだった。このときも、やはり「逆転」されていたのである。

理事側が最初に準備した議案は、「電調審に賛成か、反対か」というものだった。ところが、この日は反対論が強く、結論は持ち越されることになった。あいだに一日おいて再開された臨時総会での議題は、こんどは、二号炉建設に賛成か、反対か、にスリかえられ、それが賛成となってしまった。

そのすこしまえにひらかれた恵曇漁協の総会では、漁業権消滅の補償交渉をはじめる、そのための交渉委員会をつくる、と決定されている。原発周辺には、御津漁協と、片句、手結、恵曇、古浦の四漁協を合併した恵曇漁協のふたつがあるのだが、二号機建設にむけての、漁協工作はすでにはじまっているのである。

しかし、どうして漁師の意見がすぐ変わってしまうか、が問題である。

「直接、原発に賛成するもんはおらん。中電に勤めにでとるもんが中心になる」

がっしりした短軀のAさんは重い口調でつぶやいた。御津の部落では、下請もふくめて、二十人あまりが中国電力で働いている。漁協幹部の子弟はたいがいそうなのである。会社の「親睦会」が部に組織され、それが推進運動の中心になる。これら地元採用者は、こういって脅かされるという。

「原発を建設するために採用しているんだ。だから、建設できなくなったら、クビになるぞ」

中国電力の幹部が直接そういうのか、それとも、保守的な地域からでている労働者たちのあいだに、そんな不安が潜在的にあるのかはともかくとしても、血縁関係の濃い、ちいさな部落では、原発に勤めるようになったものの利益を親戚ぐるみで守るようになる。そのため、部落のなかで、表だって反対するのを遠慮するような雰囲気ができてくる。

温排水による被害

一号炉からの温排水の被害を、まずまっ先に蒙ることになったのは、御津の漁師たちだった。毎日、箱メガネで海水を覗きこんでいる彼らは、なにか、モヤモヤウロウロしていて、サザエやアワビなどの貝類を獲りにくくなったのである。

島根原発の温排水は、表層放流とよばれ、広い海面へ押しだされている。冷たい水の上に、温かい水が大量に流されると、その境目のところが、うるんだようにボンヤリしてみえにくくなる。「ウルミ現象」といわれている。肉眼で漁をする「カナギ漁法」には、これは致命的なことである。排水口ちかくの海藻が、髪の毛が抜けるように姿を消し、アワビやサザエが減り、三月〜五月にかけて採れていた岩ノリが二月に採れるようになった。自然が急激に変化してきたのである。それ以外にも、眼にはみえない微量放射能の影響がある。

そんな話をしていると、通りがかった痩身の老人が、「やあ」と声をかけてはいってきた。Bさんである。これから漁にでるというAさんに代わって、Bさんが話し相手になった。Aさんより十歳年上の七十歳だそうである。

わたしは、もう一度、六九年三月の「逆転」についてきいてみた。

「どうして、十日ぐらいで賛成に変わってしまったんですか」

Bさんは、急に声をひそめ、眼鏡を光らせていったのだった。

「当時の、組合長がね、カネをもらって買収したんだいね」

「買収、ほう、どのくらいで」

「ひとり、一万、そのぐらいですよ」

　そのころの組合長は、高等小学校卒業だけの学歴ながら、頭がよくて、町の収入役を務めたほどだった。戦後、産業組合から漁協に改組して以来の組合長で、「今上天皇」といわれたほどの実力者だったという。ただ、彼は、昔の人間なので、カネの価値にうとく、「一億円」の金額が大層なものに映った。組合所有の山林八十町歩の半分、四十町歩を一億円で売ってしまったのはこのためで、年六分の利子にして、六百万円もの利子がはいってくる、と大見得を切っていたという。

「どこできいた、とはいえんが」とBさんはまた低い声で話しだした。最初のころ、漁業補償金は二十億円にもなろう、と噂されていた。それでも結局、漁協の要求は四億五千万円程度になったのだが、ちょうどそのころ、彼はある人間から、中電の予算は片句、御津両方あわせて三億四、五千万、ということを聞いていたのだった。そして、そのとおりになったのである。

　つまり、すべてが、中電の思いのままですすめられてきた、ということである。

　松江市から、日本海にむかってすすむと、間もなく、樹影を映した静かな疎水がみえてくる。佐陀《さだ》川である。天明八（一七八八）年、清原太兵衛が藩主に進言して開鑿した全長八キロの運河である。これによって、荒漠たる湿地帯の水はけはよくなり、水害は食いとめられ、美田が開拓されることになった。そればかりか、宍道湖と日本海が結びつけられ、経済の発達をもうながすことになったのだが、その恩恵をもっとも受けることになったのが、さびれた漁村にすぎなかった恵曇港である。

　御津、片句、手結など、三方を山で囲まれた漁港にくらべ、ここが商業港としての形態をとるようになったのは、松江藩の城下町と運河によって直結することができたからである。

「鮮魚仲介商と以前から行なわれた鮮魚行商が急速に発展して、佐太運河は交通の要路となり、松江合同汽船地元江角丸外十数隻の荷客運搬船が通い、手結、恵曇、古浦の行商人約三百人が松江市を初め出雲部全域に鮮魚行商を行なうようになった」（『鹿島町誌』）

　桜内義雄の父である幸雄が、このあたり一帯に力をもつようになったのは、大正十二（一九二三）年から百二十万円の総工費ではじめられた恵曇港の修築工事に、半額にあたる六十万円の国庫補助金をひきだしたことによってである。いま、恵曇港が、山口県寄りの浜田港と並ぶ県下の良港といわれているのは、佐陀川の開通、そして国家資金と県費でほとんどを賄った、港湾整備によっている。

　だから、もし、地域ボスとしての桜内幸雄の功績に大なるものがあるとすれば、父が国からカネをひきだし、漁業を発展させてカオを売り、息子がそのカオを利用してカネをバラまき、漁業を衰退させようとしている、ということになる。

恵曇漁協で、恵曇、手結、古浦の地区が十名の交渉委員を選び、中電との補償金交渉にはいる準備を固めているのだが、壊滅的打撃を受けることになる片句は、いまだ交渉委員をだしていない。

青山源太郎恵曇漁協組合長は二号炉建設について、

「道路、港湾などを改修してほしい。みんなに判断してもらうには、具体的なもので考えてもらうしかない」

という。眼の前のモノをつきつけて考えを変えてもらう、という発想である。

たしかに、八〇年二月二十六日の総会で、賛成百八十一、反対五十二の起立多数によって、漁業権消滅についての条件交渉にはいることを決定したとはいえ、二号炉排水の地元漁業権者である片句の漁民たちの反対はまだまだ根強い。

合併四単協のうち、もし三単協が漁業権放棄に同意したとしても、地元漁業権者の片句が三分の二以上で同意をしないかぎり、放棄は成立しない。

「見通しはどうですか」

と、わたしはたずねた。青山組合長がどこかにでかけるというまぎわに、電話口にでてもらったのである。彼は歯切れよく答えた。

「むつかしいですね。でも、最終的には、条件しだいでしょう」

周辺三地区は、片句の同意、つまりは屈伏に期待しているのである。御津漁協の参事も、「片句のでかた次第ですけん」と語っていた。片句の漁業権域内に排水口がつくられ、そこでの漁業が駄目になったにしても、ほかの地域の漁師たちにはたいした被害がなく、それればかりか、補償金が転がりこんでくる、という構図になっているのである。

片句港に現れる他所者は、殺人事件を追っているふたりの刑事とわたしだけである。刑事たちは、どこへともなく姿を消してしまうのだが、わたしはブラブラして、浜に下りてくるひとたちをつかまえては「どうですか」と代わりばえのないことをきいている。

「絶対安全でないけん、絶対反対や」

「そんな海を公害されたらかなわんですよ」

漁師たちは言葉すくなく語った。

片句漁港のまんまえには大岩が露呈していて、それが天然の防波堤になっている。そのためか、おのずからここの船はちいさく、せいぜい五トン程度のものである。沖から帰ってくる船はエンジンを切り、その大岩を迂回し、惰力を利用してはいってくる。

昼すこしまえに帰ってきた二トンほどの豊玉丸は、その日大漁だった。朝四時半にでかけ、八キロほどの沖合の延縄漁で、三十センチはあるまっ赤なメダイや黒いオダイを三十数枚、それにメバル、銀太刀などを獲ってきたのである。主人の小竹房夫さんがそれを魚箱に入れて陸揚げし、待ちかまえていた奥さんが、漁協の冷凍庫の前で甲斐甲斐しく氷づけにしていた。十数万円の水揚げだそうである。赤いタイはピカピカ光っている。

「いまでも爆弾を抱えて暮らしているようなもんでしょう。これで生活しているけんね、トコトン反対です」

奥さんは氷をかく手をやすませることなくいう。

恵曇漁協片句支所長の山本儀一郎さんは、苦しい立場にあるらしく、あまりはっきりいわなかった。漁協全体が賛成の方向に傾いているので、職員として彼の発言は微妙である。

一号機の土捨場にされてしまった隣の宇中湾岸に、山本さん宅の田んぼや畑があった。

「賛成したのか、させられたのか、父がハンをついてしまったけん」

田んぼのそばに梅の木を植えていた。買収が決まった翌る年、梅の実が鈴なりになっていた。いよいよ着工、となったとき、彼は山を越えて梅の木にお別れにいったという。たくさんの梅の実が、惜し気もなくブルドーザーにつぶされてしまったのは、そのすぐあとだった。

彼はわたしの質問には答えないで、そんな思い出話を語ったのだった。

「子々孫々どうなるか、歴史にたいする責任がありますね。いったい、安全性は確立したんですか。人間がいなくなってしまえば、電気も必要なくなるでしょう。ちがいますか」

なぜこんなことを話したのか、いまなお理解できないのだが、山本さんは、突然、天野屋利兵衛のことを話しだしたのだった。忠臣蔵の、大石内蔵助に槍をたのまれた男の話である。

「彼はついに、白状しなかったんですね、それで殺されてしまった」

もし、彼が「義」ということについて語ったのだとすれば、「天野屋利兵衛は男でござる」という義は、この場合、いったい誰にむけてのことなのか、それをわたしは確認できずに終わった。

片句部落のひとたちが、二号炉建設に反対している最大の理由は、排水口のすぐそばに、部落の基礎産業ともいうべき定置網があるからである。網の入口は、排水口から二百メートルほどのものでしかない。定置網は、部落百八戸の共同出費によるもので、利益は全戸平等に配分される。出漁することのないひとり暮らしのオバちゃんにも、年に十五～二十万円ほどが手渡されるのである。これは部落共同体の基礎をなしているのである。専従者は十八人。その賃金は十一～十二万円。

定置網は、海岸沿いの瀬（魚道）に網を仕掛けておくもので、春四月から季節風の吹きはじめる十一月末まで漁ができる。ブリ、ハマチ、ワカナ、カジキマグロ、アジ、イカ、トビなど、年に五千万ほどの水揚げになる。船で十分たらずのところだから、どんな老人でも定年に関係なく働くことができる。ちょうど裏の畑へ野菜を摘みにいくようなものである。

「どこの原発でも、こんな定置にちかいところはない」

定置網組合長の山本稲夫さんはそういう。もし、場所を沖合に移したとしても、いままでどおり魚がはいる保証はない。それに資材費がかかるばかりである。山本、中村、小竹姓で九〇パーセント以上を占めているこの部落は、定置網を大事に守ってきた。

定置網組合の事務を担当しているのは、五十六歳になる久谷代治さんだが、彼が「わしらの知らんときから網を張っている」というほど古い歴史があるらしい。部落の共同経営になったのは近年のこととはいえ、ここの生活の中心として定置網が張られ、あとは養殖ワカメや天然ワカメ、それに延縄、一本釣り、旋網などをあわせて暮らしてきた。その中心が温排水によって根こそぎにされようとしているのである。

名目つけて支払われる多額の金

片句原子力対策協議会会長の山本孝蔵さんは、一号機が建設されるまで精米所を経営していたのだった。ところが、部落のほとんどの田んぼが原発用地となってしまったので、廃業。六十四歳なのだが、毎晩、小型旋網船に乗って出漁している。夕方でて朝帰り、昼は寝ているので、何回か通ってようやく会うことができたのだった。

原発によって廃業となったので、強烈な反対派かというとそうではないようである。町会議員の役職にあるせいなのか、あまりはっきりしたもののいい方をしないのである。

「自分の考えをだすと、まとまる話もまとまらなくなる」

大衆の意向を尊重する。彼はそういいながらも、「ぼつぼつ作業（部落をまとめること）にはいらんといけんと思っている」ともいう。

「二号炉ができると部落はどうなるんでしょうか」とわたしはきく。

「漁業への影響は八〇パーセントかもしれんが、結局一〇〇パーセントになる。二〇パーセントでは食えんからね。離職者がでるでしょう」

山本さんは、二代目の対策協議会会長である。初代会長は、区長が兼任していたのだが、五、六年まえ、部落で反対決議をしたとき、それを賛成決議に書き換えて町へ提出し、批判を受けて辞任した。それで副会長の山本さんが会長に昇格したのである。部落のひとたちの人物評によれば、かつて反対派だったのだが、いまはどうも賛成派になったようだ、となっているのだが、わたしが会ったかぎりでは、賛成、反対をいうのは、立場上まずいというような態度だった。

しかし、たいがい、強い反対派なら、反対とはっきりいうのが普通なので、その点だけから考えても、さほど強い反対ではなさそうである。

片句を歩いてきいてみると、二号炉には反対の意見が強いのだが、七八年四月には、海上調査を認めているのである。その見返りとしてか、中電は「漁業振興資金」として二千万円を部落に寄付、同時に県道、漁港の整備費として、町に三億九千五百万円を払っている。

その十年まえの六八年六月、挨拶料として千百万円を払って以来、中電は、なにかコトを起こすまえに多額のカネをバラまいてきた。

七一年二月　鹿島町へ一億五千万円、県に七千万円（地域開発協力金）
七四年三月　町へ五千万円（寄付）
七八年四月　片句へ二千万円（漁業振興資金）、町へ三億九千五百万円
八〇年三月　町へ五千万円（武道館建設）
〃　十一月　町文化財保護協会（佐太神社）へ二千万円
八一年一月　町原発対策協議会へ三千二百万円（原発視察旅費）

用地、漁業権の補償金や、よその地区への寄付を除いてもこれだけになる。片句地区だけをみても、漁業補償の二億二千八百万円、用地買収費二億円をふくめて、四億七千万円ものカネが落とされたことになる。

二号炉建設に反対しているのに、なぜ海上調査を認め、カネをもらったのか。それが不思議だった。中村保二片句区長は、海岸からだいぶ坂の上をのぼったところに住んでいるのだが、表札と一緒に、ちいさな門に掛けられていた屋号の札には「坂の下」とあった。部落に降りてくる坂の下にあるという意味なのであろう。彼はこういった。

「あっちでせめられ、こっちでせめられ、義理もあって、建設と調査を切り離して考えることにしたんです。誰が賛成のものがありますか」

いま、賛成派とみられているのは、中電に勤めているふたり程度のことである。

ここは「陸の孤島」といわれたりしたが、もちろん道がなかったわけではない。恵曇に通じるバスは二十年ほどまえに開通していた。ただ、東隣の御津にいく道はなく、原発用地となった田や畑へは、舟で通っていたのである。港湾をよくする、御津への道路をつける、と最初のころ約束されていたが、その道の建設は一号炉ができても半分積み残され、貫通したのは、二号炉問題がでてきてからだった。

港にしても、捨石工事がはじめられたのは七八年からで、よくなったといってもさほどのことでもない。片句部落の土地の六〇パーセントは一号炉用として買収されたのだが、中電は抜け目なく二号炉分も押さえていた。

「三号炉、四号炉の土地もあるんですよ。用地が狭くて国の許可がおりない、といって追加買収したのです。だまされました」

中村さんはそうもいった。彼は長いあいだ、町の職員だった。区長が、決議文の書き換え問題で辞任、そのあと区長選挙の候補にあげられたとき、課長職を捨てて退任した。区長は無給なのだが、あらゆる役がまわってくる。名刺には、公民館長、遺族会長、体育協会会長など、十六もの肩書が印刷されていた。毎日のように会議がある。だから、仕事とは両立しないとのことである。

区長は行政の最末端機構である。部落を代表して町との交渉にあたる。すると町のいうことをきかなければならない。いま、片句に残されている最後の抵抗の手段とは、地先漁業権を譲り渡さないことだが、合併漁協のひとつの支所として、漁協や町との圧力のなかでどこまで孤立しながらがんばりきれるか、である。「あっちでやられ、こっちでやられる」のが眼にみえているのである。

「交渉委員をつくったらおしまいです。もし退場しても、多数決でやられますけん」

そんなこともあって、いま、四地区のうちここだけが交渉委員をださない。

「わたしは絶対反対ですよ」

話しているうち、彼は次第に熱っぽくなった。二号炉の進入道路がつくられれば、かつての四〇パーセントになった部落の土地の残り半分がつぶされてしまう。片句は、傾斜に辛うじて建っている住宅だけの丸裸になる。中村さんの畑や山林など、七、八ケ所が買収予定地にふくまれている。

「わしは、町長にも、助役にも、親戚にも、絶対いけん(駄目)といっとるんだ」

と彼は力んだ。すると、彼ひとりでもがんばっているかぎり、二号炉は阻止できることになる。山本支所長がいっていたような、天野屋利兵衛的抵抗が、ここで現れるかどうか。

原発以上に汚いもの

中国電力が、二号炉建設を鹿島町に正式に申し入れたのは、七五年の暮れである。これまでも何度か事故が発生していて、原発がけっして安全でないことを知るようになっていた町のひとたちの抵抗は強かった。事前調査の申し入れには、片句、御津の漁民は、総出で町会議にデモをかけた。このときの決起大会を見物していて、反対の気持ちを強めたのが、隣の手結部落に住む安達保さんである。

彼はきんちゃく(旋網)漁の松洋丸船長で、漁協理事を務めていた。漁民同士の対立や書き換え事件など、「原発以上に汚いもの」をみたのである。恵曇漁協では、八〇パーセントを超える反対署名があったのだが、結局、組合員の意見が無視されて二号炉建設が認められたので、友人の安達幸恭理事とふたりで理事を辞任した。反対派の急先鋒が突然賛成に変わったり、漁師が補償金、補償金とメクサレ金にとびついていくのは、見苦しいものだった。

「カネは労働の報酬です。ただでもらうのは乞食とおなじ。カネをもらうことより、生きることを考えなくては」

正論である。安達さんたちの旋網漁は好調で、七九年には一億八千万円ほどの水揚げになっている。十トンの母船では、全国でも最高のクラスにはいる。なにもカネをもらう必要はないのである。「中電は国の方針を錦の御旗にしてやってくる。国の命令を受けて占領にくる特攻隊みたいなもんだ。勝てる戦ではない。反対するのは国賊かもしれんが、それでもええ」

五十三歳の安達さんは、そういって陽焼けした、漁師らしい顔をほころばせたのだった。

国や電力会社が力にたのみ、住民をないがしろにすればするほど、物事をしっかり考えるひとが多くなる。権力を使うものには、けっしてその姿がみえないのだが、いつか思い知らされるときがくる。わたしは、全国で、そのようなものを深く考えるひとと会うようになった。

島根原発の温排水が北上して突きあたる島根半島の先端、多古に住む小川正吉さんは、七十四歳の老人だが、原発に関する十数冊の本を集め、その大事なところをノートに書きうつし、赤線を引いて部落のひとたちに回覧している。婦人会の会議や部落座談会では意識的に原発を話題にしているのである。

「無知ほど恐ろしいものはありません。知ったことをいうのは、人間の仕事です」

彼は、廃炉の問題、微量放射能の問題、遺伝の問題などをあたかも学生のように熱心に話した。毎日、かならず二時間、新聞や本や雑誌での原発関係の記事を読んで、それを几帳面にノートをとる。町役場に長いあいだ勤められたとのことである。創価学会の会員だという小川さんは、「生命の尊厳」を強調した。原発に対置する価値観とは、カネやメリットではなく、生命なのである。

「〝もつ〟ではなく〝ある〟でなければならない」

と、小川さんは静かにいった。カネをもつ、クルマをもつ、家をもつ。そうではなく、人間である。それが大事なことだ、というのだった。

中国電力の思想とは、モノで人間を支配するということなのか。

地元の祭りには「御神酒」を届ける。港祭りには花火を寄付する。小中学校の運動会では子どもたちに名入りの鉛筆や賞品を渡す。「原子力の日」には、全戸にこれまた名入りのマッチやライターやタオルを配る。モノによって人間を変える、という思想である。

社員を事務局長として、つくったのが住民組織の「豊鹿会《ほうろくかい》」である。子どもクラブ、婦人クラブ、音楽クラブ、文芸クラブ、旅行クラブ、釣りクラブなどのサークルをつくってひとを集める。釣り大会、クリスマス会、バレーボール大会、バザーやボランティア活動などを積極的におこなっている。この会の「具体的方針」とはつぎのようなものである。

「原発との共存共栄の原則を再確認し、長期的な観点から次の検討を急ぐ。

○鹿島町民の出資および経営による原発関連企業の設立計画

○原発に付帯する施設の位置についての進言

○増設原発が承認された場合の電源三法特別交付金にもとづく公共施設の建設、改修についての提言」

町長選挙には、当然、原発推進派を担いで運動する。中国電力の別働隊である。

原発の恐怖とは、自然を汚染し、人間や生物の組織を破壊するばかりではなく、品性をいやしくさせ、人間のつながりを断ち切り、権力に迎合させ、自治体を秘密主義と非民主的にすることにある。電力の原発依存とは、人間生活が危険物に依存し、他人と未来がどうなっても、自分の現在だけがよくなればいい、という思想を蔓延させる。建設過程の強引さが、そのすべてを物語っている。そして、もしもひとたび事故が発生したなら、たとえば、島根原発の十キロ圏内に住む七万六千人がどのように避難するのか、三十カ所の上水道、簡易水道の水源地をどう守るのか、水をどうして供給するのか、その具体案は市民になにも知らされていない。

「事故が発生した」との「広報」をどんどんやる、という対策しか、いまはない。

九六年現在、二基稼働中、である。

Ⅵ　原子力半島の抵抗　下北

下北半島の三悪

一九七〇年春ごろだったろうか、新全総の拠点といわれていた「むつ小川原開発」を取材するため、本州最北端の下北半島、そのマサカリ形の背にあたる、ながい太平洋岸に寄り添うような道を、わたしは、はじめて歩いた。そこからは八甲田山の陰になっている津軽地方に生まれ育っていたが、おなじ青森でも、鉄道もなく、一日数本のバスが通るだけの、この太平洋の荒波がうちかかる海岸を訪れる機会は、それまでなかった。

六ケ所村での「むつ小川原巨大開発」への反対運動はまだはじまっていなかった。そこからさらに北上した東通《ひがしどおり》村では、百万キロワット二十基という途方もない原発基地の建設にむけて、用地買収がはじめられていた。一方、その表側にあたる陸奥湾岸の大湊港には原子力船「むつ」が入港し、原子炉の艤装工事が開始されつつあった。

「巨大開発」「原発基地」「原子力船むつ」、わたしは、下北半島のこの三つの地域をまわって、長いルポルタージュを雑誌に発表したあと、それぞれを結びつける運動に役立ちたいと思うようになっていた。

南部地方とよばれるこのあたりは、田んぼとりんご畑を基調とした津軽地方とは、気候、風土ともに、まったくちがったものとしてあらわれる。冬は風が強く、雪はすくないのだが、その単色の、茫々たる風景はわたしの青森県像にはまったく欠落していたものだった。

わたしは、高校卒業と同時に故郷を出てから、それまでほとんど帰ることはなかったが、この冬景色に魅せられたように、東北本線を三沢駅で降りてバスで北上したり、あるいは野辺地《のへじ》駅から陸奥湾岸を走る大湊《おおみなと》線で大湊にで、そこからバスで太平洋岸に抜けたりした。三沢で知り合った青年たちと、ビラやパンフレットをつくって、村で配ったりしていた。

巨大開発、原発、原子力船。それ以前では、軍港大湊、三沢の日米空軍基地、太平洋岸一帯の日米射爆場など、いわば、日本の吹きだまりとして、この広大にして平坦な地域が利用されてきたが、抵抗闘争は、まだはじまっていなかった。

各地をまわってきてのわたしの感慨は、これまで政治の光の当たることのすくなかった地域にかぎって、いま原発地帯として脚光を浴びていることへの無念さ、といったようなものである。

日本海岸の若狭湾岸、太平洋に面した福島県の浜通りなどがその典型である。原発が集中するようになった地域は、ながいあいだ、政治から見捨てられてきた地域でもある。それはまるで、やがて原発をもちこむためにこれまで意識的になんの恩恵も与えず飢餓状態にしてきた、ともいえるほどである。

青森県でも、三沢から太平洋岸に沿って北上する荒涼たる海岸線は、政治の空白地帯であった。わたしは、いまでこそ、ここに住むひとたちに親しくしていただいているが、たとえば高校生のときに、下北、三戸《さんのへ》地方とよばれるこの地域にたいする知識はほぼ皆無だった。正直に告白すれば、広大な無人地帯のような意識でしかなかった。

まして、中央の官僚や財界人にとってみれば、ここがうってつけの工業開発地帯として眼に映ったであろうことは想像に難くない。「むつ小川原開発」の取材で財界の代表者に会ったとき、彼は、「あすこは公害がない地域である」といってはばからなかった。聞きなおしてみると、風強く、波荒い、そして住民がすくない。だから、公害「問題」がなんら発生しない地域、公害対策にカネのかからない地域、ということでしかなかったのである。

核要塞化の陰謀

すでにこのとき、ここが「原子力開発のメッカ」として位置づけられていたのだった。県の委託をうけての日本工業立地センターの『むつ湾小川原湖大規模工業開発調査報告書』(六九年三月)には、こう書かれている。

「つぎにわが国で初めての原子力船母港の建設を契機とし原子力産業のメッカとなり得るべき条件をもっていることである。当地域は原子力発電所の立地因子として重要なファクターである地盤および低人口地帯という条件を満足させる地点をもち、将来、大規模発電施設、核燃料の濃縮、成型加工、再処理等の一連の原子力産業地帯として十分な敷地の余力がある」

「原子力基地は地盤が強固で周辺の地理的社会的環境条件の良い老部《おいつべ》地区一帯を利用する。ここでは当面は原子力発電を中心に使われることになるが、将来は核燃料の濃縮、成型加工、再処理の核燃料サイクルセンター、アイソトープ化学、造水プラント等の配置を考慮する」

すでにこのころから、たんなる原子力発電所の集中地点としてこの地域が狙われていたのではなく、発電、再処理、濃縮のサイクルを備えた大原子力センターとして構想されていたのだった。人口密度がすくなく、未利用の広大な地域が残されている点では、おそらく北海道を除いてここにまさるところはないであろうこともまた、充分に想像できる。次のページの表のように、十年前の試算でさえ、再処理工場の建設費は、八四〇〇億円と、現在の三倍弱にされていた。

泊街道に沿った南北六キロ、九百ヘクタールの原野に、東北・

東京両電力が百十万キロワットの原発を各十基ずつ、計二十基もたちならべるとの計画は、それだけでも無謀というべきものだった。そのほか、使用済み核燃料再処理工場や濃縮工場まで集中立地させようとするのは、むつ市での原子力船の再母港化、下北半島先端の大間町に建設が計画されている電源開発の新型転換炉（ATR）などを考えあわせると、やがて下北半島一帯が核要塞化されていくだろう、ということが想像できる。

中央からみたとき、ここは不毛の半島にしかみえないかもしれない。しかし、「むつ」追いだし闘争があれだけ盛りあがったのは、地元民をすっかり馬鹿にしきった強行出港への反発が強かったためであり、いまひとつは、ホタテ養殖が成功して経済的に立ちあがることができたからであった。

東通村村議会では、六五年五月、満場一致で「下北郡開発の重大要素として」原発誘致を決議した。当時の村長は、「温排水の熱を利用して製塩したり、関連企業が繁栄する」とわたしに夢のようなことを真顔で語ったのだった。

まあ、そのころは、原発に無知だったとしてもやむをえないといえるが、いまにいたるまで、歴代の村長はすべて全面賛成である。

「村民の頭ごしに村が電力からカネをもらってしまう」

とTさんは批判する。十年間も攻撃にさらされていると反対派もたいがい弱くなってしまう。住民運動団体として「白糠海を守る会」が結成され、当初は盛りあがっていたのだが、いまでは開店休業状態となった。原発に反対だとはいえ、不用な土地を電力会社に売ってしまった手前、反対も唱えにくくなる。そして諦めムードに巻きこまれることになってしまうのである。

漁協がつれてくる講師は賛成派ばかりだった。さいきんやってきた講師に、Tさんは、「トイレのないマンション論」で食いさがった。すると、その講師は、あっさりいったのだった。

「ここは心配ないですよ。これだけ広い土地があるんですから」

八〇年春、東京電力と東北電力は業務提携契約を結び、当初、各一基同時建設からスタートする予定だったのを、まず、東北電力の一号炉からはじめることにした。東京電力が資金の半分と技術援助し、八四年度着工、九〇年運転開始の計画である。竹内前知事が、東電、東北両電力と原発用地の取得について協定したのが七〇年六月だったから、計画が無事完了したにしても、二十年の歳月を費やすことになる。

この調子で二十基をつくるというのは、気の遠くなるような話だが、そのあいだに原発は時代遅れになる。そうなったとき、いま確保されている用地が、年々蓄積される一方の廃棄物の処理場にされるのは充分に予測されることである。これまでも、原子力船「むつ」の問題によっても証明されたように、国の原子力行政の破綻のツケは本州最北端の下北に押しつけられつづけてきたからである。

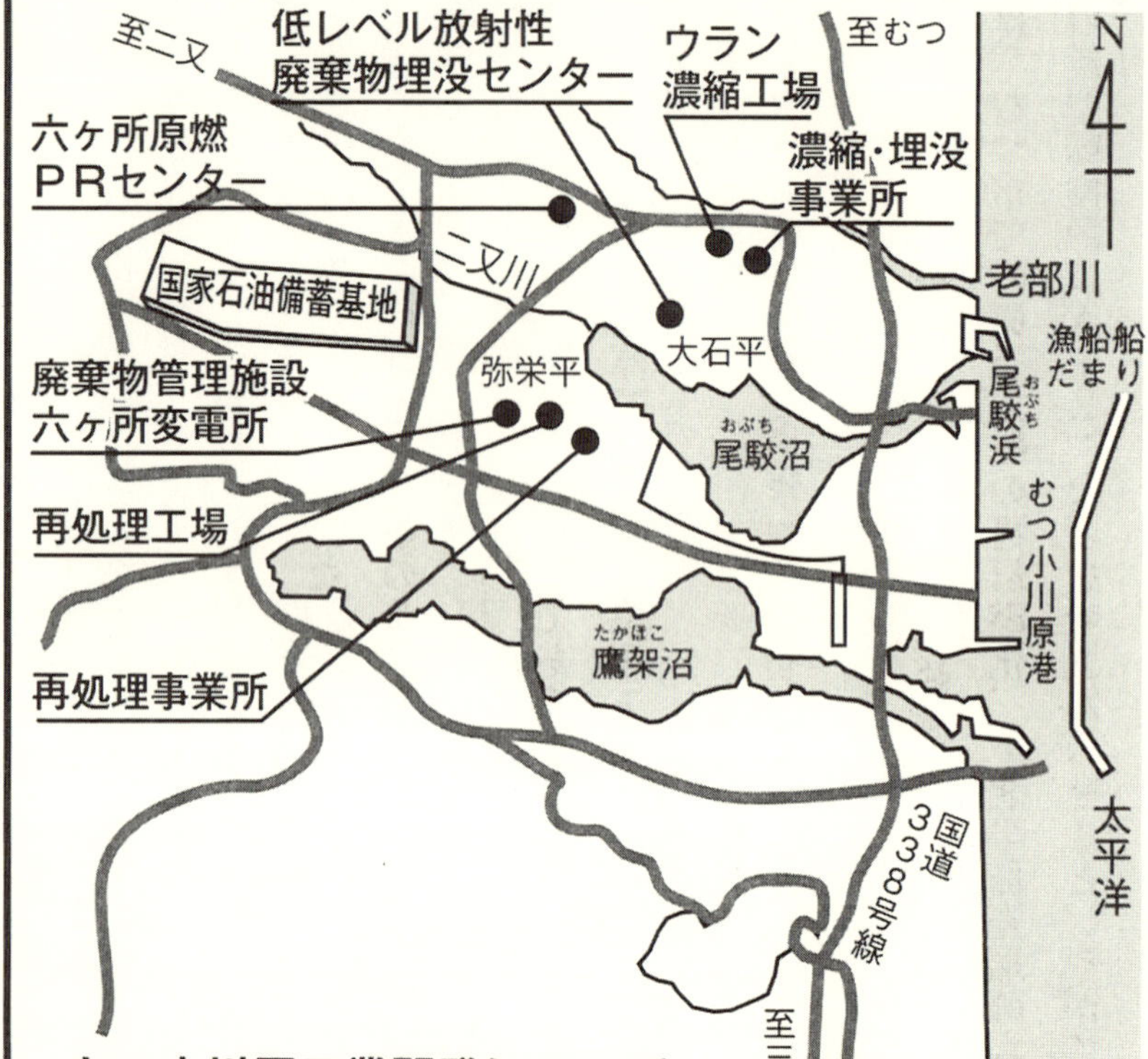

むつ小川原工業開発について

当社の施設は、青森県六ヶ所村にあるむつ小川原工業基地の中にあります。

むつ小川原工業基地の開発は、新全国総合開発として、昭和44年にスタートしました。国と青森県が一体となって推進している国家的プロジェクトです。工業基地全体の面積は、東京のJR山手線の内側の広さとほぼ同じです。

むつ小川原工業基地の概要

工業用地	2800万平方メートル
港湾用地	580万平方メートル
幹線道路用地	200万平方メートル
緑地	1700万平方メートル
合計	5280万平方メートル

むつ小川工業基地の概要（日本原燃株式会社「会社案内」95年10月より）

		要員	建設費	工期	用地面積	施設の規模	建設地点
再処理工場	再処理施設	工事最盛期　7000~8000人 操業時　約2000人	約8400億円	工事開始　平成5年 操業開始　平成12年	弥栄平　約380万平方メートル（専用道路などを含む）	最大再処理能力 800トン・ウラン／年 使用済燃料貯蔵容量 3000トン・ウラン	青森県下北郡六ヶ所村弥栄平地区
	廃棄物管理施設			工事開始　平成4年 操業開始　平成7年		返還廃棄物貯蔵容量 ガラス固体 1440本 将来的には 約3千数百本	
ウラン濃縮工場		工事最盛期　約1000人 操業時　約300人	約2500億円	工事開始　昭和63年 操業開始　平成4年	大石平　約360万平方メートル（専用道路などを含む）	150トンSWU／年 で操業開始 最終的には 1500トンSWU／ 年規模	青森県下北郡六ヶ所村大石平地区
低レベル放射性 廃棄物埋没センター		工事最盛期　約700人 操業時　約200人	約1600億円	工事開始　平成2年 操業開始　平成4年		約20万立方メートル （200リットルドラム缶 約100万本相当） 最終的には 約60万立方メートル （同約300万本相当）	

むつ小川工業基地の概要（日本原燃株式会社「会社案内」95年10月より）

寺の寄付が条件

これまで、わたしがまわってきた原発地帯は、たいがい計画発表から十年ていどで建設工事にはいっている。伊方（愛媛）、柏崎（新潟）、女川（宮城）など反対闘争の激しかったところでさえ、運転開始されてしまった。

しかし、下北の場合、それらの地域にくらべて、さほど反対運動が強いというわけではないのに遅れつづけてきた。南隣の六ケ所村での開発反対闘争のたかまりや、あるいは北隣のむつ市での原子力船の放射線漏れ事故をめぐる大騒ぎなどが、強引な建設を思いとどまらせたとも考えることができるが、そうばかりとはいえないようだ。

東京電量は、福島、柏崎に、東北電力は女川や巻（新潟）原発建設に資金とエネルギーを費やしたため、青森では足踏み状態にある、と考えられる。独占体としての電力会社が、コストアップ分を電力料金に上乗せしてこれまでの膨大な建設資金を捻出してきたとはいえ、両電力共同でようやく一基建設にもちこむことになったのをみても、かつての「巨大開発」とおなじように需要の見込みちがいともいえる。

これまでの電力会社の作戦とは、反対運動の強いところでしのぎを削り、まず既成事実をつくったあと一服休み、そして、「最後の料理」として、下北に攻めこむ腹づもりだったのだろうか。

とすると、白糠漁協がまだ漁業権放棄を決定していないこの瞬間が、反対運動を再構築する最後のチャンスともいえる。

もちろん、両電力も抜かりなく、用地内に建設事務所を建設し、その披露宴には漁協の役員を全員招待、二次会、三次会まででつきあわせたりしながら、機をみて一挙に攻めこむ構えを崩していない。

七〇年七月、竹内俊吉知事が原発用地の買収業務を引き受けてから、県と電力会社の人格は判別のつかないものとなり、県職員が電力会社の職員として派遣されて原発視察旅行の案内人となったりして、反対派住民を切り崩したりするのが日常茶飯事となった。

東通村は、両電力からもらった資金で村役場の分庁舎を建設、「原発対策促進事務所」の看板を掲げ、原発担当職員の給与も負担してもらっているほどである。

下北原発も、やはり他の自治体とおなじように、そのスタート以来、自治体を走り使いにして用地の買収工作をすすめてきたのだが、その関係がよそよりもさらに密接不可分なのは、東北の僻地にあって自治意識にうすく、かつまたその人情深さとサービス精神によるものかもしれない。

これまで両電力が東通村に落とした金額は、用地買収費の約四十億円以外に、

地元協力金　　七億円

原発促進業務委託費　四億六千三百万円
先進地視察費補助　六千四百万円
環境調査漁業補償　一億六千万円
生活環境整備資金　十一億一千七百五十万円

などと約二十五億円にのぼっている（『読売新聞』青森県版、八一年九月二十三日）。

これには、まだ漁業補償金はふくまれていない。電力会社は、カネを小だしにバラまきながら、漁民たちを餌付けしてきたといえる。

このほかにも、わたしが入手した資料によれば、県のむつ小川原開発室長は、住民対策の一環として、つぎのようなことまで約束している。

○「老部海岸に小規模の船溜施設を設置すること」との要望については、漁業補償解決時の協議事項として、十分協議します。

○「白糠、老部部落に寺を設置すること」との要望については、法制上の制約から県または村の事業としてはできないが、ご要望に応え、実現したいので、その規模、実施方法および時期等について、別途協議をして決定します。

原発建設の条件として、お寺まで寄付するとは、前代未聞である。東電寺、あるいは、原発寺とでも名付けるのであろうか。

漁業権放棄への工作

下北原発における当面の課題は、中心漁協である白糠漁協の漁業権放棄の問題である。

これは、八一年七月に実施された村長選のあとに予定されていたのだが、その選挙は、いずれも積極賛成派である村長、助役の対決となり、村を二分した苛烈な選挙戦の結果、助役が辛勝した。両者のちがいは、村長が独断専行、助役が住民の合意を大事にする、とされ、助役を推して勝った原発反対派の意気は盛んなものになっている。

漁業権放棄を議題とする漁協の総会がいまだひらかれていないのは、村長選のしこりが残っていることと、温排水の流し方が、沖合に放流する東北電力方式か海岸沿いに流す東電式か、そのどっちにするか決着がつかず、補償金額の算定ができないためである。

ひさしぶりに白糠港を訪れてみて、わたしは船数もふえ、ひときわ賑わいをました光景を眼のあたりにすることになった。サケの定置網が好漁となり、いままで長いあいだ不振をかこってきたイカ漁も急に豊漁に転換したせいもあるのだが、船を建造する組合員が急激にふえたからである。補償金目当てのにわか組合員がふえた、ともいわれたりしている。

船主組合副会長であり、漁業研究会会長を務めている東田貢さんは、強硬な反対派である。落ち着いた物腰の五十歳の働きざかり。自宅の壁には大きなマグロを釣りあげている彼の写真が飾られてある。部落でも評判の腕ききの漁師である。マグロは一本釣ると百万以上になる。二百三十万もするのを釣ったこともある、と彼は控えめに自慢した。

このあたりでは、七月から十二月いっぱいはイカ釣りが中心。そのあいだにサケの定置網がある。春になるとマス釣り。そして五月いっぱいまでコウナゴ。それが終わるとヒラメの刺し網。沿岸では八月、九月のコンブ漁、十二月、一月のアワビ漁、そして四月はワカメ漁とつづく。

「仕事はつぎつぎになんぼでもある」

かつては、難所つづきの泊街道を伝ってカムチャッカなどの出稼ぎにむかい、さいきんまでは、東京、川崎などへの出稼ぎにいくのは珍しいことではなかったが、船もすこし大型化するようになって漁家の経営も安定するようになった。

原発建設は、このように営々と積み重ねてきた生活を中断させようとしている。もしも操業がはじまると、そのあと生態系の変化によって、いまのような年間のバランスの取れた漁業に予測不能の影響を与える。用地内に建設準備事務所が設置されてから、電力会社の出入りが激しくなってきた。言葉のわかる東北電力の職員が中心である。狙いは漁業権放棄にむけての工作である。

東田さんのお宅にいたとき、回覧板がまわってきた。漁協からの調査依頼だった。

「この調査は、漁家の預貯金、借入金の状態をつかみ、漁村金融を円滑にするために行います。みなさんの税金や寄付などとは全く関係ありませんから、ご家族みなさんの預貯金や借入金を合計して、ありのままをご記入ください」

と書かれてある。調査票には「漁家預貯金並びに借入金調査票」とある。匿名記入となっているが、いまどきまわってくるのが、なにやら怪しい。

記入項目は、漁協、銀行、相互銀行、信用金庫、郵便局それに親戚、個人もふくむ預貯金の総額と、経営規模(所有漁船のトン数)などであり、最後に年間の漁業収入と漁業外収入、となっている。プライバシーに抵触する内容で、「漁村金融を円滑にする」との使用目的はにわかには信じがたいものである。

「補償金算定の資料にでもするんだべ」、とそのとき集まっていたひとたちは疑わしげな表情をして、その用紙をつまみあげたのだった。

「むつ」反対闘争のほてり

東通村全面積二十九万三千七百ヘクタールのうち、六六パーセントが山林であり、十六パーセントが原野、耕地は六パーセントのものでしかない。

人口は一万人。漁業就業人口が全村で二二パーセントを占めているが、白糠、老部、小田野沢などの原発関連地域は、ほぼ零細な半農半漁である。

就任したばかりの森勇男助役は、長年、教育長を務めていたためか、過疎化のすすむなかで、青少年のための文化的施設をつくりたいと語った。ほかにもやらなければならないことがたくさんある、とまず切りだしたのだった。

原発についてどう思うか、とたずねると、

「疑問がないわけではないが、検討しながらすすめていく。住民の理解をもとめてすすめていく」

彼はそう答えた。

あす仙台に出張する、という。電波監理局への陳情だそうである。電力会社からの援助で、二億円をかけ、全村の有線放送の一元化を図るという。

なんにつかうんですか、とわたしがたずねると、

「防災上、緊急時の連絡のため」

と答えたのだった。また、いままでの山から引いてきただけの水道の代わりに、簡易上水道を完備させることも計画中という。これも、原発稼働に備えての対策のようだ。

やがて、これから、原発建設にともなって税金や交付金がはいってきたにしても、せいぜい原発対策に追われてしまうのが、これまでの原発自治体での教訓である。

陸奥湾岸漁民の反対を押し切っての強行出港で大憤激を買い、挙げ句の果てに放射線漏れ事故を起こして洋上で立ち往生した「むつ」が、母港にたどりつくための条件として漁民たちからつきつけられたのは、立ち退き要求だった。

「原子力船「むつ」の定係港入港後の取扱いに関しては、入港後六ヶ月以内に新定係港を決定するとともに、入港後二年六カ月以内に定係港の撤去を完了することを目途として、昭和四十九年十一月一日から、その撤去の作業を開始する」

七四年十月十四日付の協定書に署名したのは、
政府代表・自由民主党総務会長　鈴木善幸
青森県漁業協同組合連合会長　杉山四郎
青森県知事　竹内俊吉
むつ市長　菊池渙治
の四人である。その後、杉山県漁連会長は病をえて世を去り、竹内知事は引退し、菊池市長は選挙に敗れて野に下った。ひとり、カネをバラまいて漁民の怒りを鎮圧した鈴木善幸のみ、思いがけなくも総理大臣の椅子に座ることになったのである。

協定書に明記されていたにもかかわらず、新母港地が決定されないままに、「むつ」は佐世保に曳航され、そしてまた、む

つ市に出戻ることになった。

四者協定から七年たった八一年五月、中川一郎科学技術庁長官、野村一彦日本原子力船研究開発事業団理事長、北村正哉青森県知事、河野幸蔵むつ市長、植村正治県漁連会長の五者によって調印された「共同声明」とは、つぎのようなものだった。

一、原子力船「むつ」は新定係港については、むつ市関根浜地区を候補地として調査、調整のうえ、決定することとし、可及的速やかに建設するものとする。

二、「むつ」は、新定係港の建設の見通しを確認のうえ、大湊港の定係港に入港し、新定係港が完成するまでの間は、大湊港の定係港に停泊するものとする。

三、「むつ」の大湊港の定係港への入港、停泊にあたっての取扱い及び大湊港の定係港の取扱いについては、今後、協議するものとする。

四、大湊港の定係港は、新定係港の完成をまって撤去するものとする。

母港にむかない荒海

「むつ」を大湊港にもう一度ひきいれ、それから、外洋の関根浜に移す。佐世保、大湊の旧軍港を経由させた挙げ句、ふたたびむつ市へもどす義経流八艘飛び、である。

しかし、津軽海峡に面した関根浜は、波が荒く、気象、海象、地震津波などの自然条件からだけでもまったく資格を欠くと語ったのは、ほかならぬ原船事業団の理事であった。それでもなお、あらゆる悪条件を押し切り、膨大な投資をして関根浜に建設するとしたなら、それは、下北核基地にむけての廃棄物受け入れ港や軍事施設の建設、と疑うこともできる。

この欠陥原子力船に政府がこだわればこだわるほど原子力行政の失態をクローズアップさせ、さりとて、政府みずから廃船するにしても、すでに多大の批判を招かざるをえまい。どっちにしても進退きわまったのなら、追い銭を使わないほうが利口というものである。もっとも、それでもなおかつまだこだわるとしたなら、それはもはや、軍事利用(原子力潜水艦)の研究のため、と考えるしかない。

一方、荒海に面した関根浜は寒村であるため、科学技術庁長官や県知事たちは、漁師たちがあっさり補償に飛びつくと計算したようである。たしかに、そんな意見がないでもなかった。というのも、関根浜漁協は、最初の絶対反対から、やがて「迷惑料」千二百万円で環境調査に同意、組合内から不満の声がたかまることになった。

当初、日本原子力船研究開発事業団は水深十メートルのところに観測機器を入れたいとして漁協の同意をえていたのだが、その後、水深二十五メートルに計画を変更した。これによって、海底ケーブルの長さは四百メートルから千七百〜千八百メートルまで延びることがわかって、操業への影響がでるとして、漁民たちは反発を強めている。それに、この漁協の中心が、コンブ、ワカメで、これまでさほど漁業には熱心ではなかったとはいえ、関根浜の若い世代のグループは、底建て網漁に進出して新型船を建造し、これからの経営に意欲をもちはじめていた時期でもあった。

たとえば、リーダー格の松橋幸四郎さんは、五年前（七六年）、日本海側での漁法に学んで、一千万円ほど投資して底建て網を開始、すでに年間三億円以上の水揚げを誇るようになっている。それまでは、この浜の漁師たちは、冬の操業をあきらめていたのだが、網を大型化し、船も大型化する積極的な経営に転換することによって、充分採算の取れることを実証したのである。

松橋栄之助さんも、やはり十四、五年、コンブ、ワカメ漁で細々と生活してきたことに見切りをつけ、五年ほどまえ、幸四郎さんとともにこの近代漁法に転換して成功したひとりである。ワカメは、三陸ワカメの品質がよく、朝鮮ものの進出や安い養殖ものも出まわって太刀打ちできなくなっていたのだった。

こうして、底建て網研究会をつくって、生活向上をはかってきた四十代前後のグループは「むつ」新母港にはまっこうから反対することになった。「関根浜海を守る会」を結成し、「反対」の大看板を道路沿いに立てた。

関根浜の部落をまわったあと、浜に下りてみると、それほど時化ているともみえなかったのに波がたかく、うちよせた激浪は防波堤にぶつかり、空たかく飛沫をとび散らせていた。コの字形の防波堤のなかでは、対岸からロープでひっぱって、船を係留しているのだった。こっちの岸に繫いでおくと、波に押されて岸に打ちあげられてしまうからである。

このような荒海を一目みただけでも、ここに原子力船の母港を建設し、燃料棒の積み替え作業などをしようとするのが、どれほど無謀なことであるかを知ることができる。

反対派市長の当選

菊池渙治市長候補の自宅を開放した選挙事務所にはいっていくと、十年まえ三沢で知り合い、星野芳郎さんや水戸巌さんなどの講演会を陸奥湾岸の漁村や白糠で開催してきた仲間であるS君が寄ってきた。

「投票率が低いから、優勢だ」

というのだった。岩波新書『ぼくの町に原子力船がきた』の著書で、地道な市民運動をつづけている中村亮嗣さんも駆けつけていた。まえの晩、青年たちは早朝まで張り番にでていたのだった。深夜から明け方にかけて「実弾」を投げこんでの買収が激しくなるからである。投票率があがるのは、カネでかりだされた投票人がふえることを意味している。前回の市長選に敗れて浪人暮らしだった菊池候補には、資金もなく、劣勢だった。

そのまえの晩、繁華街で最後の街頭演説がはじまったとき、雨が降りだした。

「この雨が古いものを洗い流してくれるでしょう」

と菊池さんが演説するのをきいて、わたしは、自民、民社推薦で、半年もまえから選挙運動にはいっていた現役の河野幸蔵候補を破る予感がした。彼の演説が終わったとき、眼の前を「原船を守ろう」の看板を掲げた自民党の宣伝カーが通り抜けていった。

わたしは、むつ市に着いて、まずまっ先に菊池さんと会ったのだが、そのとき、彼はわたしとはまったく初対面であったにもかかわらず、

「尻上がりになってきてますから勝てるでしょう」

そういったあと、すこし間をおいて、言葉をつづけた。

「もし、負けても、僅少差です」

冷静で、客観的な読みだった。候補者ではなく、選挙参謀の発言のようだった。わたしはそれで、沈着にして冷静な彼の人柄を知った。政治家というよりは、学者肌のひとなのである。

狭い中庭は、支援者でごった返しはじめた。開票の中間報告ははいるたびに、同数だった。午後九時すぎになって、「当選だ」と誰かが叫んだ。投票所に残っていた票の山をみてのVサインである。あちこちから、バンザイの声があがった。

居室から抱きかかえられるようにでてきた菊池さんは、記者団のまえで、

「わたしの市民への信頼の勝利です」

と第一声をあげた。

「立ち遅れていたので一時はやめようかとも思った。カネも力もないわたしが勝利したのは、市民のみなさんの力です」

率直な言葉だった。

翌朝、新聞は「草の根選挙の勝利」と報じた。革新系と菊池氏の人柄を推す保守系のアベック選挙で、青年や近所の主婦たちが手弁当で応援したのである。

地元紙の『東奥日報』は、「菊池市長再登場で暗い「むつ」」との社説を掲げた。

「国、県と協力して原子力をテコに開発を進めていくという河野氏の考え方に選挙民はくみしなかった。その市民の選択は尊重されなければならない。国、県は反省を求められていることを反省すべきだ」

と書いたあと、開発推進派の地元紙らしく、こうつづけている。

「だが、むつ市の抱えている問題は「むつ」だけでない。大畑線の廃止問題、他町村が計画している原発との調整、そして下

北の住民みんなの願いである。〝出稼ぎ半島〟からの脱却など難問が山積している……地場産業を育て、企業を誘致していくだけでは道は開かれない。安全も大事だが開発を望んでいる市民も多いことを見落としてはならない」

しかし、菊池候補は、他力本願の開発ではなく、第一次産業に力を入れた政策を打ちだしているのである。

当選発表の翌日、「四年間の浪人生活で、なにを考えてましたか」とわたしはたずねた。「原子力のことです」と、彼は即答した。保守派の政治家として出発した菊池さんは、原発について独学しながら、原子力開発と地元の将来が相いれない、との結論に達したのだった。

Ⅶ　1988年、下北半島の表情

1　一九八八年一月

大間原発秘密メモ

「こんたらだもの投げであったよ」

仕事が終わってから、わたしの旅館に駆けつけてきてくれたHクンは、部屋にはいるなりコピーした何枚かを差しだした。「投げる」は「捨てる」の方言である。眼を移すと、「電源開発株式会社」の社名がはいった横書きの用箋である。「電」の字が崩れているのは、破られていたのをウラからビニールテープで貼りあわせてコピーしたから、という。

ある駅のくず籠に放りこまれていたのを、Hクンが発見した。ゴミを捨てようとして、彼は破られた書類に目をとめた。覗きこむと「源開発株式会社」の社名がみえた。原発反対のHクンがおもわず手を突っこんで拾いあげた。ヘタな推理小説の出しのようだが、本当の話である。

レジメのタイトルは「立地課役職会議」。これによると、下北半島の先端、大間町に新型転換炉（ATR）の建設を予定している電源開発は、立地課の役職者を集めて、行き詰まっている立地の打開策を検討した。最初はまず「現状報告」。大間漁協の動き、奥戸漁協の動き、土地開発の動きなどの情報が、順を追って報告されている。

大間原発は、七六年四月、大間町商工会から町議会にたいする「原発立地の適否調査の請願」としてはじまっている。それを受けて町当局が誘致へ動く、という形となっている。

当初、電源開発はカナダのＣＡＮＤＵ炉（重水炉）の導入を計画していたが、やがて日本は自主開発路線にすすむこととなり、動燃が福井県敦賀市に建設したＡＴＲ型「ふげん」の実証炉（六十万キロワット）へと切り換えられた。ところが、「ふげん」や「もんじゅ」の事故のあと、ウランとプルトニウムの混合酸化物燃料（ＭＯＸ燃料）を利用する改良型軽水炉にまたもや転換している。

八四年十二月、大間町議会はＡＴＲの誘致を決議した。が、建設予定地百三十ヘクタール（地権者四百三十人）のうち、六〇パーセントは漁民たちの零細な畑で占められている、という特殊性がある。漁業補償と用地買収がセットになっているため、電源開発にとって、漁民をいかに攻略するかが最大課題である。

大間町の漁協は、大間漁協（組合員八百六十二人）と奥戸漁協（三百五十四人）のふたつに分かれている。大間漁協は八五年七月、臨時総会の混乱、流会のあと、「調査対策委員会」が設置されている。が、それにたいして、奥戸漁協は、八五年一月の臨時総会で「原発に関しては一切受け付けない」と決議したあと、交渉にははいっていない。

電源開発は当初、八五年十一月に電調審上程、着工を一九八八年七月に予定していたが、その後、何度か延期した挙げ句、最終的に八八年十二月に電調審上程、着工は九一年四月、九七年三月に運転開始としている。

レジメのメモによる電源開発のこれからの戦術は、「県、町、会社の緊密な連絡」であり、奥戸漁協に交渉の窓口をつけることにある。メモの走り書きには、こう書かれている。

「遅くとも、二月には付帯決議撤廃。土地について詰める」

奥戸漁協は、八八年二月下旬に定例総会を予定しているのだが、電源開発はここで、「原発に関しては一切受け付けない」と決定した漁協総会の「付帯決議」を外させ、一気に用地取得交渉にはいろうとしているのである。

ＡＴＲ型は、チェルノブイリ原発とよく似た構造で、炉心には燃料としてのプルトニウムが内蔵されるため、住民の不安は強まっている。これにたいする電源開発の対策は、「奥戸三百六十人（漁民）の半分に視察にいってもらう」ということである。

視察とは、全国の原発建設での常套手段であって、買収行為ともいうべき「原発先進地の見学」で、伊方（愛媛県）、敦賀、美浜（福井）、島根原発などへの飛行機での招待旅行である。大間町では一人で四、五回いった人や家族連れもいる。原発見学というよりは物見遊山で、お土産つきで帰ってくる。

立地課役職会議での議論は、そのあと出稼ぎ者の分析に移り、出稼ぎで不在のもの以外で「視察」にいっていない人たちの理由をまず洗いだそうとしている。また役員改選などの重要案件以外なら、総会をひらかず「総代会」にして、そこで「付帯決議」を撤廃させる方法も検討したようである。

議題はさらに、「土地の補償基準の設定」に移り、大間地区で飼育されているヘリホード種(牛)の牧草を一平方メートル当たり、いくらで補償するかの算定にはいった。

長い会議がすんで担当者のひとりは乗換駅に着き、メモを引き裂いてくず籠に放りこみ、あともみず列車にとび乗った。重要書類と気づいて拾いあげるものがいるなど、想像さえしなかったのは、おそらく、地元の人間をどこかでバカにしていたからであろう。が、ちゃあんと貼り合わせてコピーする人間がいたのである。それがこの地での原発反対運動のひろがりのたしかさを示している。

漁協の闘い

大間町議会でただひとりの反対派は、蛯子久三郎さん(62)である。「五十年間漁師をやってきた」という。陽焼けした笑顔は人望家であることをも表している。

「このあたりは、日本にふたつとない漁場だ。なんでも獲れる」アイナメ、ソイ、ヒラメ、ブリ、マグロ、タコ、イカ、アワビ、ウニ、ツブ貝、それに海藻ではコンブ、ワカメ、テングサ。一・五トンほどの船外機をつけたボートで、根付け漁業に出る。とりわけ「大間コンブ」は独特の甘みがあるのでよく知られ、対岸の北海道にはこばれ「北海道コンブ」に交ぜて出荷されている、という。

原発ができ、温排水で水温が変わってしまえば、根付け漁業は全滅する。出稼ぎが多いのは事実だが、だからといって、七月末から十月に収穫できるコンブ漁を捨ててしまえるものではない。それが蛯子さんたちが原発に反対するひとつの大きな理由である。

百三十ヘクタールの原発用地のうち、五ヘクタールは「土地を売らない会」に参加している漁民約三十人の土地である。これが反対の拠点になっている。

「大間原発を考える会」の事務局長である奥本征雄さんは、「地権者はまだまだがんばっているし、これでことし一年がんばっていけば、国のほうも、もうこれ以上、計画の延長は認めないはずだ」との自信をみせている。

下北半島は、「原発半島」ともよばれている。マサカリ形の刃先のあたりに本州最北端の大間原発が予定され、そこからマサカリの頭部をすべり落ちるようにして、関根浜の原子力船「むつ」の母港、柄の部分に東通村の原発、そこから南下して六ヶ所村の核燃料サイクル基地、そしてプルトニウム空輸が予想される三沢基地と核施設が目白押しである。その間に射爆場や対空射場、防衛庁弾道試験場、海上自衛隊基地と、軍事施設がはさまっていて、核と軍事の一貫体制となっている。いわば毒を食らわば皿までの、きわめてアナーキーな県政といえる。

それでも、かつて東京電力十基、東北電力十基、両社合わせて百十万キロワットの大型炉二十基建設というバカげた東通村原発計画は、用地買収から二十年たっても、いまだ一基の着工もできていない（〇五年一号炉稼働）。

東通村の原発予定地は村に常駐した県職員の手によって買収された。はじめてわたしがこの村を歩いたとき、予定地の中心部にあった南通《みなみどおり》部落にはまだ開拓農民が住んでいて、話しながら主婦が泣きだした記憶がいまでも生々しい。やがてそこは全戸移転となり、九百二十ヘクタールもの土地が買収された。おなじ東北でも、女川原発の六倍にも匹敵する。

この村のふたつの漁協のうち、港をもたない小田野沢漁協は漁業補償の交渉にはいることに同意を示したが、白糠漁協はねばりにねばってきた。一九八三年末、東京、東北両電力は、三十八億七千万円の漁業補償金を提案したが、両漁協ともに拒否、やがて約二倍の七十三億七千六百万円となったが、白糠漁協はそれも拒否した。

この間に、入れ替わり立ち替わりの原発賛成、反対学者による「学習会」が積み重ねられ、反対派が賛成派に変わったり、沈黙を守るようになったり、それまで発言しなかったひとが反対派になったり、いくつものドラマがあった。

またその隣では、六ヶ所村の巨大開発反対闘争があり、「むつ」追いだしの闘争、新母港建設反対闘争、大間漁民の抵抗、六ヶ所村泊漁民の「核サイクル」反対闘争と、消えるとみえながらも燃えつづけるさまざまな闘争がある。

残念なことながら、下北半島にやってきた巨大開発、核施設建設のすべての反対闘争が一挙に立ちあがることはなかったが、それぞれが影響し合いながら、長いあいだ燃えつづけてきたのである。

それは立ちあがりは遅いとはいえ粘り強く、派手なことを好まないこのあたりの人たちの気質と、どこか似ているようである。

白糠漁協は、漁業権放棄については過半数の賛成をとられながらも三分の二に達せず、きわどいところで回避してきた。批判派は八人の理事のうち、三人を占めている。たしかに理事会では五対三と賛成派が多数だが、当選順位では一位から三位までを批判派が独占した。

漁協内の原発対策委員会の委員長は、反対派の東田貢さん（56）である。同委員会は、知事の調停を拒否し、電力会社との自主交渉を主張している。

要求額は組合員一人当たり五千万円。総額にして三百二十六億五千万円である。漁師の退職金と考えれば、けっして高い金額ではないが、ビタ一文もまけないとする姿勢は、原発など眼中じゃない、という強い拒否の姿勢を示している。補償交渉はすでに三年以上もこう着状態で、両電力による原子力準備事務所は、四十人態勢から二十四人へとほぼ半減、担当者もまわってこなくなった。

この間、電力需要も伸び悩み、東北電力管内では、いまさら東通村の原発の必要性もなくなっている。このまま凍結といった見方が強くなりだした。

「もし原発がつくられたら、いま九ケ統あるサケの定置網のうち四ケ統影響を受け、すくなくみても三分の一は減収になる。サケの収入は組合収入の六五パーセントを占めているから、およそ四分の一の減収になってしまう」と東田さんはいう。

これまでも、総会をひらくために、組合員の同意書をカネで買い集めたり、不法なことの連続だった。隣の泊漁協でもそうだったが、県の水産部が率先、指導しているのである。

「民主主義はどこへ行ったのか。それをいいたい」

東田さんは語気を強めた。電力会社が二の足を踏んでいるのに、県や村当局のほうが原発建設に血眼になっている。交付金をアテにして財政を組んでいるからである。白糠漁協は避難港としての第四種港だが、施設はそれにともなわず、製氷能力もない。原発問題を抱えていない港のほうがはるかに立派だという。一種のみせしめである。それでも、東田さんや義兄弟の伊勢田義雄さんなど批判派理事は、原発計画の息の根を止める自信をますます強めている。

幻を追いつづけて

俗に「核燃三セット」とよばれている、使用済み核燃料再処理工場、ウラン濃縮工場、低レベル放射性廃棄物貯蔵施設は、奇妙なことに東通村と六ヶ所村との誘致合戦となった。

八四年四月、電事連（電気事業連合会＝九電力の利害調整団体）が県当局に、「下北半島に立地したい」と申し入れたことになっている。とはいっても、電力会社の社長と県知事は、七〇年代はじめ、この地で計画、挫折した「巨大開発」計画で買収した、売れない土地を抱えている「むつ小川原開発株式会社」の重役同士の関係にある。この会社は当時で一千三百億円以上の負債を抱えていた。

だから、重役でもある県知事としては、悪魔にでも売りつけたい心境だった。それで、隠されていた「核施設」が、地底からたちあがってきたのである。

一方、下北原発二十基が幻と消え去ろうとしている東通村の村長は、さっそく電事連の申し入れにとびつき、はやばやと「受け入れ」を表明し、ついで遅れてはならじと六ヶ所村村長も「受け入れたい」と表明した。いわずと知れた電源三法による立地交付金を狙ってのことだが、両村長とも「村経済の起爆剤」などと剣呑な発言をしていたのは、まだチェルノブイリの爆発が発生していなかった時期とはいえ、なにかドロ舟に乗ろうとしている小動物のあさましさを思わせる。

六ヶ所村の村長は、トランプ賭博を唯一の生き甲斐にしている人物であるのは、村内では公然の秘密で、わたしが会ったときには、再処理工場よりプロパンガスのほうがはるかに危険だと力説したほどだった。

立地をめぐって、二つの自治体を競わせるのは、明治の開発以来の常套手段で、ライバルが現れると、それがいかにも重要なものにみえ、必要以上に誘致に熱中するのが人情である。こうして安全性よりも経済性《メリット》が前面にでてしまう。

しかし、地理的条件から考えれば、再処理工場などは、原発二十基分の敷地を抱える東通村のほうが、はるかに優勢と考えられ、地盤などの調査でも優位にたっていた。それでもなおかつ、地盤脆弱な六ヶ所村になったのは、ここに広大な空閑地となっている「むつ小川原開発株式会社」の「不良在庫」があるためである。

この会社の資本金三十億円のうち、国の機関である北海道東北開発公庫が十億円、県が五億四千万円、残りの十五億円弱を電力、鉄鋼、不動産、銀行など大手企業百五十社が負担している。すでに一千三百億円の負債と金利負担にあえいでいるので、焼け石に水とはいえ、とにかく土地でも売りつけなければならない状況にあった。ここでもまた、安全性よりも経済性、である。

こうして、六ヶ所村は、バラ色の開発幻想がオイルショックとともにはかなく消えたあと、すべて灰色の核燃料三点セットの舞台となった。

未来永劫、核を抱えて

むつ小川原開発株式会社が、県の公社に委託して買収した用地などをふくめて、「開発地域」は、六ヶ所村内の二千八百ヘクタールにものぼっている。このうち、これまで売れたのは、石油備蓄基地と核燃サイクルなど、他県ではけっして歓迎されざる施設だけで、残り千五百ヘクタールは原野に還ったまま静かに眠っている。売却金額は、一平方メートル一万三千円とみられている。

再処理工場を経営する「日本原燃サービス」が三百九十ヘクタール、ウラン濃縮と低レベル放射性廃棄物を貯蔵する「日本原燃産業」は三百六十ヘクタールを取得、土地の造成も終わってほぼ九〇パーセントが引き渡されている。この両社は合併して、「日本原燃」となった。

村を荒廃させたのは、七〇年になってから、列島改造の土建屋のブームに乗って、「巨大開発」の夢をまき散らして農地を奪い取った政府や県や不動産業者だった。とりわけ、三井不動産がひどかった。農民たちに馬鈴薯の種を与えるために開発された「原原種農場《げんげんしゅ》」が、いま核廃棄物再処理工場にされようとしていることをみるだけでも、これからの荒廃を理解できる。

そのちかくの開拓部落がつぶされた跡には、五十一基もの巨大な原油備蓄タンクが並んで建っている。再処理工場の予定地には、二重のフェンスが張りめぐらされ、つぎのような看板が立てられている。

「ゴミを捨てないで下さい。

自然環境を大切にしましょう

日本原燃サービス」

核のゴミを捨てる会社が、ちいさなゴミを禁止する。放射能をまき散らす会社が自然環境について説教する。牧場をつぶした石油備蓄会社が、石油タンクに緑のペンキを塗りたくる。ひとりを殺すと殺人罪、百人を殺すと英雄になる、とか。

日本原燃産業は、二施設を八八年秋に同時着工させ、九一年四月から操業したいとしている。一方、日本原燃サービスの再処理工場は、九〇年着工、九五年操業といわれている。しかし、技術も確立されてなく、はたしてその目論見どおり実現できるかどうか。

六ヶ所村への核燃料サイクルの立地は、議会でもほとんど議論されることなく、村長と議長が共謀して、「全員協議会」の席上、抜き打ち的に「決定した」と一方的に発表されたものである。あまりの強引さに、さすがの保守派の村議たちも反発し、一時、村長派は少数派に転落したほどだった。

事故を発生しつづけながら、なんとか操業されている原発よりも、はるかに技術的に不安定な再処理工場を、原子力推進を標榜する国などの安全審査だけで操業させていいものかどうか。たかだか七年ほどで打ち切りになる「交付金」に眼がくらんだ地方自治体を闇雲に走らせての非民主的な方法が、はたして将来の安全性を保証できるのかどうか、それがわたしの強い疑問である。

しかし、電力側も、六ヶ所村に予定している年八百トンの能力をもつ再処理工場の稼働をさほど急いでいるようでもない。チェルノブイリ事故のあと、世界的に原発建設は停止となり、ウランはだぶつき、価格も低位横ばい、再処理によるプルトニウム利用はコストアップとなる。「夢の……」といわれる高速増殖炉（ＦＢＲ）の実用化も、いまのところ覚束無い。なまじっか再処理などするより、貯蔵して眠らせておいたほうが経済的に有利との観方が強まっている。

現在、国内の原発から発生する使用ずみ燃料は、イギリスとフランスに再処理を委託しているが、こんごは各原発サイトおよび、再処理付属のプールを拡充したり、ドライキャスクで貯蔵することが検討されている。それに英仏からの出戻りプルトニウムの貯蔵が加わる。とすれば、当面は広大な六ヶ所村に寝かせておくだけになろう。六ヶ所村は低レベル、高レベルを問わず、核のゴミ捨て場にされようとしているのである。

こうして、六ヶ所村は数百年間、というよりは未来永劫に核物質を抱えて生活することになる。それも、天変地異がなく、平和な生活がつづくと仮定しての話である。すでに全国の原発地帯には、二百リットルのドラム缶で約七十万本の放射性廃棄物が保存され、これから間もなくはじまる廃炉によって、廃棄物はさらに急増する。このため、政府の放射線審議会は、低レベル（年間一ミリレム以下）の放射性廃棄物を、一般産業廃棄物として扱うことにした。

とすれば、やがて、六ヶ所村に貯蔵された放射性廃棄物は、炭坑地帯のボタ山のように、掘り起こされてダンプに積まれ、都会の道路の舗装やビル建設の捨石に使われることになろう。ひとり六ヶ所村の人たちだけが放射能の不安におびえるのは、不合理というものである。

プルトニウム空輸の恐怖

関根浜の新港に回航された原子力船「むつ」は、やがて廃船となる運命にある。回航される前夜、海上自衛隊幹部と三菱重工社員が仲良く並んでむつ市内を闊歩しているのを市民が認め、クビをかしげていた。「何故、いまごろ彼らが……」

いうまでもなく、三菱重工は日本最大の兵器メーカーであり、軍艦および潜水艦を建造している。軍隊とメーカーが連れだって歩いていても不思議はないのだが、「むつ」が出航したあとの旧母港は、原子力潜水艦の基地に利用されるのではないか、そんな疑問をもつひともいた。

「むつ」の廃船は決定され、大間の新型転換炉建設がもたつき、東通村の原発も完全に行き詰まっている。六ヶ所村の再処理工場の稼動などいつになるか定かではない。下北の核半島化も、当初計画されたようには順調にすすんでいないのだが、このとき降って湧いたのが、「プルトニウム空輸」の問題である。

八七年十一月四日に調印された「日米新原子力協定」は、これまで使用ずみ核燃料の再処理や英仏からの返還プルトニウムの輸送などについて、「ケース・バイ・ケース」でアメリカの同意をえていたのが、こんどは一括して三十年間の事前同意に切り換える（包括同意）、というものである。このなかでとりわけ問題にされているのは、プルトニウムの空輸である。

アメリカで調査した石橋忠雄弁護士（日弁連・公害対策・環境保全副委員長）の報告（『デーリー東北』八七年十二月六日〜十一日）によれば、「アメリカ協定を急ぐ必要はなかった」とのことである。日本側がふげん（ＡＴＲ）、常陽（ＥＢＲ）、それにＭＯＸ（プルトニウム混合）燃料を使用する美浜、敦賀各一号炉の操業のため、年間約三百キロのプルトニウムが必要だ、と要望した。

このほか、まだ操業にいたっていない「もんじゅ」（ＦＢＲ）、「大間」(ATR)用の燃料としても必要、とアメリカ「軍備管理・軍縮局」(ACDA)の付属文書に明記されている、という。

とすれば、日本がプルトニウムの製造と返還プルトニウムの貯蔵を強く要求していることになるわけだ。

ACDAの資料には、「ROKKASHO」の再処理施設が何度か登場している。英仏両国から空輸されるプルトニウムの着陸地は、核物質防護と六ヶ所村への至近距離という視点から、三沢の米軍基地が最有力とみられている。六ヶ所村にプルトニウムが集中されることによって、この地域は政治的、社会的な大変動をともなう、と石橋弁護士は主張している。核管理厳戒地帯となるということである。

すでに上空を通過したり、給油するというだけでも、アラスカやカナダでは強い反対を表明している。当然の主張である。

鈴木重令《しげよし》三沢市長は、つぎのようにいう。前市長が三井造船からワイロをもらって逮捕されたあとの市長で、まだ四十代前半である。

「プルトニウムの空輸ははじめてのことで、三沢基地にくるというなら反対せざるをえない。もし本当にくるなら、反対を申し入れます。ここは軍事基地であるし、民間航空便もはいっている。貨物空港ではないんですから」

彼の発言からは、プルトニウムの恐怖はあまり感じられなかった。それでは、三沢市が米軍の核戦術基地の町であることについて、どう考えているのか。

「共存共栄でやるしかない」

との答えが返ってきた。

西村秋男市議会議長は、よくいえば個性が強く、悪くいえばアクが強いとの評判の人物である。彼ならはっきりいうだろうと、きいてみると……。

「まだ、はっきり決まったわけではないからなんともいえない。再処理工場を六ヶ所村が受けいれるならば、しようがないからね」しかし、三沢市民にとっては、重大問題でしょう。「三沢空港を使用するなら反対である。自民党であっても、これには反対する」三沢市と六ヶ所村は隣り合う近距離なのだ。

市長も議長も、どこか奥歯にモノがはさまったようないい方をするのは、市議選を意識してのようだ。この問題で野党から攻撃されては、元も子もなくなる。そんな意識がはたらいている。というのも、西村議長は、「改選後に検討する」といったからである。

しかし、飛行機と墜落事故は切り離せない関係にある。三沢市周辺でも、八七年三月に米空軍のF16、四月に自衛隊のF1、七月に自衛隊のヘリが二機、そして十一月に自衛隊のF1(行方不明)と八カ月間に五機もが墜落している。再処理工場予定地の上空には、年に四万回もジェット戦闘機が飛来しているデータもある。

ましてプルトニウムは核爆弾の材料であり、耳かき一杯の分量で数千人もガンで死亡する、といわれている猛毒で、まして半減期が長い。それが、一週間に一便の割合で空を飛んでくる。

青森県は日本有数の自民党王国で、知事はもちろん、国会議員もすべて自民党。三沢市長も六ヶ所村村長もしかりである。

核燃サイクルに隣接する野辺地町の安田貞一郎町長に「核燃に反対しないんですか」と質問すると、彼は微妙に笑って、「われわれは自民党ですからな」と答えた。「自民党なら放射能の被害はないんですか」というのは、あげ足取りというもので、そのときはこらえたが、住民の生命の不安よりは、自民党のカサ意識のほうがはるかに強固のようである。

野辺地町長に会ったのは、プルトニウムについてというよりは、ウイスキーについてききたかったからである。野辺地町は一九八〇年、サントリーと工場建設について契約している。八二年着工、八四年十月操業開始。年産五万三千リットルの原酒を生産する。従業員は二百人。町最大の企業となるはずだった。

その町にサントリーが進出してくることになったのは、同社が県に申し入れ、県が斡旋したからである。百八ヘクタールの工場用地は、県有地が八〇パーセント、町有地が二〇パーセントで、総額にして四億円。破格の待遇である。

ところが、着工まぎわに会社幹部が延期を申し入れ、さらに八七年六月、再度の延期申し入れをおこなっている。理由は需要停滞。県と町は何度も大阪の本社を訪ねて「早期着工」の要請をしているが、色よい返事はない。

用地を取得すると、企業はさっそく看板を掲げるのが普通だが、百八ヘクタールの広大な原野には、あたかも秘密工場でもあるかのように、サントリーの「サ」の字もない。あるのは、木造の町役場の玄関に立てられている「歓迎サントリー工場」の看板だけである。延滞金は支払われていない。もし用途変更の場合の違約金は五パーセント、二千万円でしかない。

野辺地町へ出かけたのは、サントリー工場の進出は絶望的、理由はウイスキーとプルトニウムではイメージが合わないからだ、との噂を六ヶ所村できいたからだった。

「核燃問題とウイスキーを合わせて考えたことはありません。あくまでも、焼酎ブームと国際経済動向、それに酒税問題、ときいてます。できれば早くきていただきたい」と安田町長はいう。そのあとで、核燃サイクルについてきいた。「われわれは自民党ですからな」との答えが返ってきた。町としてはサントリーの工場の進出と核サイクルからはいる周辺自治体への交付金との両方に期待しているのだが、はたしてプルトニウムとアルコールは両立できるのかどうか。

サントリーの広報課に電話でたしかめると、「もっか調整中」という。進出するとの明言はない。むしろ後ろむきの印象だった。「核燃」については、考えたことはない。純然たる経済的な理由だけ、とのことである。

米内山訴訟の示したもの

米内山義一郎さん(78)は、病院から帰ってきたばかりだった。八七年は原子力船「むつ」に反対しつづけている菊池渙治前市長(県議)が病気で倒れ、開発反対で村長の座を追われた六ヶ所村の寺下力三郎も入院していた。巨大開発当時の反対同盟委員長の吉田又二郎さんが亡くなって久しい。それほど、この地域での闘争も長くなっているということである。

三沢市からクルマで三十分ほど離れた米内山さんのお宅を訪ねたのは二回目だが、村長や県議二期、衆院議員当選三回の政治歴から見れば質素な家なので、そのたびに感心させられる。社会党議員だから、といえばそれまでなのだが、その社会党も七九年に離党した。

彼は八七年十一月、最高裁にたいして、「損害賠償代理請求事件」の上告をした。北村県知事が六ヶ所村のふたつの漁協に払った百三十億円の補償金額のうち、百億円は「政治加算」であって違法な公金支出であり、県民に与えた損害を知事は弁済せよ、との請求である。

これにたいして一審では「六十六億八千五百万円は合意を得るために政策的に加算した金額」と認めながらも、違法性を認めなかった。二審でも、一審同様に「巨額の増額」は認めたが、「県知事の裁量の範囲内」と判断している。

最高裁への上告理由書では、事実誤認等法令の違背があり、あくまでも「政治加算金」は、海水魚協八十六億円、村漁協十四億円、合計百億円。知事は違法支出したばかりか、その後、県民が忌み嫌う核燃料サイクル施設の立地を受け入れるなどの過ちを繰り返している。そのような背景事実を充分に斟酌すれば、本訴賠償責任は明らかである、との主張である。

退院したばかりの米内山さんの容態を、夫人は心配しているのだが、本人はいたって元気な声で、青森県の体質を批判した。明治以来の「中央直結政治」がいかに無残なものだったか、それが彼のテーマでもある。

県議のとき、県は「県策会社」として「りんご振興会社」をつくって破綻した。そのときに監査請求の訴えを起こして憲法の解釈に一石を投じた。そして晩年のいま、また県知事を相手の請求事件。政治家としてひとまわりしてきた、との感慨を彼は語った。

県の政策とは、ひとつが駄目になると、またつぎへ行く。論理性がまったくない、と彼は口をきわめて批判した。わたしが記憶しているだけでも、むつ製鉄、ジャージー牛の導入、ビート(テン菜)の栽培。そして巨大開発、核燃基地と、この下北半島周辺は、中央に依存し裏切られる、といった失政の繰り返しだった。それでも六ヶ所村はいまだに、村の基本計画を三菱総研に委ねている状態である。

国と県と財界とでつくった第三セクター「むつ小川原開発株式会社」は、六ヶ所村内の用地取得を至上命令としていた。港湾をつくるためには沿岸の漁業権も消滅させなければならない。そのために県が全力を傾注することにしたのだが、農民や漁民に支払う金額について検討するために、県と開発会社とは「むつ小川原開発財政問題研究会」をつくっていた。

漁業権を放棄させるには補償金がいる。ところが、その算定基準は漁民たちの実際の収入をはるかに上回るものだった。たとえば、当時、港もなかったのに、高級魚であるマグロが六百四十一トン、ヒラメが四百二十三トンも獲れていたことになっている。統計の偽造であり、県の担当者ならチェックできるはずのものだった。こうして算定された金額が、「つかみ金」あるいは「政治加算金」として漁協に支払われ、漁業権を消滅させたのだった。いわばカネのじゅうたん爆撃である。

これらについて、上告代理人である浅石紘爾弁護士はこういう。「開発をおこなう側にとって、実態以上の政治加算が適法になると、〝つかみ金〟が公然化される、するとこれからの公共事業で、不当な請求がなされても県は応ぜざるをえない。県でさえ払うのだから、私企業では当然のこととなる。

また、国の資金がでてから交渉するのではなく、県と漁協が先に決めて先行補償し、国があとでいわれたとおりに支払ったにしても、その算定資料がウソの統計にもとづいたものなら、国自体もそのウソの資料に拘束されることになる。知事は国のカネについての裁量権などもっていないはず。国のカネがだまし取られたことになるのだが、これから会計検査院が調べるときに、はたして資料が残されているかどうか」

不法、違法の買収は、いわば開発にかならずといっていいほどに付随しているのだが、それらがひとつひとつ裁判で争われることはすくなくない。

八八年五月には、六ヶ所村・泊漁協の漁民たちの預金口座に、突然「二十万円」が振り込まれてきた。前年の海域調査のための「協力費」というのだが、漁民たちはその調査を認めていなかった。漁協理事の坂井留吉さんは、「買収費」だと反発している。カネ、カネ、カネ。それが原発側の論理である。

米内山訴訟は、政治家としてではなく、ひとりの市民としての訴えだが、この裁判のなかで開発から核燃サイクルに至るまでの不正が明らかにされている。バラ色のフタをあけると、プルトニウム詰めのビックリ箱だったのだ。

開発予定地のほとんどの土地は買収されたが、それでもまだ土地を手放さずに悠然と生活しているひとたちが残っている。

酪農の借金に追われて土地を手放してしまったものの、まだそこに住みついて開発と闘っている農民もいる。窮鼠猫を噛むの闘い、というべきか。

十八年にわたる六ヶ所村の開発反対闘争や下北半島の反原発闘争はまだまだつづく。米内山さんはこういう。

「最高裁がどう判断するか。それまでは生きていたい」

ストップ・ザ・核燃、その百万人署名運動が、青森県から全国にむけて呼びかけられている。チェルノブイリの大事故以来、「反原発」「脱原発」の運動は、子どもを抱えた主婦を中心にしてようやく市民レベルでひろがってきた。時代は大きく変わりつつある。

2　原発のマスコミ攻略

一九八八年五月のある夜、青森県の太平洋岸の町に住む友人から、電話がかかってきた。

「『デーリー東北』が電事連（電気事業連合会＝全国九電力会社で構成している団体）からカネをもらっていたらしい。社内では大騒ぎになって、処分もでているようだ」

次の日、わたしは三沢空港行きの飛行機にとび乗った。ピーンとくるものがあった。

『デーリー東北』は、県南部では圧倒的な強さを誇っている新聞である。部数は九万部で、「県紙」を自称する『東奥日報』の二十五万部にはおよばないが、八戸市では、七九パーセントの購読率を占めている。

いま、この地域での最大の問題は、日本の原発地帯にあふれようとしている核廃棄物の「サイクル基地」の建設である。原発は「トイレのないマンション」といわれているが、八戸市から四十キロほど北上した六ヶ所村には、一兆二千億円の資金が投入され、再処理工場、ウラン濃縮工場、放射性廃棄物貯蔵施設が建設されようとしているのである。

最終的には、九五年操業開始を予定しているこの大プロジェクトの成否は、日本の原発の将来に深くかかわっている。もし、友人の情報が事実なら、ついに新聞社にまで汚染がすすんだことになる。

というのも、県紙を自称する『東奥日報』は、二十年前の「巨大開発」以来、県知事に追随して推進の論説を張ってきたのにたいし、『デーリー東北』は、慎重論を展開し、さいきんの「脱原発」の世論の盛り上がりの中で、着実に部数を伸ばし、十万部も目前となった。その一歩手前でのスキャンダルである。

社員たちの家をまわって歩くと、みな一様に口が重かった。が、それでも、つぎのような事実が浮かびあがってきた。発端は、八七年暮れの忘年会の席上だった。原発、開発担当の記者がぶちあげた。

「電事連の連中から「カネを出しているのに〝デーリー〟はいうことをきかない」と、文句をいわれた。本当かどうか」

その疑惑は、ほかの記者にも思いあたるところがあった。事実関係究明のため整理部長と三人の次長、報道部次長、文化部長、地方部次長とで「七人委員会」が結成された。クビを覚悟してのことだった。整理部が中心になったのは、ここの部の記者が労組委員長をやっていた時代に、やはりおなじような噂をきいて会社側を追及したのだが、アッサリ否定されていたからだ。「七人委員会」は部下からの報告をもとに会合を重ね、社長、専務、常務ら経営者を相手に、三カ月にわたり交渉をつづけた。労働組合もそれに刺激され、「正常化委員会」をつくり、彼らをバックアップした。

次に判明したのは、八八年三月二十日付で、東京支社報道部長兼論説委員のA記者が「依願退職」扱いになっていたことだ。

そして、もうひとつ、A記者の退職と同時に、つぎのように会社幹部の処分がなされていた。

●減俸処分。●社長一〇パーセント、六ヵ月。●専務三パーセント、三ヵ月。●常務三パーセント、一ヵ月。●青森支社長五パーセント、一ヵ月。●東京支社長五パーセント、三ヵ月。

いずれも三月分から実施されている。

ある支局長はこう説明した。

「A記者の〝クビ〟は、会社のカネを使いこんだため。会社幹部の処分は、監督不行き届きだったから。電事連からカネが流れた事実はありません」

いわば統一見解というものであろう。臭いものにフタがされようとしていた。しかし、社員が不始末をしでかすたびに、社長が自分を処分していたのでは、クビがいくつあっても足りるものではない。

ある記者がこう語った。

「電事連の窓口である東北電力から入ったのは、「協力費」の名目で月百万円、年間一千二百万円だった。それが昭和六十一年分。六十二年も四月までに四百万円入りましたが、社内で噂になったため打ち切り、返す、受け取らない、でモメていたそうです」

この六ヶ所村の原子燃料サイクルは、「核燃三点セット」などと、地元ではあたかも〝婚礼セット〟のような感覚で宣伝されている。このほかに下北原発、原子力船「むつ」母港、新型転換炉立地などの問題があり、その取材で、わたしは、郷里の青森県をときどき訪れている。

そのたびに感じるのは、テレビや新聞などでの「原発、核燃」関係の広告の多さである。新聞広告は『東奥日報』と『デーリー東北』の両紙におなじ内容のものが、おなじ日に、おなじ分量だけ掲載されている。

たとえば、八八年三月の広告量は、つぎのようなものである。

●電気事業連合会、日本原燃サービス、日本原燃産業、三者の共同広告が全面広告二回、半面一回。「安全性の高い再処理工場の実現に全力をあげて取り組みます」など。

●青森県（国からの委託広告）。全面広告三回。「地域の発展に大きく寄与」

●科学技術庁、通産省資源エネルギー庁。全面二回。「エネルギーの村から」

●東京電力、東北電力。半面一回。「私たちのエネルギー」

●東北電力（単独）。半面一回。

●青森県（単独）。半面一回。

●電源開発。半面一回。

●東北原子力懇談会。五段の二分の一、月二回（88回、89回）。

三月以外ではこのほかに、青森県エネルギー懇談会が全面広告。原子力船「むつ」の原研が三分の一広告を打っている。

あたかも、原子力広告の豪雨である。全面広告の公定価格は、『東奥日報』で、百五十万円、『デーリー東北』が百二十万円といわれている。原子力関係の広告料だけでも、『デーリー東北』には三月一カ月で約千二百万円もはいっている勘定である。

電力会社の大盤振る舞いは、すでに日常化した見慣れた光景である。歴史的に有名なのは、昭和二十年代に「タダノミ川」と世評を賑わせた福島県の只見川流域のダム建設だった。会津若松の東山温泉は「夜の舞台」といわれ、ここで東北電力の担当者が費消した接待費だけで、五年間で一億二千万円（福島民友新聞刊『電力県ふくしま』）にものぼった。当時の金額で、である。

核燃料サイクル建設の根拠地である三沢市でも、かつては下駄バキではいれた「愛の出逢い」という飲み屋は、電事連が愛用するようになって、超高級クラブに昇格した。

「協力費」についていえば、昭和五十六年に柏崎原発（新潟県）で東京電力が地元の刈羽村に五億円を支給したり（当時の同村の年間予算額が十九億円）、伊方原発（愛媛県）では、町議が全員料亭で四国電力に接待されたりなど、珍しいものではなかった。

各原発とも、地元の人たちに対して、まず声をかけたのが「視察旅行」。旅なれぬ人たちをタダの観光旅行に招待して、賛成派にひきよせている。三沢市の記者クラブや県政クラブも茨城県東海村などへ無料の招待旅行に誘われている。

青森県農政連の木村義雄副会長の自宅に現れたふたりの「核燃」関係の幹部社員は、反対運動から手をひけば「望みのものには応える」と話して帰った。

「帰り際に耳元で、「奥さんに内緒でその内これでも」と、小指を突き出し、イヤらしく笑った姿に「開発」の本質を感じとったという」（『北斗新報』六二年一月二十二日）

『デーリー東北』の中堅記者たちが、「協力費」問題に危機感を深めたのは、「いわれのないカネをもらっていると、次第にボディブローがきいてきて、なにも書けなくなってしまう」という懸念によるものだった。そしてもうひとつ。過去に不祥事で辛酸を嘗めた経験があったからだ。

昭和五十四年十月の総選挙で、熊谷義雄候補（自民党前議員、三木派）は次々点で落選した。彼は『デーリー東北』の非常勤役員だったが、その後、選挙違反の疑いで同社の専務、常務、販売店会会長が逮捕され、「会社ぐるみ違反」が摘発された。

「依願退職」となったA記者は、やめた理由について「一身上の都合」としか語らなかった。四十代前半、異例の出世コースを歩んでいた人物だった。それでも「会社幹部の決定だから……。まあ社風に合わなかったんでしょうな」と本人の意思でなかったことを認めた。電事連から「協力費」を引きだしたのは彼だった。そのころ、『デーリー東北』の業績は悪く、就任して間もない社長は広告、販売部門にハッパをかけていたが、はかばかしい効果はなかった。

そこで、やり手記者として、県庁幹部や企業に食いこんでいたA記者が、「電力サイドの協力」をとりつけることにした。同社に広告の出稿量がふえだしたのはこのころであり、「協力費」の受け皿として、スポンサー名なしの〝企画記事〟がはじまった。全八段。写真部員の写真に短い原稿をつけた「ふるさとロマン」だった。誰もその背後にある電力の影に気付かなかった。

一年目は無事すぎ、二年目からある作家の対談がはじまった。これも受け皿のひとつだった。そして、取材にまわっている記者が電力会社から、「おたくの社には協力しているのに、なんだ」と面とむかっていわれるようになったのである。

『デーリー東北』の本社は、敷地六百坪、六階建ての堂々たる社屋である。前触れもなく、いきなり二階の社長室にとびこむと、恰幅のいい佐藤信三社長は潔く取材に応じた。

「結局、結論から申し上げると、営業活動からスタートした入金でした」

――それじゃ、何故、問題になったんですか。

「取材活動でイヤなことがあって、公正な報道に影響を与えたからです。営業活動と報道活動の境界がアイマイになって、疑惑をもたれ、批判がでてきて、反省しました」

――それで、社長はじめ、役員の減俸処分をしたんですね。

「そこまでわかっているんですか。襟を正そうということです。スポンサー名なしの〝協力費〟を入金したことは反省してます」

――A記者を何故やめさせたんですか。

「就業規則にもとるようなことがあったからです。使いこみです。少額ですが、社内の規律に影響しますから」

――協力費として、電力会社から入った金額は？

「六十一年が千二百万円です」

――つぎの年は四ヵ月四百万円ですね。

「そうです」

――これは返そうとしたけど、相手が受け取らないので、広告費として処理したんですね。

社長は黙ってうなずいた。

――これからは……。

「広告の出稿要請は受けますが、原熱サイクルについては、中立、公正の立場からキチンと報道します。問題があれば書きます。社員もよく認識してくれていると思います」

協力費を受け取ってしまった側は苦悶しているようだが、支払った側は当然のことと考えているようである。窓口役をつとめた東北電力の守屋美比古広報課副長はこういう。

「スポンサー名の入らない企画記事は珍しいものではありません。デーリーさんの事情で、白紙にしてほしいとの話はありましたが、むこうがどう考えてのことかわかりません」

――記者が現場で「協力してやっているのに」と電力会社かいわれた、といってますが。

「感情的にいったことはあったんでしょう」

――おカネは電事連の資金？

「東京電力とうちとか……うちが窓口でまとめ役です」

――スポンサー名なしの協賛記事は『東奥日報』にも入ってますか。

「いまはありません。昔はありましたが……」

――両社への出稿量はどっちが多いんですか。

「『東奥日報』のほうでしょう」

――総額でどのくらいですか。

「それは答えなくていいでしょう」

『デーリー東北』の社是に、「あらゆる干渉と圧迫を勇敢に排除し……」とある。中間管理職七人のクビを懸けての追及は、この新聞社に自浄力があることを証明した。せめてもの救いである。この苦渋を乗り越えて、社是の「正義と自由に貫かれる純粋新聞道」に邁進してほしい。競合紙の『東奥日報』やほかの立地県の新聞は、同じ問題を抱えているはずだ。

八六年四月のチェルノブイリ事故は、一基の原発でさえ、地球規模で汚染をもたらすことを証明した。このことによって、日本の都会に住むひとたちも、ようやく原発の恐ろしさを肌で感じるようになった。

アメリカでの原発からの撤退は、本書のもとになった単行本（八二年、潮出版社刊行）の「あとがき」でも書いているが、ニューハンプシャー州の電力会社は原発を建設したものの、運転にはいれず倒産。ニューヨーク市郊外の原発の閉鎖も伝えられている。原発はいよいよ「幕引き」の時代にはいったのだが、ますます悪あがきをしているのが日本の政府と電力会社で、彼らの「解決策」は、昔どおりのカネと宣伝である。

先にふれた『デーリー東北』のレポートは、『週刊現代』(八八年五月七日号)に発表したものだが、このあと、その事実についてきいた新聞記者にたいして、電事連の安部浩平専務理事は、「メディアの活用の仕方の中で、名前を出さず、対価を期待せず、金を出して協賛するやり方はあるはずです」などと語っている始末である。

電事連は月一回、各全国紙および地方紙に二億円の全面広告を打つことを決め、「日本の原発は安全だ」とのキャンペーンをはじめた。原発は危険だが、日本のは安全です、という神風精神主義である。

政府も内閣広報室を中心にPRをはじめ、資源エネルギー庁も、「原子力広報推進本部」をつくった。これまでも、週刊誌や月刊誌には原発の政府広報が毎回掲載されているが、各省庁の広告費は二百三十五億円にも達し、このうち、百二十億円を占める総理府では、贈収賄のスキャンダルが発生している。

これまでのカネによる攻勢を電事連などは、「パブリック・アクセプタンス」(国民的容認)などと体のよいことをいっているが、もともと危険で事故つづきのものを安全だ、といいくるめる「大衆欺瞞」でしかない。

青森県六ヶ所村の核燃サイクル建設にあたって、東北電力は三沢市に常駐宣伝担当者を置いた。かつて、東電の情報収集は「TCIA」と呼ばれたりしたが、原発は立地住民の買収から、全国的な買収と情報操作にむかうようになった。

九六年現在、六ヶ所村では、ウラン濃縮工場と低レベル放射性廃棄物埋設センターが稼働し、フランスからの返還高レベル廃棄物がもちこまれ、国内の使用済み核燃料ももちこまれている。「東通原発」は二基建設が予定され、「大間原発」のATR炉は中止となったが、原発建設の動きはいまだ止まっていない。下北半島が、いまなおもっともキナ臭い地帯であることには変わりはない。

Ⅷ　核の生ゴミ捨て場はどこに？
人形峠、東濃鉱山、幌延

1　人形峠

ウランとともに生きる過疎化の村

瀬戸内海に面した岡山県と日本海側にある鳥取県をへだてているのが、中国山地である。標高千四メートルの人形仙が、南北に背中あわせになったふたつの県の県境にある。

いま、人形峠と呼ばれているのは、人形仙《せん》からすこし東に寄った峠で、一九五五年十一月、ここにウラン鉱の露頭が発見されてからである。地名がウランによって化けたともいえる。そもそも、人形峠の地名は、国越えの主要な街道筋になるこの峠に、化け物が居座っていたことからはじまっている。化け物に食われそうになった旅の人形遣いが、つづらから人形をだしての化けくらべ。化け物が九百九十九種に化けたのにたいして、人形遣いは千体の人形をだして応戦、ついに化け物が敗れて退散した、との伝説によっている。

これには、異説があって、峠に住んでいる一丈（約三メートル）もの大蜂を退治するため、ある僧が木の人形をつくることを提案、大蜂はその木の人形に何度も体当たりして息絶えた、ともいう。その人形が峠に埋められているとか。

さらに一説があって、隠岐へ配流される後醍醐天皇が、この峠を通り抜けていった。この時、地元の豪族が天皇を支援するために兵を起こし、兵力を誇示するためにワラ人形をたてた、ともつたえられている。あるいは、村境にたてられた魔よけの人形、とも考えられる。災厄を託して川に流す人形や呪いの人形もある。

ここに、原子燃料公社（現在、動力炉・核燃料開発事業団＝動燃）が進出してから、「打吼！」の地名が「人形峠」に化けさせられたのだから、魔よけの願いがこめられているのかもしれない。動燃は原子炉を「もんじゅ」や「ふげん」などと命名するほどに、縁起を担ぐのが好きで、祈り甲斐もなく事故を多発させては、馬脚をあらわしている。もんじゅの事故隠しなどは、その極めつきである。

人形峠は、かつて日本の原子力産業のメッカだった。ここで、天然ウラン鉱がはじめて発見された一九五五年に、原子力基本法が制定された。翌年、原子燃料公社が設立、六一年に茨城県の東海原子力研究所で国産ウランが製錬されている。このころ、原子力発電は、「クリーンエネルギー」とか「第三の火」などと喧伝され、バラ色の夢がふりまかれた。

いまでも人形峠をもつ上斎原村《かみさいばらそん》が、スキー、いで湯とならべて「ウランの村」を謳い文句にしているのは、その名残である。「採鉱、製錬、濃縮と原子力平和利用の基地として発展している」と村の文書に書かれている。

奇形の魚も発見——深刻化する放射能汚染

山林と原野が村の面積の九八パーセントを占める過疎化の村は、ウランとともに生きてきた。「五〇年代、国際基準の一万倍のラドンガスのなかでの苛酷な労働で、一〇〇〇人中六五人以上の肺がん死が推計された」と、核に反対する津山市民会議が発行した『ザ・人形峠』に書かれてある。

坑内で働かされていた労働者たちは、防塵マスクもつけず、被曝量を検知するフィルムバッチもなく、作業の危険性をまったく知らされていなかった。通気立坑が設置されたのは、一九八五年になってからのことだった。

このウラン鉱山の跡地が、核の生ゴミともいえる、高レベル放射性廃棄物の最終処分場として狙われている、ときいて、わたしはやってきた。津山市民会議の中心人物である石尾禎佑さんが、クルマで案内してくださった。

津山市から吉井川に沿って国道一七九号をのぼる途中、久田下原を通り抜ける。このあたりの水田地帯だが、建設省のダムの予定地とされ、反対派は三戸まで切り崩されてしまった。水没戸数四百六十戸、日本最大とか。

吉井川の水源は、人形峠にある。上流の核施設など現地にこないかぎり想像もできない。石尾さんによれば、奇形の魚も発見されているとか。つぎの日に乗ったタクシーの運転手もやはりおなじことをいっていた。

ウランの採鉱は、八八年に中止となったが、七九年には、ウラン濃縮パイロットプラントが、運転開始している。採鉱中止とともに、さらにウラン濃縮原型プラントが運転開始となった。いまは、このほかに、ウラン製錬転換施設も動いていて、あたかも深い山林に覆われた秘密工場のようである。木立のあいだから、辛うじて屋根だけがみえる濃縮工場に、静かに淡い紫色の煙がたちのぼるのがみえた。石尾さんによれば、煙ではなくダストだ、とか。

八八年に発行された、上斎原村の『村勢要覧』には、「原子力開発」との一ページが割かれ、「ウランとあゆむ」とあり、濃縮工場の俯瞰写真が掲載されている。それをみると、あたりは不気味な茶褐色の土に覆われている。ウラン残土であろうか。微量といえども放射性廃棄物に変わりはない。

ウラン残土は、動燃にたいして、人形峠を越えた鳥取県側でも問題化し、住民団体は、「自分で掘り出したものは持ち帰れ」と要求している。

上斎原村の「中津河《なかつごう》堆積場」に、ウラン残土がビニールシートをかぶせられているのをみたが、そのすぐ下に野菜のビニールハウスがひろがっている。信じられない光景であった。

もんじゅ事故の以前に人形峠で事故隠し

「もんじゅ」の事故のまえ、石尾さんなど市民会議のひとたちは、動燃人形峠事業所で事故隠しがあったのではないか、と追及していた。動燃側は「事故」ではなく「事象」だ、と回答している。もんじゅのときも、やはり「事象」と言い逃れたのはよく知られている。長い引用になるが、動燃の横暴な姿勢がよくあらわれているので、紹介したい。

動燃人形峠事業所ウラン濃縮施設の事故についての公開質問状

私たち（核に反対する津山市民会議）は、このほど動力炉・核燃料開発事業団人形峠事業所内のウラン濃縮施設における、一九九三年八月四日付の事故復旧のフローチャート等内部資料を入手致しました。

つきましては、貴職（動燃理事長）に対し下記のとおり質問いたしますので、十一月三十日までに文書でご回答ください。

記

1. 別紙の「CFPP原因究明及び対策スケジュール」では「不具合機一六八台」とあり、内容も「配管切断、撤去」「遠心機分解、再組立」等の記載があり、事故が大規模かつ深刻であった事を示しています。
　この事故の起こった日時及びウラン濃縮施設の施設名（運転単位等）及び内容を具体的に明らかにするとともに、図示して下さい。

2. これだけの大規模な事故は「動力炉・核燃料開発事業団人形峠事業所周辺環境保全等に関する協定書」第九条（通報）の(2)「施設に放射性物質及び弗素の使用又は取り扱いに支障を及ぼす故障があったとき」に該当し、岡山県等に通報するべきですが、なぜ「通報」しなかったのですか。

3. 濃縮工学施設は一九九三年二月に科学技術庁の施設検査が実施され、同年三月に合格証が交付されています。そして、五月中旬からホット試験がはじまったばかりです。また一九九三年度は八月二日から九月三十日まで定期検査が行われたようですが、普通、定期検査では「大規模な配管切断や遠心機解体は行われない」ということになっており、仮に濃縮工学施設で「定期検査」の名において、この度、明らかになった事故の復旧工事が行われていた場合は重大な問題となります。
　したがって、当時の濃縮工学施設における定期検査の内容を具体的に明らかにして下さい。

4．このような大規模な「配管切断や遠心機解体」を伴う復旧工事は、国の許認可または国への報告が必要ではありませんか。また「原子力施設の保障措置」の上からも大規模な「配管切断や遠心機解体」はＩＡＥＡ（国際原子力機関）等の核査察や封印など計量管理上問題ですが、この件についてＩＡＥＡ及び国にどのような報告をされていますか明らかにして下さい。（一九九五年十一月二十一日付、動燃・大石博理事長宛）

前略　寒冷の候、ご健勝のことと存じます。

さて、平成七年十一月二十一日付の質問につきまして、以下のとおり回答申し上げます。

1．について

人形峠事業所濃縮工学施設で、一九九三年五月から新素材高性能遠心機を使った実用規模カスケード試験を実施しておりますが、試験開始以来、配管切断、撤去は行っておらず、また、事故が起こった事実はありません。

濃縮工学施設では、プラント規模での特性把握や特性改良を目的とした試験が行われており、試験目的に応じて、所定の手続きを行い遠心機の点検（分解、調査）を行う場合もあります。実際、一九九三年八月から九月にかけて、そのような点検（分解、調査）を行っております。

2．について

「動力炉・核燃料開発事業団人形峠事業所周辺環境保全等に関する協定書」に定める通報に当たる事象はなかったので、通報は行っておりません。

3．について

一九九三年八月から九月の定期点検期間に濃縮工学施設において実施した主な作業は、法令に基づく電気設備の点検、高圧ガスの点検、設備の保守、点検です。この保守、点検とともに、試験目的からデータ取得のため、一部の遠心機について点検（分解、調査）を実施しました。

4．について

本件に関しては、国への所定の手続きに従って施設検査を受けています。また、配管切断や遠心機解体を伴う大規模な工事は行っておりません。本施設は従来から計量管理を適切に実施しており、更に国及びＩＡＥＡの定期的な査察を受け、保障措置上、何ら問題なく運転しております。

なお、当事業団の業務に対して、今後一層の御理解と御協力をお願い申し上げます。

草々

動力炉・核燃料開発事業団人形峠事業所
管理部総務課長　塚本豊
（一九九五年十二月八日付）

地元が了承すれば核廃棄物は持ち込む

木で鼻をくくったような答弁である。日本の原発の行き詰まりは、いまだ核廃棄物の最終処分場が決まっていないことにある。低いレベルとされているものは、青森県の六ヶ所村にはこばれたり、「浅い地中処分」されようとしているが、死の灰などの高レベルの猛毒の引き受け地はない。

候補地として、人形峠、六ヶ所村、北海道の幌延、岐阜県の東濃地区などがあげられている。九六年一月十六日、住民団体が科学技術庁と交渉した結果は、つぎのようなものだった。

Q．岐阜の超深地層研究所以外の岐阜県内は、高レベル最終処分場の候補地となりますか？

A．現在では岐阜県知事が反対されておりできないが、原子力長期計画のとおり、地元の了承があればでき、持ち込まないとはいえない。（科技庁原子力バックエンド対策室）

Q．青森県はどうですか？

A．現在では青森県知事が反対されており候補地にはできない。（同）

Q．岡山の人形峠はどうですか？

A．原子力長期計画に書いてあるとおり、地元の了承があれば候補地になる。（同）

Q．地層処分の実施主体は例えば「日本原燃㈱」のような形ですか。それとも動燃を解体した「廃棄物管理公社」のようなものですか？

A．検討中である。（同）

つまり、地元が了承すれば、どこにでも持ち込む、との見解である。

上斎原村のウラン濃縮実証試験は、九七年で終わる。これまで、千人たらずの村に、「電源立地促進対策交付金」が、六十五億円もはいっている。「毒まんじゅう」ともいわれているカネで、一度もらうと、もっとほかの核施設を要求するようになるのは、ほかの原発立地自治体でも共通のことである。

「平成十一年まではまだ試験は残っとる。あとはどうなるかわからん。工場の人間が減るのが、いちばん困るんじゃ」

舌ガンの手術を受けたという小椋一範村長は、話しにくそうに語った。事業所で働いている五百人のうち、半分が動燃の職員。残りの二百五十人のうち百人は、三菱、東芝などからの出向者。百五十人が「人形峠原子力産業」の社員。

とはいっても、この会社は村の一〇〇パーセント出資で、社長は小椋村長自身である。社員は村民。仕事は、警備や清掃や食堂、ボイラーなどの保守。村長自身が「口入れ屋みたいなもんや」といったにしても、原子力は、村の基幹産業である。年に一千万円の利益をだしている。

動燃とは、四十年の付き合いになっているのであとになにかもってきてくれる、「ハイさよならはしない約束になっている」が、水がないのがネックになっていて、「原発などの原子力産業はむりや」と、村長は諦めているようだ。

「最終処分場はどうですか」と水をむけると、「現段階ではいえない。危険ではないと思うが、住民には話せない」とまんざらではなさそうだ。村の基幹産業の命運がかかっている。規模が縮小されるのは覚悟しているが、とにかく、交付金の下りる事業を期待している、とか。

「原燃産業は、東日本は六ヶ所村、西日本は人形峠。こっちは原発、再処理工場はむりだから、やるとすれば最終処分場ぐらいになってしまう。ただ、処分場は名が悪いんで、県民の理解がえにくい」と小椋村長は動燃のような口調になった。

村の店などできいても、たいがい無関心だった「四十年の付き合い」のせいかもしれない。

人形峠には、いまもう一度、人形をたてる時のようだ。核廃棄物という名の悪魔ばらいのために。

2　東濃《とうのう》鉱山

テレビニュースとともに突然やってきた

「研究施設なら、もっとはやくから発表していてもよかったはずだ」

奥村敏男さん(61)の疑問である。

岐阜県瑞浪《みずなみ》市明世《あけよ》町月吉《つきよし》地区の区長である奥村さんが、自分たちが住む地域に、「超深地層研究所」がつくられる、と聞かされたのは、テレビのニュースによってだった。きょう、動燃と市や県が、受け入れに関する協定をむすぶ、という。九五年八月二十一日、東京で、動燃(動力炉・核燃料開発事業団)が、マスコミに発表したのだが、それまで地元のひとたちには、秘密にされていた。住民にとってのいい話なら、前宣伝もなく電光石火、いきなり隙をついてやってくるはずはない。

発表によれば、「超深地層研究所」は、放射性廃棄物処理の基礎研究をおこなう施設、という。深さ一千メートル、直径六メートルの大型坑道を掘る。建設費は二百億円、運営費は二十年間で、四百億円。これほど巨大な事業が、地元に知らされず、いきなり協定に持ち込もうとされたなら、誰でもその中身を疑って当然である。

「放射性廃棄物は、持ち込まない」と動燃は弁明した。が、地元から猛然とした抗議の声があがったため、その日予定されていた協定締結は中止となった。

瑞浪市、土岐《とき》市、多治見市などに、「東濃研究学園都市」構想というのがある。陶磁器の産地として発達してきたこの東濃地方の西部に、東京電力をはじめとする全国の電力会社や電機メーカーによる、核融合、超高温材料や超高圧、無重量など、極限環境の研究施設を建設しようというものである。

わたしは、ここにやってきて、研究学園都市が、各廃棄物の最終処分場にされる疑いが強い、ときかされても、「学園都市と処分場」、この奇想天外な結びつきをただちに理解することができなかった。

しかし、学園都市といいながら、そこは三市一町にわたる、未開の丘陵地帯であり、地下にウラン鉱床がひろがる地域である。その一角にある、東濃鉱山の跡地に、高レベル放射性廃棄物の処分方法を研究する、「超深地層研究所」がつくられようとしている。

八月二十一日の発表が、翌日の新聞に掲載されたあと、動燃から区長の奥村さんに、「地元の方にご説明したい」との電話がかかってきた。

公民館でおこなわれた説明会には、月吉地区百五十戸のうち百戸が集まった。市の幹部たちと動燃の幹部がやってきたのだが、市長は「いまから説明していただきますから」と動燃を紹介しただけで、まるで露払い役だった。

その日の集会は、動燃側の「最終処分地にしない」との説明に対して、「どうしてそんなことをいえるのか。処分主体者は二〇〇〇年にならないと決まらないではないか」などの住民の意見があいつぎ、「科学技術庁長官の覚書をもってこい」と奥村さんがまとめて散会した。

市役所を定年で退職したあと、特別養護老人ホームではたらいている、という奥村さんは、剛直な性格のようで、正確な話し方をされる。しかし、これまでは、原発のことにはまったく無関心だった、という。

「ガラス張りではない」と地元住民は不信感

動燃の前身である原子燃料公社が、このあたりで、本格的にウランの探鉱をはじめたのは、一九六三年からだった。その前年に、ウラン鉱の露頭が発見されていた。日本も本格的な原子力時代にはいるとの見通しにもとづいての調査だったが、二年後の六五年には、今回問題になる、月吉鉱床が発見されている。埋蔵量は三千百トン。東濃地域のウラン鉱床群の四千五百トンの半分以上を占めている。

ウランの埋蔵量は、東濃地区だけで日本の七〇パーセントを占め、期待されていた。動燃は住民の土地を十四ヘクタールほど買収して、東濃鉱山を設立した(七一年六月)が、ついに操業することなく終わっていた。高品位で安いウランが、輸入できるようになったからだ。

八九年六月、隣接する土岐市の住民が、休業状態の東濃鉱山で、放射性廃棄物を地層処分するための基礎実験がおこなわれている、として反対運動を起こしたことがあった。が、そのころ、最終処分場の候補地として、幌延《ほろのべ》、釜石《かまいし》、人形峠があったため、話はそれっきりとなっていたのだった。

「超深地層研究所」は、かつて反対運動があった土岐市を回避する形で、それでもなお、市境を越えてすぐそばの瑞浪市にやってきたのである。

最終処分場の候補地とされていた釜石では「地下研究施設」といわれ、幌延では「貯蔵工学センター」である。青森県六ヶ所村につくられることになった、濃縮ウラン工場や再処理工場が、かつて、「巨大開発」を隠れみのにしていた歴史は、わたしたちがよくみてきたところである。

いま、高レベル廃棄物は、暫定的に六ヶ所村にはこばれているが、それもはじめは、低レベルのものだけが埋設される約束だった。引き受け手のない原子力の施設は、いつも姿を変えて現れる。嘘が当たり前になっているのもまた、わたしは各地でよくみてきた。だから、奥村さんたち住民の疑惑を、けっして考えすぎとは思えない。

九五年九月、動燃は月吉公民館で、第二回説明会をひらいた。高嶋瑞浪市長は、科学技術庁の原子力局長の回答書と市が動燃とむすぼうとしている協定書の原案をもってきたが、奥村さんは、約束した科学技術庁長官の誓約書がない、と席をたち、ほとんどの住民がそれに追随して退場した。

その後、科学技術庁長官の「高レベル放射性廃棄物の処分場にするものではない」との回答書が届き、それとおなじ趣旨の県知事、瑞浪市長、土岐市長と動燃との協定書がむすばれたが、奥村さんは警戒をといてはいない。

「なんの情報も提供せずにやろうとしているのがおかしい。ガラス張りではない。動燃の所長は、研究が終わったら埋めてもいい、なんていっている。六千億円もつかうのに。それでよけい信用できない」

と、彼は語気を強めた。

奥村さんの思想は、自然のリズムを壊すのは犯罪行為、というものである。人間は自然のなかで生きている。放射性廃棄物など、自然の破壊物である。「孫子に生きざまをみせる」それが、区長としての覚悟である。

地下千メートル、さながら秘密工場

奥村さんとおなじ月吉地区で農業を営んでいる加藤徳男《のりお》さん(64)は、ずんぐりした、小柄な体軀で、大きな声で話し、しかも早口である。若いころから、木材をあつかっていたため、このあたりの山は寝床のように馴染みぶかい、とか。自力で耐火レンガ工場の公害とたたかって、行政とやり合った経験もある。いまは、原子力、とりわけ、核廃棄物の地層処分についてよく勉強しているようで、隣の部屋から、資料をいっぱい詰めこんだ、大きなビニール袋をひきずってきた。

加藤さんに案内していただいて、「研究所」の予定地をまわった。研究所といっても、千メートルの立坑を掘る現場である。クルマが軒先をこするような細い、曲がりくねった道の月吉の集落を越えて、すこし山に登る。ちいさなトンネルをくぐり抜けると、すこしひらけた土地に、白いシートでぐるぐる巻きにされた塔が建っているのがみえる。「正馬様《しょうまさま》鉱業用地」と書かれたまだ新しい立札が立てられている。正馬様とは地名だが、いまだに、鉱業用地などといっているのが腑に落ちない。

その塔の下に、地中深く立坑が伸びている。人家から二百メートルほどしか離れていないところに、あたかも秘密工場のように、厚いシートにくるまれ、密閉された建物があるのが異様である。

「地下の処分場は、二キロ四方、といわれているんで、人家の下にできるかもしれない」

と加藤さんは、不安そうな表情になった。七年前（八九年）、ここで地層処分の実験をしていたことが発覚したとき、キャニスター（金属製の核廃棄物保存容器）の腐食研究がされていたこともあきらかになっている。

「動燃は最終処分場にはしない、といっていても、彼らに決定権はないはずだ。インチキをこまかくやって、たらすつもりだ」

加藤さんは、鋭くいった。たらかす、とは「ごまかす」の方言である。もんじゅの大事故でさえ、「事象」などといいくるめようとしていた動燃のやり方にたいして、住民の不信感は強い。

九五年の暮れ、御用納めの日を狙って、県や市と協定書をむすんだ動燃は、九六年にはいると、さっそく市内各地でボーリング調査をはじめた。ところが、瑞浪市はこれを「上水道の未給水区域解消のためだ」と称している。おためごかしというべきものだが、たとえばそれは、長いあいだ、道路が不便だった地域に、「道路をつくってあげる」といって原発を押しつけたこれまでの歴史とおなじやり口である。

九六年になって、にわかに浮上したのが、東濃地域への「首都機能移転」である。岐阜県は、県庁に対策室を設置し、経済団体と官民一体の協議会をつくった。一極集中解消のためだが、県は国会や裁判所を誘致するとの意気込みである。

建設省出身の梶原知事は、首都移転にともなって、「東濃地域はエネルギーを中心とした技術開発をめざす」としている。新首都移転（その一部）のエサが、原子力施設との引き換えにならないかどうか、と加藤さんは心配している。

「国会移転など、毛鉤だよ」

と、彼は笑いとばした。これまで、自治体が原子力施設を誘致するときの引き換え条件は、新幹線だった。長崎県が原子力船「むつ」の修理を引き受けた条件がそうだったし、青森県が核燃料施設を引き受けたのも新幹線が欲しかったからだ。その毛鉤が、こんどは、国会議事堂の形をしている、とは豪勢だ。

科学技術庁の幹部は、こう語っている。

「処分地を押し付ける、引き受けてもらう、という発想ではもう限界ではないか。首都の移転とセットにして、最終処分場もつくる覚悟で挑まないと……」（『日本経済新聞』九五年八月二十一日）。

既成事実を積み重ねる政治手法

加藤さんは、正馬様鉱業用地のあと、わたしたちを第二立坑に連れていった。正馬様のほうは排気坑で、第二立坑が千メートルのアクセス坑道となる。三十メートル以上の櫓がすでに建てられている。これもまたシートですっぽりと覆われていて人気がない。

動燃の処分施設の基本レイアウトによれば、千メートルの地下に、二千百五十×二千五百メートルの面積が展開され、処分坑道が並列して置かれる。エレベーターでキャスク（ガラス固化の輸送容器）が降ろされ、地底の自走式車輌にひきわたされる。加藤さんの不安は、これだけの装置が、はたして、実験だけで御用済みにされるものか、である。

いま、各地の原発に貯蔵されている使用済み燃料は、二万二千体にのぼる。「トイレなきマンション」としての原発は、みずから吐きだした汚物にとりまかれている。処分地の決定は、二〇一〇年ごろといわれているが、六ヶ所村に建設予定の再処理工場の見通しもたたず、核の生ゴミの落ち付き先はどこにもない。

六ヶ所村にはこばれている、高レベルの廃棄物は、三十年から五十年の管理期間のあと、最終処分場にはこぶとされているのだが、最近では、元動燃の主任研究員や日本原子力研究所の相談役などが、「地層処分はまだ技術的に不安定で、急ぐべきでない」と提言している。科学技術庁はさかんに、「地元の了解が得られなければ、処分地にしない」といっているが、これは逆にいえば、「了解が得られればやる」ということを意味している。

スイスやスウェーデンでは、処分地に予定された地域で、住民の反対が強まっている。ここでも、「住民の理解」が実行の最大の突破口にされている。

原発推進派の鈴木篤之東大教授は、「放射性廃棄物問題は優れて社会的問題である」（『電気新聞』九五年十二月十八日）と書いている。ここでの社会的問題とは、「地元の理解」ということであり、地層や岩盤の問題ではない、との見解である。

試験地がそのまま処分地にされるのではないか、それが東濃地区のひとたちの共通の不安である。日本の政府は、既成事実で踏みつぶしてくるのを常套手段としている。既成事実を強引につくり、あとは時間をかけて、諦めさせる手法である。「地元の理解」とは、そのことを指している。

五九年八月に報告された、原子力委員会の「放射性廃棄物処理処分方策について」には、つぎのように書かれている。

「五五年報告書においては第二段階（有効な地層の調査）の終了時に試験地の選定を行うものとしているが、この試験地はその後の研究開発の結果が良好であれば処分地となり得るものであることから……」

ここに明確に、試験地が処分地になり得る、とある。試験地は相対的に条件のいいところを選ぶのであろうから、それは当り前のことである。ただ、住民対策として、はじめはその事実をいわないだけのことである。

とすると、月吉地区が、全国でもっとも条件のいいところかどうか、が問題になる。

動燃東濃地科学センターの山川稔副所長はこういう。

「たとえ、地層が悪くても、人工バリアで対処できます。自然バリアと人工バリア、この多重バリアのあわせ技でやれるのです」

人工バリアとは、廃液をガラス固化した「固化体」、それを入れる容器「オーバーパック」、そのまわりをとりかこむ「緩衝材」の三つからなる。たとえば、地層の条件が七〇パーセントだとすると、あとの三〇パーセントは人工バリアで救える、との考え方である。

「まあ、活断層の上に設置するというのでは、クレージイですが」

と山川さんは自信を示した。しかし、ちかくには、月吉断層が控えている。前出の報告書にはこうも書かれている。

「……岩石の種類を特定するのではなく、むしろ地質条件に対応して必要な人工バリアを設計することにより、地層処分システムとしての安全性を確保できる見通しが得られた」

つまり、「放射性廃棄物問題は優れて社会的問題である」。住民がノーといいつづけている限り、そこにはつくれない。それでもなお、強引につくろうとするなら、それは民主主義の破壊である。

3　幌延町

貯蔵工学センター計画

札幌から北上すること三百キロ、日本最北の町、稚内市にちかい、幌延町の名前が知られるようになったのは、八四年、町議会が「原子力関連施設」の誘致決議をしてからである。

幌延の地名は、アイヌ語のポロ・ヌブ（大平原）の転訛したものである。大湿地帯と牧草地とともにある、この人口三千三百人ほどの過疎の地を、突如として浮上させた原子力関連施設が、放射性廃棄物の「貯蔵施設」であったことが、遠隔地としての地理的条件ばかりか、泥炭地としての地層的条件が災いして、長いあいだ中央から見捨てられてきたことを示している。

八四年四月、『北海道新聞』は「高レベル廃棄物　幌延町に施設建設へ」の大見出しを立てた。翌月、動燃が発表した「光学センター計画」には、貯蔵パイロットプラントに、約二千本のガラス固化体を貯蔵し、「増大に伴い逐次実用化への道を進めることになります」と書かれてある。しかし、そのどこにも「放射性廃棄物」の文字はない。

あるのは、「エネルギー資源（ガラス固化体）」との表現で、「貴金属等の有用元素を含む資源として有効利用する」「地域に密着した産業を新たに作り出し、地域振興の柱とすべく逐次事業化を図る」などである。

このように、地域にとって、まるで貴重な工場であるかのような表現でいいくるめてまで、もっとも危険な高レベルの放射性廃棄物をはこびこもうとしたのは、住民をバカにしていた、としか考えられない。動燃特有の秘密主義である。

動燃は、三カ月後の八四年八月、「貯蔵工学センター計画の概要」を発表した。ここでようやく、持ち込もうとしているのが「放射性廃棄物」であることを認めている。

「安定な形態に固化し、処分に適する状態になるまで冷却のための貯蔵を行い、その後地層に処分することを基本的な方針とする」

冷却のための貯蔵期間は、「三〇年間から五〇年間程度」と書かれているが、千メートルの地下に埋設した放射性物質を、もういちど地上にはこぶ方法やコストは書かれていない。また、「処分については海洋処分と陸地処分を併せて行う方針とする」とあるのも、このころのいい加減さを表している。

それより一年前に道知事として就任していた横路孝弘知事は、この問題にたいしていちはやく「反対」をうちだし、道議会も九〇年七月になって、自民党を除く全会派で、反対を決議した。これで「幌延問題」は引導を渡された、と思われていた。

しかし、原子力産業界は、処分場の建設は、東西二カ所にしたい意向である。西は人形峠（岡山県）か東濃地区（岐阜県）、東は幌延か六ヶ所（青森県）が有力候補地である。わたしの疑問は、はたして、幌延の線が消えてしまったのか、ということにあった。それを確認したいがために、まず幌延町長を町役場に訪ねることにした。

過疎化の町の苦しい選択

幌延町の庁舎は、三階建てながら、堅牢な殿堂として偉容を誇っている。ここに至るまで広大な牧草地帯と酪農家の廃屋を眺めてきたものにとって、忽然と現れたヨーロッパ風のファサード（正面）には、意表を衝かれる想いがする。左右四本の花崗岩の巨大な円柱が、二階まで覆う玄関の屋根をしっかりと支えている。壁は薄い茶色の煉瓦づくりで、特注されたことを示している。

眼をみはらせるのは、右手、屋上のうえにそそり立つ、緑の八角屋根の塔で、あたかもあたりを睥睨するかのようである。総建築費は、十五億円とか。

この館の主は、身長百八十センチ、体重百十五キロの巨漢、サスペンダーで3Lのズボンを吊った上山利勝町長(68)である。巨体に似て豪放磊落ともいえるが、彼が語る放射性廃棄物誘致に至るまでの前史は、いささか物悲しい。

「終戦以来、いろんな企業誘致をやってきたけど、どこも乗ってくれなかった。いまあるのは、雪印の工場だけ」

札幌にあった、皮革鞣し工場が追い立てられていた。それを誘致しようとしたがよそに取られた。三菱自動車の耐寒テストコースも誘致でがんばってみたけど、駄目だった。

「五百町歩ぐらいくれてやる、といっても、マイナス三十度、積雪三十センチじゃ、どこもこない。高速道路もないし、稚内飛行場は機能を果せない、フェリーが着く港もない」

まるで、ないないづくしである。その苦境を一挙に解決しようとした打ち出の小槌が、過疎地を狙う原子力である。原発、原子力船「むつ」の母港、そして低レベル放射性廃棄物施設の誘致。が、鞣し革工場の誘致失敗でもそうだったが、どこからも嫌がられそうなものでさえ、幌延にはこなかった。

上山町長は、科学技術庁長官だった故中川一郎と親しかった。ウルトラ政治集団、青嵐会の同志だった、とも伝えられている。町議会の議長だった上山町長が、中川と話し合って、「原子力関連施設」の誘致を議会で決議したのである。

サハリン（樺太）の首都ユージノ・サハリンクス（豊原）で生まれ育った上山町長は、中国戦線に応召し、捕虜となってシベリアに送られ、ウラジオストックの収容所に三年間いた、という。晴れた日には、雪に覆われたサハリンの白い山が、宗谷岬からすぐ目の前に見える。海上四十キロ、ひとまたぎの距離ともいえる。

この辺境の地に住むひとたちが、とにかく過疎化から脱却したい、との想いで蛇蝎のごとく嫌われている放射性施設まで引き受けようとしたのは、悲しい選択といえる。

「貯蔵」かそれとも「最終処分」か

八二年には、すでに低レベル施設建設の候補地にあげられていたが、そのころは高レベル廃棄物の処分場にも予定されていた。

あたかも企業に振られつづけてきた挙げ句のやけ酒のように、幌延町の政治家たちが、廃棄物で町おこしをしようとしていたのだが、彼らにとって、八三年一月の中川一郎の札幌での自殺と、同年四月の横路知事の誕生は、動燃が受けた打撃とおなじほど大きかったようだ。

もたもたしているあいだに、周辺の自治体の推進派議員はリコールで敗退し、反対決議が議会を通るようになって、幌延町は政治的に孤立することになった。

それでも、上山町長は意気軒高である。

「国の将来のためにやらなければならない仕事だ。貯蔵工学センターは、固定資産税だけでも何億円もはいる。景気にも左右されない」

幌延の「貯蔵工学センター」構想は、東濃の「超深地層研究所計画」に横取りされた、と上山町長は、すこしムッとした表情でいった。本来なら、むこうよりこっちがはやくすすんでいるはずだ、との想いがある。

が、まだ幌延が見捨てられたわけではない。町長の期待は、原子力委員会が九四年六月に発表した「原子力の研究、開発及び利用に関する長期計画」にある。そこには、こう書かれている。

「動力炉・核燃料開発事業団が北海道幌延町で計画している貯蔵工学センターについては、地元及び北海道の理解と協力を得てその推進を図っていきます」

研究センターと貯蔵が、錦の御旗である。あくまでも、タテマエは「貯蔵工学センター」である。東濃地区とおなじように、「工学」などと「研究」機関の名称がつけられている。たしかに研究はされるだろうが、「貯蔵」のウエイトが高いことにはまちがいはない。

たしかに、「貯蔵」と「最終処分場」は別問題だ。という理屈はありうる。上山町長は、研究機関だから安心だ、この町にもアタマのいいひとたちがいっぱいやってくる。それが町を発展させる。まだ最終処分場と決まったわけではないから心配ない、と安心した表情でいう。

原子力センターの前述の「長期計画」によれば、地層処分の手順は、つぎのように書かれている。

「実施主体は、地層処分の候補地として適切と思われる地点について予備的に調査を行い、処分予定地を選定し」「実施主体は地元にその趣旨を十分に説明し、その了承を得ておくものとします」

ここでいわれている処分事業の実施主体は二〇〇〇年を目安に設立を図る、とされている。まだ生まれてもいない子どもに、危険な財産を相続させることを決めているようなものである。が、それでもアッケラカンとしているのは、いまやらせている「動燃」を主体にするつもりであることを示している。

「次に実施主体は、実際の処分地としての適性を判断するため、処分予定地において地下施設による所属サイト特性調査と処分技術の実証を行います」

とも書かれている。

特性調査と処分技術の実証をおこなっている地域が「処分予定地」ということになる。これまで、動燃側は、「調査するだけだ。処分地にするわけではない」と地元の住民にたいして繰り返してきたが、いま地下一千メートルにもおよぶ地層を調査しようとしているのは、東濃地区と幌延だけである。これ以外にも、密かにやっているところがある、というのだろうか。

まして、「貯蔵工学センター計画の概要」によれば、建設費は、当初の十年間で約八百億円、と見込まれている。これは十年前の数字で、いまではすくなくみても、一千億円は超えるはずだ。それだけの大金をかけた施設を、そのまま打ち捨てるというのは、税金のムダ遣いというものである。

研究の既成事実をつくっておいて、あとから、本体を押し込むのは、たとえば、測量だけ、水質調査だけ、といいながら、原発をつくってきた実情の踏襲である。貯蔵だけ、といっても、一度埋設した放射性生ゴミを、またエレベーターに載せて、どこかへはこぶなど、マンガでしかない。

もしも、その作業を人間にやらせるとしたら、ほとんどが、チェルノブイリの消防隊のような運命になる。ロボットにやらせる、というなら、そんな精巧なロボットを開発するのには、また巨額な資金を必要とする。

とにかく、幌延問題は、最初の「工学センター計画」のように、あるいは「もんじゅ」の事故報告のように、デタラメな作文に終始している。

地元の産業界に「誘致期成会」

八重樫建設の社長、八重樫清さん（52）は、幌延町建設協会会長の肩書のほか、もうひとつ重要な肩書を持っている。「幌延町原子力関連施設誘致期成会」の会長である。この会は、十四、五年前に結成されたという。いま会員は自然減で一千人ていど、という。もしそれが正確な数字だとしたなら、全人口の三分の一を占めることになる。

岩手県黒沢尻（現北上市）出身の祖父は、留萌に身を落ち着け、柾屋（屋根屋）になっていた。父も柾屋だったが、八重樫さんが九歳のとき死亡。彼は長じて国鉄で列車を入れ替えさせる構内手になっていた。戦争がはじまって、満鉄に移った。北朝鮮との国境、清津で、やはり構内手を務めていた。

戦後は留萌にもどって建設業をはじめた。幌延にきたのは、七七年である。「貧乏して流れてきた」と八重樫さんは笑っていた。もと町長だった佐野清が知人で、彼に幌延に同業者がいないから来いよ、と誘われてやってきた。いまでは町内の業者は、二十二軒ほどになったが、長老格の八重樫さんが業界の会長に就任している。「原子力施設」は、佐野町長、上山議長のコンビで受け入れが決められたのだが、八重樫さんは、ずっと村の政権にちかいところにいた。

「期成会はどんな活動をしてきたんですか」

「年に五、六回の先進地見学」というのが、八重樫会長の答えである。これまで彼が足を運んだ見学地は、東海、六ヶ所、敦賀、釜石、東濃、福島などである。

「わしらには、見たってよくわからない」

と、正直である。

「工事がはじまると、何千億円も動く。われわれはジョイント・ベンチャーの下請けでいい。草採り、下水掃除だって、仕事があればいいのさ。いま反対している隣接町村だって、工事がはじまれば助かるんだ」

単純明快な論理である。なにしろ、安全性については、政府が保証しているのである。

幌延にきてみてよくわかったのは、あれだけ騒がれていた最終処分場が、その後、鳴りをひそめていたとはいえ、まだ息の根を絶やされたわけではなく、しぶとく機会を狙っていることである。

中心街にある絢爛たる町役場のすぐそばには、どこの原発地帯にもある、ショーウインドーとしての「ハイテクランド」なるものが常設されていて、子どもたちを集めている。その二階には事務所があって、九人もの職員が常勤して、周辺地域のPR作戦に動き回っている。部長は単身赴任とかで、東京の自宅に帰っていて、不在だったのが残念である。

四百ヘクタールという土地を提供するという住民の自宅へ行ってみると、周囲にはバラ線が張りめぐらされ、門には「立入禁止」の札。民家に「立入禁止」の赤いステッカーが貼られているのは、珍にして妙である。

門のそばには、ちいさな小舎があって、なかを覗き込むと、制服姿のガードマンが二人、緊張した表情で迎えた。「民家に警備員、ヘンですね」と声をかけると、若いほうのガードマンが、「なんも、お答えできません」と突っ張っている。

反対派の、たったひとりの町議である、川上幸男さんは、「絶対やってこれない」と、楽観している。すぐそばは幌延断層が走り、土を掘ると水位が高い。かつ地下水は四十五度もの高温である。地層的条件から考えると、ここに処分場をつくることなど、到底不可能なのだ。それでも、やっぱりここにつくろうとするのだろうか。

この辺境の地で起こっていることに、もっと警戒すべきだ、というのが、わたしの結論である。

Ⅸ　住民投票の勝利、１９９６年８月　巻町

日本海に面した巻町の駅前旅館の蒲団のなかで、わたしはそこからすこし西へ下がった、やはりおなじ新潟県の柏崎原発のことを考えていた。原発というよりは、反対運動のことで、もう二十五年も昔のことになる。あのころ、どこの旅館に泊まっていたのか、それを思い出そうとしていたのだが、まったく記憶にない。

柏崎原発反対運動は、西の愛媛県伊方町の反対運動と並んで、七〇年代の住民闘争のなかでもよく知られていた。わたしもよく訪ねて、冷雨や雪をついて駆けまわっていた市内や刈羽村の若ものたちや住民に、いまでも懐かしい想いを抱いている。巻町でも、そのころ、若者たちの運動がはじまっていたようで、わたしも一緒にいこうと誘われたりしていたのだが、ついに今回まで訪れる機会がなかった。

巻町にやってくる一週間ほどまえ、わたしは「労働ペンクラブ」のメンバーとともに、柏崎原発を見学していた。すでに六号炉の建設もすすんでいて、ここは若狭や福島につぐ原発密集地帯となっていた。

原発地帯のどこにでも建っている、これみよがしな「展示館」の三階からは、三号炉の建屋と建設中のクレーンの先端が辛うじてみえるだけだった。手前はすっかり松林に覆われている。何年まえだったろうか、柏崎原発反対同盟の代表だった芳川広一さん、このあたりから、深く掘りこまれた一号炉の炉心の工事を見下ろしたことがあった。彼は「みたくもない」といっていたのだが、わたしにみせるべく、クルマを運転して連れてきてくださったのだった。

かつて、行商人が通り抜けていったり、デモ行進があったりした海沿いの道は、原発敷地内の道路となって残されていた。外部と遮断され、囲われてしまったその道を、わたしは電力会社が準備したバスの窓越しにみながら、失われた刈羽村のひとたちの生活を想い起こしていた。

巻原発の「建設予定地」を案内してくださったのは、遠藤寅雄さん(49)である。東北電力が巻町に四基の原発を計画しているのは、一九六九年六月、地元紙の『新潟日報』が最初に報じて浮かびあがったのだが、まだ二十代はじめだった彼は、建設反対のビラをつくっては、町から七・五キロほど離れた予定地「角海浜《かくみはま》部落」にはこんでいった。

遠藤さんは、地元に残って配管屋で働いていた。新潟や東京の大学にはいっていた中学校の同期生たちと、「巻原発をつくらせない会」を結成して、休みになると、バスで角海浜へでかけていった。朝のバスでいくと、帰りのバスは夕方までなかっ

た。まだクルマをもっているひとはすくない時代で、バスが唯一の交通手段だった。何カ月かたつと、漁師たちの網を揚げるのを手伝ったり、家のなかにはいりこんで、お茶をだしてもらうようになった。

　そのころ、まだ十三、四軒の家が残されていたが、住んでいるのは、八戸に老人と子ども十二人ほど。過疎化がすすんでいたのだった。

反対派が「土地を売ってくれ」

　東北電力は、巻とほぼ同時に、女川《おながわ》原発（宮城県）の計画を発表していた。まだアメリカでのスリーマイル島の事故が発生していなかったので、たいがいのひとたちは原発に無関心だった。そのころ、「角海浜原発」といわれていた計画にたいして、巻町のひとたちは山のむこうの出来事と考えていた。市街地から海岸へでるのには、峠を越えなければならなかったからだ。

　遠藤さんたちは、ガリ版刷りのビラを抱えて、角海浜から一キロほど北隣の五ヶ浜に通いつづけていた。七〇年八月、五ケ浜部落の九九パーセントのひとたちが、「原発反対」に署名して、「五ケ浜を守る会」が結成された。当時七十歳だった阿部五郎治さんの短歌が遺されている。

現世《うつしよ》の自然の生命も切断《たた》るらむ角海原発　防がざりせば
悔ゆるとも後まで効なき禍根かな今ぞ奮起《たた》む原発阻止に

「五ヶ浜を守る会」がつくられて間もなく、「太七さん」と屋号で呼ばれている阿部さんに、遠藤さんは、いきなり、囲炉裏越しに切りだした。

「太七さん、おれに土地を売ってくれ」

「そうけ、だが、おれの土地は、海の中にあるかも知らんぞ」

「それでもいいんだ。権利だけでもいいっけ。おれはおれを原発から逃げらんねえようにしてんだテ」

　一坪運動、とはまだ考えていなかった。遠藤さんは、土地に自分を縛りつけたかった。そうしないと、運動からズリ落ちてしまいそうな不安があった。土地買いのブローカーたちが暗躍しているときに、「土地を売ってくれ」と頼むのは、行為としては彼らとおなじことで、精神的に抵抗感が強い。それに双方の信頼感をみきわめ切れないと、いいだせるものではない。

　大衆的に盛りあがった柏崎原発でさえ、それをしていなかった。農民の反対運動が強ければ、なにも支援者などが、反対派の土地を買いまわる必要はないからである。

　阿部さんが、「海のなかにあるかも知らんぞ」といったのは、このあたりは、海岸決壊がいちじるしく、土地が海のなかにもぐってしまうのは珍しくなかったからである。

　測量した結果、阿部さんの土地、五十一坪は、三号炉の予定地のまん中にあることがわかった。遠藤さんたちはそれを七一年十月に譲り受け、七人で登記、「共有地主会」をつくった。ちかくの浜の住民たちにも会員になってもらって、登記簿に名前のでない「契約者」を拡大することにした。こうすると、運動もひろがり、登記人以外にも権利者が発生して、電力会社の買収が困難になる。一石二鳥だった。

「町有地」をめぐる攻防

　海岸線に沿った町道は、柏崎原発でのように、行き止まりになっているのだが、柏崎とまったくちがうのは、ここに原発が建つ見通しがないことである。というのも、道の下の砂浜に、「ようこそ！　鳴き砂の浜へ」と大書された小屋の屋根がみえる。それが、遠藤さんたち「共有地主会」が運営している角海浜の浜茶屋で、夏は小屋を中心に、このあたりが海水浴場となり、キャンプ場となって賑わう。この小屋がある限り、原発も建設には着手できない。

　その日は、くもり空で、すぐむかいにみえるという佐渡島を望むことはできなかった。天気がよければ、左手に米山や日本アルプスの雪嶺がみえる、という。角海浜は、三方、山に囲まれた、いわば隠れ地のようなちいさな浜で、秘密が好きな電力会社が狙いそうな地形である。背後まで山が迫っていて、このせまい一郭に、かつて二百戸以上の集落があったとは、とても思えない。「海岸決壊」によって、村の土地が海に浸蝕されてしまったのだ。

　一八九六(明治二九)年に、千百十九戸五百四十二人の記録(角海浜総合調査報告書『角海浜一九七四』)がある。遠藤さんによれば、すこし海へはいれば、いまでも井戸枠が遺されてある、というから、集落の三分の一ほどは水没したことになるのだろうか。かつての角海浜の集落が終わるあたり、西隣の間瀬にむかう径《こみち》が岩場の上を通っている。このかそけき道を、波のしぶきを除けるようにして、往還していた村人たちの姿がみえるようである。

　ブローカーに土地はほぼ買い占められ、七四年の夏、ついには閉村式がおこなわれた。いま、あたりには、東北電力の「立ち入り禁止」の高札が立てられている。一号炉の建設予定地のすぐうしろに、金網に囲まれて、墓石が一基残っている。まだ比較的あたらしい墓石である。古くからのものは、深夜、巻町に住む持ち主の玄関先に運びこまれた、というから奇怪である。誰かの嫌がらせなのであろう。この土地は、檀家寺と町との長い裁判の結果、町側の勝訴となり、「町有地」として認められた。墓地が宙ぶらりんとなっているあいだに、周辺の土地は坪七千円にまで高騰した。鹿島建設の下請企業が買収した、と伝えられ、工事受注をめぐる思惑買い、と町のひとたちは噂している。

ともかく、反対派のもう一カ所の土地とともに、炉心のそばに町有地が未買収で残されているのは、原発の歴史では未曾有のことである。いまや全国的に注目されている、巻住民の原発にたいする一票投票の背景には、この原発建設の死命を制する町有地を、住民が守り切れるか、それとも東北電力が手中にするか、との攻防が深くかかわっている。

国の原発政策の命運を懸けて、通産省の幹部たちが乗りこんできては、必死の巻き返しを図っている。それだけでは、まだいてもたってもいられないのか、東北電力の社長まで、原発推進派事務所（東北電力所有の建物）にやってきては激励している。つまりは、原発賛成の票を集めて、町有地を一挙に取得したいがためである。

「観光開発」という名目

ウソとカネ。これが原発建設のエネルギーだ、とわたしは何度か書いてきた。それと地方自治の破壊、である。巻町のケースもまたその例外ではなかった。しかし、それでもここは土地を楯にして、原発の横暴を三十年ちかくも抑えてきた。青森県は東通原発が、三十年にわたる住民の抵抗のすえ、ついに工事がはじまろうとするのをみれば、東北電力が時間とカネを惜しみなく使ってなお、原発建設の見通しをたてられないのは、特筆に値する。

まして、市民が、自分たちの運命は、自分たちで決める、との住民自決の「住民投票」に漕ぎつけたのは、地方自治の簒奪をつねとする、電力会社にたいする未曾有の反撃といえる。

土地買収は、巻町の場合、「観光開発」を名目にして実施された。たまたま、わたしが出会った六十代のAさんは、「原発の言葉はだせなかった」という。六七年ごろ、危険な原発のイメージを回避する意識だけでなく、電力会社が買うとわかれば高くなるのを、忌避したためもあったであろう。

巻町の住民であるAさんは、「六七年に東海原発の見学にいった」というから、そのころすでに角海浜の買収が目論まれていたことになる。洗いざらい、なんの役にもたたない崖っぷちまで買収しなくてはいけない。だから、買われる側を得心させるには、「観光」しかなかった。もちろん、観光による地域の発展は錦の御旗でもある。彼は角海浜のお寺の総代だったから、地元の人たちに顔見知りが多かった。その分だけ、部落に出入りしても、不思議ではなかった。

土地買収でAさんが手を貸した五十嵐寅吉《とらきち》さんは、君《きみ》健男副知事（当時、のちに知事）のクルマの運転手をやっていたことがある、とAさんがいうのだが、それは確認できていない。とにかく、五十嵐さんは君副知事と親しく、君副知事が衛生部長をやっていたころ、屠場から発生する内臓物をあつかう会社と、焼肉屋を経営していた。

その後、東京の浅草にも事務所を構えて、焼肉屋の店舗を拡大するようになる。それでも、「借金を抱えていた」とAさんがいうのが、それが原発用地の買収に乗りだすキッカケになったのかどうか、これも定かではない。

東北電力の用地買収のダミー会社「東北興産」は、六九年に設立され、「一律三百円」で土地を買うことになった。東北電力から坪三百円しか出さない、といわれていた、とAさんはいうのだが、それは五十嵐さんがそういっていたのかもしれない。当時は、角海浜の土地を買うひとなどいなくて、あったにしても百二十円ていどでしかなかった。

が、買いすすめるにしたがって、五百円、八百円で買うものも現れはじめ、一万円の値がではじめた。となる、「三百円」を守って買い集めたAさんの立場が悪くなる。まるで、彼がピンハネしていたようにみられてしまうからだった。

「土地をまとめてくれたひとに悪くてね、それでおれは手を引いたんだ」

Aさんはそういったあと、「東北電力からもっとカネをどんどん引きだして、あとで原発をつぶせばいいんだ」といった。

それが彼なりの愛郷心、というものかもしれない。小林伸雄『巻町に原発が来た』によれば、買収のルートは、「地権者―東北興産―東北電力」以外、もうひとつ「地権者―東北興産―福田組―東北電力」のルートがあった、という。

福田組は、田中角栄元首相との関係でよく知られている新潟県最大のゼネコンである。ついでに書いておけば、巻町の町長選に隠然たる力をもっているのは、町内の水倉組で、東北電力傘下の原発推進団体「明日の巻町を考える会」の大幹部、でもある。

社民党の町議、坂田禮二さんは、まいにち宣伝カーに乗って「原発反対」の投票をするよう、町民に呼びかけている。住民条例制定を公約にして当選した、笹口孝明町長の町議会は、条例派与党九名、原発推進派十三名（議長をふくむ）となっているが、これまでの町長選は、自民党の小沢辰男派（沢竜会）と近藤元次派（元友会）の派閥抗争の場でもあった。

坂田町議や市民からきいたこの抗争のエゲツなさは後で述べるが、坂田町議が反原発でたたかっているのには、私的な痛恨もふくまれている。というのも、彼の家の土地千坪もまた、原発敷地に買収されてしまったからである。長男として相続するはずの土地だったのだが、「観光開発」にだまされた父親が、さっさと買収に応じてしまった。一坪二百円、総額にしてわずか二十万円だった、という。

角海浜は、「越後の毒消し」の里でもある。宮城まり子が歌った「毒消しはいらんかネー」は、ラジオの電波に乗って全国に流れた。カスリの着物と地味な袴、スゲ笠をかぶった若い女たちが、町から村へと流れ歩いた。男は大工や木樵。田畑にめぐまれない零細な漁村の生活が、女たちの行商によってささえられていたのだった。

親に送られ弥彦の茶屋にネ
　雨も降らぬに袖しぼる

十二、三歳の娘たちが「出稼ぎ女」として、涙とともに親と離れて旅立っていった。

角海浜はいま無人の里である。巻町の市民たちが、みずからの手で原発問題に決着をつけようとしているのは、原発のやり方が、あまりにひどかったことにたいする、強い怒りがある。

町役場のまん前に、原発推進派、「明日の巻町を考える会」の本部がある。通りに面した角地で、大きな窓ガラスに「巻原子力推進!」のポスターが、あたかも目隠しのように貼りめぐらされている。東北電力が所有している二階建て。

だから、「我が町、我が故郷　共に語ろう明日の巻町」とか「原子力発電で町の活性化を!!」などのスローガンは、まるで電力会社が町の明日を支配するかのようである。

原発の賛否を問う「住民投票」は八月四日である。巻町におけるおのれの命運が、この一票にかかっていることにたいする恐怖が、これらの惹句に表れている。

「母から子　そして　孫へ伝えたい　住みよい巻町を」

孫子の生命のため、とは、これまで、反対派のテーマだった。いま、それを電力会社が逆転させ、反攻する。

朝九時、原発派の町会議員たちが、選挙事務所風、壁に貼りめぐらされたポスターの下で、車座になってその日の行動の打ち合わせに余念がない。タタミ一畳ほどの紙に大書された檄文には、こう書かれている。

「この戦いは、単に巻町あるいは東北電力だけの問題ではなく、今後の我が国、日本のエネルギー政策を方向づける戦いと言っても過言ではない――」

日本のエネルギー政策のために、三万の町民同士を相戦わせる。なんと電力会社は、冷酷なのだろうか。

「明日の巻町を考える会」の会長は、元高校校長の野崎鐵雄さん(65)である。柔和で話し好きな人物だが、ピーンと張った眉の線は、むこう気の強さを示している。いわば、「戦い」の司令官のはずなのだが、ご本人は、「政治的にはゼロ。中立でもない」と御隠居の風情である。ある町議が頼みにきて、担がれた、という。「面白そうだから」それが引き受けた理由、である。「会長はひとり、会員はぼくひとり。あとは団体だけ」とシニカルにいう。団体は二十一団体。おもなものを列挙すると、まずは、東北電力。それに、自民党、新進党、公明党、新潟民社協会、巻地区同盟、巻建設業協会、巻電機商業組合、県央電気工事協組、観光協会、商工会など。漁協ははいっているが、農協の名前はない。

――見通しはどうですか。

「負けるとは思わんが、接戦だろう。名前を書くんではないから、議員でも票は読めない、といっている。マルをつけるだけだからね」

野崎会長は、高教組の組合員当時、別組織をつくった、とか。そのせいか、原発反対運動に多くの高校教師がふくまれていることに、強い反発を示している。それでも、原発反対のエネルギーが、三十代、四十代の主婦層に強く、それを中心にひろがっていることに、強い危機感を抱いている。賛成派は、亭主にいいなりの六十代以上に多い、とか。

彼が期待をつないでいるのは、投票用紙の書式が「賛成」の欄が上にあって、その下に「反対」の欄があることだった。上のほうにマルをつけやすいのは、投票者の心理かもしれない。

とすれば、たまたま、フラフラと賛成に○をつけてしまう町民に、巻町の明日を任せるのか、それとも明確にノンの意思表示をする町民に依拠するのか。投票日に問われるのが、まさしく自主」の判断なのだ。

前町長のオゴリ

坂下志町会議員(47)の名刺には、「明日の巻町を考える会」と、刷りこまれている。これではまるで、「考える会」が党派のようにみえてしまうのだが、もちろん、本人自身、効果を計算してのことなのであろう。

「軽率だった」と坂下議員はいった。こちらから仕むけた話題ではない。彼のほうからいいだしてきた弁明は、町議当選後の「裏切り行為」についてである。

笹口孝明現町長が会長だった「巻原発・住民投票を実行する会」は、九五年四月の町議選に、住民投票条例に賛成する候補者十六人を推せんした。農協職員から「政界」への転進を図った坂下さんも、その一人だった。彼は、この会の支援を取りつけて当選、と思いきや、その二カ月後の条例制定をめぐる議会で、原発推進派に豹変した。このときは、賛成十一、反対九で、住民投票条例を辛うじて制定された。

町議選についていえば、制定派の女性候補者が上位三位を独占、推進派は副議長をふくめて五人の現職が落選した。坂下議員の初当選は、民主主義をもとめる、眼をみはるような町民パワーを背景にしていたのだが、彼はいま、それを「軽率」の二文字で総括している。

「東北電力は、条例をもとめたわたしをテキと思っていたんだね。わたしは、ただ町民の意見をきくべきだ、と思っただけなのに」

いま、坂下議員は、ほかの原発議員ともども、電力旧事務所に公然と出入りできているので、電力の怒りは解けた、というべきか。名前の「肩書」は、その証明である。

九五年六月二十六日、「住民投票は、本条例の施行の日から九十日以内に、これを実施するものとする」と、投票日を制定した巻町議会は、十月初旬に、「住民投票は、町長が議会の同意を得て実施するものとする」と変更した。十対十の可否同数になったのだが、推進派の議長が「裁決」で押し切った。坂下さんたちの巻き返し工作の成功、である。

こうして、十月十五日までに実施されるはずだった住民投票は無期延期となった。

佐藤莞爾前町長まで、巻町長選は、自民党の小沢辰男派（沢竜会）と近藤元次派（元友会）の派閥抗争によって、一期ごとに交替するほど政争が激しかった。原発反対派の票を、どっちの陣営が取りこむか、の選挙選ともいえた。

佐藤町長は二期目を「原発凍結」（死んだフリ）で乗り切った。その余勢をかって、三期目の選挙を迎える直前には「世界に冠たる原子力発電所を建設する」とブチあげるまでに地盤を固め、九四年八月に三選を果たしている。

議会内多数派工作によって、条例改正を成功させ、さらに自信を深めた佐藤町長は、民意ともいえる「住民投票」を無視する発言をつづけるようになっていた。なにしろ、「住民投票は、町長が議会の同意を得て実施する」と修正したのだから。「議会の意志は、昭和五十二年の誘致決議、平成五年の促進決議に見られるように、原発推進である」「住民投票の結果に従う義務はない」、エトセトラ。

しかし、「住民投票」は、いわば町民の「虎の尾」ともいえるものだった。巻町では異例の三期選に勝利して、いささか傲慢になっていたキライのある佐藤町長は、この尻尾を踏んでしまったのである。

「佐藤町長は、機運が熟したころに、時間をかけて（住民投票を）するつもりだった。ところが、クビをとられてしまった」

町長派になった坂下議員の分析、である。佐藤町長は、時間を稼いで町民対策をおこない、そのあとで住民投票を実施して、「原発賛成」にもちこむ腹づもりだった。が、しかし、思いがけなくも、「王手」というべき、リコールの請求を受けることになる。

「中間派」の一斉蜂起

　これまでも、原発建設にたいする住民投票条例は、高知県窪《くぼ》川町《かわちょう》、三重県南島町《なんとうちょう》、宮崎県串間《くしま》市、三重県紀勢町《きせいちょう》と、巻町以外にも、四自治体で制定されている。が、これらの地域では、電力会社の計画段階での歯止めであって、公開ヒアリングなどはおこなわれていない。

　ところが、巻町の場合は、用地買収も九六・五パーセント完了、漁業権も放棄、国の「電源開発計画」にも織り込み済み、あとのセレモニーは「安全審査」だけの段階、つまりクビの皮一枚をようやく残した「九回裏」。そこでの攻防といえる。

　たしかに、この住民にとってのチャンスは、「共有地主会」の土地と旧社会党系県議の共有地、それと墓地をめぐる所有権争いのゴタゴタによって「安全審査」の要件を欠いてきた経過によるのだが、膠着した状況を一挙に切り拓いたのは、類いマレな「自主住民投票」運動だった。

　この実践によって汲みあげられた市民のエネルギーと自主・自決のプライドが、その後、坂下議員のいう「町長のクビをとられた」リコール運動の熱気、町長辞任、条例派町長の当選、そして八月四日の住民投票の本番と、市民運動をせりあがらせたのである。

「わしら酒屋は、体制派です」

　田畑護人さん(54)は、あっさりいった。原発に賛成だったわけではない。かといって、商人が反対といったにしても、どうなるという時代ではなかった。

「声をだせるときまで待とう、と考えていました」

　が、原発の動きは急ピッチにすすめられるようになった。「世界一の原発をつくる」と豪語した佐藤町長が三選する。原発建設地にむかうトンネルが開通したり、用水用の川が掘削されたり。町議会の「早期着工を求める意見書」を受けたかのように、東北電力は、常駐スタッフをふやし、広報誌の発行に力をいれ、買収旅行ともいえる「先進地視察」をひんぱんにおこなうようになった。それまで、小沢派、近藤派の派閥ごとに分かれていた原発推進団体も、それに合わせて統合された。

　田畑さんの酒店は、バイパスに面していることもあって、ひとの出入りが多かった。それで、さまざまな情報がはいる。奥さんの久子さんの弟は、弁護士になっているが、彼は東京の学生のころから、原発反対運動にかかわっていた。田畑さんの自宅に遊びにきているひとたちのあいだで、「原発を認めるか、認めないか、住民投票で決めよう」との声が強まった。

　こうして、現町長の笹口孝明さんを代表として、「巻原発・住民投票を実行する会」が結成された。笹口さんは、造り酒屋の経営者で、メンバーはこれまでの反対運動に参加していない商店主たちだった。

いよいよ、「中間派」が、声をだすべき時期が到来したのである。町長選挙では、たしかに、推進派の佐藤莞爾さんが当選したとはいえ、対立候補の二人の票を集めると一万票あって、佐藤票を千票上まわっていた。町長選は、けっして原発を争点にしたものではない、との判断があった。

町長にたいして、住民投票の実施を申し入れたが、町長は「間接民主主義の否定だ」と拒否。「町がやらないのなら、自分たちでやろう」と田畑さんたちは決心した。全国的にも例のない、自主管理住民投票のスタート、である。

反対派が大同団結

田畑さんとお会いして、わたしは、七〇年代はじめごろの霞ケ浦干拓反対闘争を想い起こしていた。長いあいだ住民闘争がつづいていたのだが、それまで沈黙を守っていた「中間層」が独自に動きだして情勢を変えた。そして、ついに凍結(中止)をひきだしたのだった。

ひとびとは、けっして無関心なのではない。たちあがるチャンスをうかがっていたのだ。問われているのは、「反対派」の運動が、一般市民がはいりやすい柔らかさをもっているかどうかである。あるいは、運動のやさしさ、ともいえる。

わたしは、巻町にきたのはこんどがはじめてで、これまでの経過についてはなにも知らない。それで田畑さん夫妻の話をきくだけでも、ダイナミックな運動のうねりと、それをささえてきた市民意識——というよりは「町人意識」といったほうがはるかに適切だが——のたしかさを感じることができた。

越後のちいさな町のひとびとは、ひとつひとつ手ごたえのある実践を通して、町のひとたちが語りはじめる時期を準備してきたのである。

自分たちの手で住民投票をやろう、とは、ドン・キホーテ流ともいえる。しかし、行政をアテにせず、行政を変えよう、という「町人意識」は、まぶしいまでの民主主義の原点である。

佐藤町長は、会場の提供や立会人の派遣との要請についての申し入れにたいして、「住民投票に関する条例がない」を楯に拒否しつづけていた。田畑さんたちは、おカネを出し合い、まずプレハブで運動の事務所をつくった。新聞の折り込み広告で住民投票のやり方を説明し、啓蒙のための宣伝カーをだして町民に訴えた。

この動きに驚いたのは、東北電力である。町にたいして、まず町有地の買収を打診。正式の申し入れは、自主住民投票が終了した直後だった。町有地を確保できるかどうか、それが原発の死命を制することを問わずに語っている。

「巻原発・住民投票を実行する会」が発足したあと、「住民投票で巻原発をとめる連絡会」が結成された。これまであった、原発反対の小グループが大同団結、住民投票の実施に協力することにしたのである。

町民による、町民のための自主管理投票は、九五年一月二十二日から、二月五日までの二週間、町内八カ所の会場でおこなわれた。雪の降るさなか、有権者の四五・四パーセントにあたる、一万三百七十八人が投票所にやってきた。

保守的な町では、投票所に足をはこぶだけでも、反町長派のレッテルを貼られることになる。あえてその不利を押し切って参加したひとたちが、一万人以上いたことが、町のひとたちの原発への不安を示している。

投票用紙は保管会社に預けられ、厳重に監督された。その経費も、田畑さんたちが負担した。そのころになると、カンパも集まるようになっていた。

開票の結果、原発建設費が四百七十四票、反対が九千八百五十四票。反対票が九五パーセントを占めた。無効投票は五十票だった。たしかに、投票所へ行ったのは、反対の意見のひとたちが多かったのは理解できる。しかし、投票所へでむかなかったひとたちも、けっして賛成とは限らない。投票運動が、町当局から認知されていなかった制約を考えれば、反対の気持ちがあってなお、行けなかったひとがいて当然である。

翌日、記者会見した佐藤町長が、「意外だ。思ったより（参加者が）多かった」といったのは、ホンネであろう。それでも、こう突っ張った。

「今回の住民投票は正式な民主主義のルールにのっとった行為ではない。町政への影響はない。」

幸福の黄色いハンカチ

自主住民投票の結果をみて、東北電力はあわてたかのように町当局にたいして、正式に町有地の買収を申し入れた。さっそく、その意向を受けて、佐藤町長は、九五年二月二十日、町有地売却にともなう補正予算の臨時議会を招集した。町長は、ここで一挙に決着をつけられると読んでいた。売却を「町長専決」にしなかったのは、彼は「議会通過」の形式を整え、政権を長期安定させる腹づもりだったからだ。

その日の三日前から、高校教師の桑原三恵さん（46）は、友人と役場前でハンストにはいっていた。もう五十時間を超えていた。体力的に限界だった。彼女は、こういう。

「町有地の売却は止めたい、と思ってました。でも、止まらない、とも思ってました」

自主投票の日、粉雪が舞うなかを背を丸めたおばあさんたちや、乳母車を押した女たちが投票所にやってきた。そのひとたちの町の将来にたいする想いを押しつぶすかのように、議会が一方的に土地売却を決定してしまうのを許せなかった。

ハンストは、いわば突飛な行動で、市民の意識にそぐわない、との判断もないわけではなかった。しかし、抗議の意志を示すにはもうそれしか残されていなかった。

二十日は月曜日だった。朝五時ごろ、刑事が庁舎のなかにはいっていくのがみえた。何人かの議員が、すでに議場にはいっていたようだ。市民や労組のひとたちが抗議に集まってくる前に、議場にはいってしまう作戦だったらしい。

座りこみのテントに三恵さんと一緒にいた男たちも、庁内にはいった。男たちは、「議長に会いたい」と職員に申し入れた。「原発のない住みよい巻町をつくる会」をやっている夫の正史さんや、「巻原発設置反対会議」の中村正紀さんたちが、議長と面談するころには、反対派のひとたちがぞくぞくと役場に集まり、議場のなかにはいりはじめた。

町長室では、町長との交渉がはじまった。佐藤町長は、「判断停止」の状態で、なにもいわず、でたりはいったりしていた。

機動隊の出動が要請された。カマボコ車（隊員輸送車）が六台ほど待機していた。が、「交渉続行中」なので、強制排除にはいれなかった。それには、有権者の四五パーセント以上を集めた。自主投票運動のエネルギーが影響していたかもしれない。

「実力排除は、町のひとたちの想いを土足で踏みつけることですからね」

と、三恵さんはいう。

町長室や議員控室の前に座っているひとたちにも、差し入れのおにぎりが届けられるころになると、このまま流会になりそうな様相が色濃くなってきた。五時までに開会できなければ、議会は流会となるのだ。

良く二十一日の『新潟日報』には、町長を説得している三恵さんの写真が、大きく掲げられ、つぎのようなキャプションがつけられている。

「ハンストしていた桑原さんが夫に支えられながら、町長に地有地売却の見直しを訴えた。明確な返答を求める桑原さんに、佐藤町長が言葉を失う場面も」

見出しは「涙の訴え　民意も後押し」である。

雪のなかのハンストが、町のひとたちを町役場へと誘った。それは三恵さんが心配していたようなハネ上がりではけっしてなかった。心配した町のひとたちは、湯タンポや使い捨てカイロを差し入れにきた。おにぎりをもってきたのは、ハンストとはなにかを知らなかったからだ。ひとつの実践が、町のひとたちにささえられる。そんな信頼とつながりが、住民投票にむけて動いている。

巻町のあちこちに、テント状にポールをたててロープをめぐらし、あたかも満艦飾のように、ハンカチが風にはためいているのがみられる。町のひとたちがひとりひとり、ハンカチに原発反対の想いを書いて、届けてくる。

三恵さんたちは、はじめのころ、折り鶴に原発反対の意志をこめていた。それがハンカチ運動に発展したのである。空き地や商店の軒先に、形となって現れた町民の声は、クリスマスツリーのように絢爛豪華である。無数の幸福の黄色いハンカチ、ともいえる。

「原発反対は、いまや反対派だけの言葉ではなく、町のひとたちの言葉になったんです」

と、三恵さんは歯切れよくいう。

九六年八月四日、巻町で、全国ではじめて、原発にたいする直接投票がおこなわれる。電事連（電気事業連合会）や資源エネルギー庁、それに東北電力などは、いま、膨大な資金を投入して、テレビ、ラジオ、新聞を使って「エネルギーの危機」を訴えつづけている。

しかし、それよりも、ひとびとの心のなかにますます強くなる「ノン」のエネルギーが、はるかに上まわっている。

新潟県巻町のノンは、土壇場にきた日本の原発政策を転換させようとしている。

「原発なんかいらない」の声は、カネだけがすべてではない、とする生き方を、全国のひとびとに指し示すであろう。

九六年八月四日におこなわれた「住民投票」は、八八・二九パーセントの投票率となった。このうち、「建設反対」が、六〇・八六パーセント（一万二四七八票）。「賛成」が三八・五五パーセント（七九〇四票）で、反対が過半数を超え、「巻原発」の建設は、不可能の見通しになる。建設予定地の中心にある町有地を、笹口町長は、「売らない」と東北電力に通告したのである。

東北電力は、これまで町に三十億円にものぼる「協力金」を支払っていたが、これはムダな先行投資に終わる。荒木浩電通連会長は、記者会見して、「カネの使い方を変えなければ、もう地域の理解を得られない」と発言、通産省、資源エネルギー庁は、あらたな買収金として、「原子力発電施設等立地地域長期発展対策交付金」を新設することに決め、九七年度予算に五十一億円を盛りこんだ。危険な地域の「地域長期発展」は、カネずくでやり抜く、という。相変わらずの姿勢である。

高知県窪川町（四国電力）、宮崎県串間市（九州電力）では、住民投票条例の制定によって、建設計画は難しく、三重県南島町（中部電力）、同紀勢町の建設計画も、一頓座をきたしている。

世論は、あきらかに原発反対にむかっている。

潮出版初版あとがき

ついに、GE（ゼネラル・エレクトリック）社は、原子力部門から撤退する方針を打ちだしたという。ついに、というか、やはり、というべきか、あるいは、いまさら、というのが妥当か、そのことは別にしても、東京電力や中部電力などは、GE社の沸騰水型の技術を導入して運転してきているだけに、アメリカでの撤退作戦に心穏やかならざるものがあるにちがいない。

一九八二年一月十八日付の『毎日新聞』は、米誌『フォーチュン』の最新号で、同社のウエルチ会長が、「十年以内に徐々に撤退していくつもりだ」と語ったことを伝えている。同誌によれば、七五年以来、アメリカでは、ウェスチングハウス社が二基、B&W社が一基、計三基の加圧水型炉の新規受注があっただけで、その先細りの需要動向に押されて、ウエルチ会長が撤退作戦を打ちだしたとしている。

日本はアメリカにつぐ原発大国で、稼働中のものが（事故による休止中のものもふくめて）二十二基（八二年当時）、建設中が十基、建設準備中が三基と、いぜんとして建設ラッシュがつづいているが、どんなに事故が続出し、不安と批判がたかまっても、ただ計画だけをやみくもに実行しようとするのをみると、なにか「撃ちてしやまん」の玉砕精神をみるようで、ぞうっとする。

原発地帯を歩いてみて、不思議な想いに捉われるのは、そこの住民たちはみな迷惑そうな表情をみせているのに、それにはおかまいなく海岸線の景観をぶちこわすようにして、巨大で不気味な原発ドームの建設がすすめられていることである。

かつてのように、村長や町長や市民たちは、にこやかな笑顔で「安全性」を強調することはない。「安全性」は、もはや彼らの行動の範疇にはなく、政府にタナ上げしてしまったのだ。「国が安全だといってますから」と彼らは判断を停止した表情をしてみせる。その代わりに、彼らが熱心に語るのは、「メリット論」である。

原発は心配といえば心配である。しかし、地元にはかくかくしかじかの利益があります。どこの自治体でも、まるでハンでついたようにおなじ論法だった。危険と利益をハカリにかけると、利益のほうが重い、ということなのだが、その利益からは人命と子孫の健康の必要経費はひかれていないのである。

ある鉄鋼メーカーは、その労働条件の劣悪さから、「カネと命の交換会社」といい伝えられていた。というなら、原発は、その極限である。すべてをカネによって測る価値観のひろがることが、放射能汚染のように恐ろしい。「カネは一代、放射能は末代」である。敦賀半島の白木部落で目撃した光景は、いまなおわたしの記憶に鮮明である。そこは波静かな美浜の入江に影を落とす三基の原発を左手にみて山にはいり、険阻な峠の下、日本海が岩を噛む浜辺に孤立した十五戸ほどの部落だが、岬の突端の、横に長い小屋の天井から、何隻かの小舟がロープで吊るされていた。陸にひきあげられ、天井の梁からぶら下げられた漁船は、港を！　と訴えているようだった。胸を衝かれる光景だった。

ひとびとは、港をつくってもらうことを条件に、まだ技術も確立せず、プルトニウムを原料とするもっとも危険な高速増殖炉の建設に同意した。行政から切り捨てられたものほど、行政の力に期待するようになる。たとえ、差しだされた手が悪魔のそれであったにしても、それにすがらざるをえない。政治の貧困が、政治の強権をひきだすのである。

このように、原発地帯とは、たいがい、原発が侵攻した戦跡のことである。政治家は、それまで切り捨てて顧みることのなかった地域を、原発導入地帯として思い出す。もしも、事故が発生したにしても、そこは低人口地帯で被害が少なく、補償金も安くてすむ。そのことで電力会社と意見の一致をみる。低人口地帯の人口は、放射能を浴びることをはじめから想定されている、ともいえる。ところが、放射能が自分たちの身の上に振りかかることは想定されていない。

とにかく、原発はカネである。カネをバラまいて原発が建設される。地元のひとたちを説得する武器はそれしかない。原発がバラまくカネは、住民を退廃させ、地方自治を破壊する。建設されたあと、大量に送りこまれた下請け、日雇い労働者たちの健康と将来を確実に破壊し、被曝者量産工場と化す。原発は、コンピュータによって、というよりも、暴力団が手配する〝人夫〟によって維持されているのである。

わたしは、原発地帯が、なぜ原発をひき入れることになったのか、そこで何が起こったか、そしていま、そこでひとびとはなにを考え、どう生きようとしているのか、それをたずね歩いた。地域とひとびとの生活の歴史がこの本のテーマである。そして、原発各地をまわったわたしの結論とは、原発は民主主義の対極に存在する、ということであった。

一九八二年二月十五日

鎌田　慧

新風舎文庫あとがき

原発は、民間企業の事業であるにもかかわらず、政府の方針に従ったものであり、政府が宣伝し、政府のカネ（税金）を湯水のように使って推進されてきた。いわば、国策に沿った事業として、俗にいうところの「親方日の丸」である。しかし、政府のお墨付き事業にしては、用地買収から建設までのやりかたは、あまりにも非民主的だ。

さらに、建設されたあと、運転期間がなん年にわたるかさえ、いまだはっきりしていない。かつての三十年説が六十年に延ばされたりして、不安である。ところが、原発から発生する放射性廃棄物は、地球上に百年、千年、一万年と残存することになって厄介である。それでも、建設する側から、「国家百年の大計」というようないいかたを、わたしは聞いたことがない。

これまで、いわれつづけてきたのは、「クリーンエネルギー」であり、「エネルギー不足への対処」であり、「地域経済発展の起爆剤」や「メリット論」である。そのときどきで、いい方を変えてきた。つまり、本人そのものの魅力を強調するよりは、利益で誘導する「仲人ぐち」のようなものである。あの男と結婚すると金持ちになれる、家のために辛抱してくれ、絶対悪いようにはしないから。

それとはちがういい方では、「正義の戦争」というような、国家的な危機感を訴えて覚悟させるやり方がある。「エネルギー危機回避の決定打」「地球温暖化対策」というようなものである。たとえば、「国家事業」としての「成田空港」は、強制代執行の暴力によって建設された。そればかりか、「過激派」宣伝によって、抵抗する農民と支援者を世間から離反させる「ブラック・プロパガンダ」もさかんにつかわれた。が、「国家的事業」の原発は、それとはちがって、よりソフトな接近の仕方で、とにかく、メリット、カネによる誘導だった。

この手法は、田中角栄的列島改造が破綻したあともなお使われていた。札束をならべて放射能の恐怖にたいしてバリアを張った、というと極論に聞こえるかもしれない。しかし、この本を読んでいただいた方には、それぞれの地域でなにが起こっていたか、それがいかに市民の良識や民主主義とかけ離れたやりくちだったかを理解していただけると思う。

もちろん、わたしは、最初からそのようなことを書くつもりではなかった。各地の原発立地地域を訪ねあるいて、そこで出会った住民から聞いた話を記録してきただけだが、自分でも驚くほど、おなじような、信じがたい話が転がっていた。原発の魅力や必要性による説得ではなく、メリット（経済的利益）がある、などの別の価値観によってゴリ押しするやりかたは、大衆を愚弄し、欺瞞する手法である。しかし、破綻がこないうちは、メリット論に騙されたフリをしているのもまた善良なる市民なのだ。

原発反対闘争は、新潟の刈羽・柏崎と愛媛の伊方での闘争が激しかった。住民の抵抗が、運動開始までの長い時間を必要とさせたのだが、ほとんどの原発が、計画から、三十年、四十年たったからとなっている。しかし、生活をかかえている庶民にたいして、三、四十年も権力とカネとの攻撃に抵抗せよというのは、酷というものである。

この本の巻頭の地図に掲載したように、現在の原発操業は五五基、およそ発電量の三割が原発に依存している。政府はその原発への依存率をもっと高めようとしているが、西尾漠さんの「解説」にあるように、政府が思うようにはすすんでいない。計画し、発表し、土地を買収したにしても、住民の反対によって建設を断念させられたところも、けっしてすくない数ではない。

それは、巻町(新潟県)、珠洲市(石川県)、芦浜町(三重県)、南島町(三重県)、紀勢町(三重県)、熊野市(三重県)、久美浜(京都府)、日置川町(和歌山県)、萩市(山口県)、豊北町(山口県)、窪川町(高知県)、阿南市(徳島県)、串間市(宮崎県)などであり、このほかにも、住民の抵抗によって建設が難航している地域に、大間町(青森県)、上関町(山口県)、浪江、小高町(福島県)などがある。

これらをみると、カネでは買収しきれない、住民の健全な思想がひろく根づいているのを理解できる。原発はけっして時間とともに好きになられたり、理解されたりするような存在ではなく、ちかくに住んでいるひとたちを、たえず不安にさせる迷惑施設でしかない。だからこそ、政府と電力会社は、冗費といっても過言ではない、膨大な地域対策費を投入してきた。が、それも切れれば、麻薬切れのようなあらたな苦しみを与えることになる。もともと原発は、軍事用に開発されたもので、経済合理性は無視されて建設されたものなのだ。

新潟の刈羽・柏崎原発、愛媛の伊方原発などの反対運動がとりわけ激しかった。そればかりではなく、いま原発が稼働しているほかの地域でも、それぞれに反対闘争が起こっている。計画の発表から操業開始まで、三、四十年ほどの時間を必要としているのをみれば、その地域にとって招かざる客だったことがわかる。

地域に住むひとたちの人生にとって、この時間はけっして短いものではない。この時間のなかで、かつて反対だったひとたちが、いまは諦めて原発を眺めながら暮らしている。住民はおなじ人間だが用地買収を狙っている電力会社は、つぎつぎに新しい人間を送り込むことができる。この長年の攻撃に耐えられるひとはすくない。

反対運動をささえたのは、各地とも老人たちだった。ということは、老人が多い過疎地に原発が計画されたということをしめしている。だから、わたしがお会いしたひとたちは、いまはたいがい他界している。それぞれに懐かしいひとたちである。

そのなかでも、とりわけこころに残っているのは、青森県下北・東通村で立ち退きを迫られていた老人だった。彼は「原発にかぶりつきたい」といった。そのあと、訪ねてみると、すでに移転していて、彼は世を去っていた。新居の玄関には、原発を呪う文言を書きつけた、ちいさな碑が遺されていた。

東通村の建設計画二〇基のうち、一基目の操業がはじまったのは、それから三十年以上たってからである。個人は日々の生活に追われているが、巨大な資金をもっている大企業は、長い時間を支配できる。理不尽な日本の原発は、さまざまな怨嗟の声に取り囲まれている。

いまなお、建設に至っていない、福島県の浪江・小高地区の原発反対運動をまとめてきたのは、枡倉隆《ますくらたかし》さん（故人）だった。

「百姓はコメをどうするかということだけしか考えないが、相手は毎日だますことだけを考えているんだ。枡倉隆は百姓だ、口をきいたら負けるだけだよ」

彼はいっさいの交渉に応じなかった。彼の言葉に、建設するものとされるものとの不幸な関係が、はっきりと示されている。それは騙す、騙される関係でしかなかったのだ。

反対するひとたちは、民主主義を主張していた。が、建設をすすめる側は、そんなことよりもカネの魅力を主張していたのだった。

この本は、わたしにとって愛着の深い作品である。ひとつの地域がどのように動いていったか、ひとりの人生がどのように変わったか、それをなん度も通って書いたものだが、わたしがお会いした、原発にたちむかいながら、無念のうちに他界したひとたちの冥福を祈りたい。

文庫版の再刊に関して、編集部の米山勝己さん、児玉容子さん、それに解説を引き受けてくださった原子力資料情報室の西尾漠さんの御協力に感謝いたします。

二〇〇六年八月六日　　鎌田　慧

資料　河出文庫解説　矛盾の最前線から

高木仁三郎

もうふた昔ちかくも前のことである。やたらに騒がしく、たばこの煙のもうもうとする新宿の喫茶店で鎌田慧にあった。それが鎌田との初めての出会いということになる。もっとも私はその時、ほんの付録のような存在であった。

親しくしていたMさんが、いろいろな市民運動や住民運動に付き合いがひろく、その関係で鎌田の方からぜひ会いたいと言ってきた。あんたも付き合ってくれないか、とMさんに言われてついて行ったのである。

話というのは、むつ小川原開発計画のことで、自分は取材などで現地を訪れているが、まったく無謀な開発が進められようとしている、住民の抵抗はあるが巨大開発の問題点などの情報が少なく、ボスのような連中に騙されてしまうことが多い、現地に入って日常的な活動をしてくれるような若い人はいないだろうか。そういったことを、鎌田は例の、けっして雄弁とはいえない、あの東北弁で、しかし熱気をみなぎらせてしゃべった。

「七〇年春ごろだったろうか。新全総の拠点といわれていた「むつ小川原開発」を取材するため、本州最北端の下北半島、そのマサカリ型の背にあたる長い太平洋岸の道をはじめて歩いた。……「巨大開発」「原発基地」「原子力船むつ」。わたしは、下北半島はこの三つの地域をまわって、長いルポルタージュを雑誌に発表したあと、それぞれを結びつける運動に役立ちたいと思うようになっていた」

と鎌田は本書の第Ⅵ章に書いている。私たちが会ったのは、鎌田の文章が発表された直後であったらしく、Mさんはそのことを知っていたが、私は当時まだ大学の理学部の教師をしていた頃で世間のことはあまり知らず、ルポのことも鎌田のことも何も知らなかった。しかし、私はこの人に強い印象を受けた。どうみても運動とか闘争とかという柄ではない。そういうことがえらく苦手のようなひとりの人間が、私のような頼りになりそうにもない人間――実際この時私は何の役にも立たなかったのだ――にまで訴えて、何とかしようとしている。下北半島ではよほどおそるべきことが起ころうとしているのだろう。

それにしても、この人の情熱はどこから来ているのだろう。「あなたの生れ故郷なのですか」といった低次元の質問を発した記憶が私にある。「いえ、私は津軽の出で、むつ小川原は南部です」、鎌田はいかにもそんな問題ではない、と言いたげに答えたが、すでにこの時彼はその後の下北半島が辿った悲劇的運命――石油基地計画のみごとなまでの破産と核半島化の計画進行まで――を見越していたのかもしれない。

これは後からの付き合いでつくづく感じるようになったことであるが、鎌田の見るからに融通の利かないようなあの風貌と語り口には、妙に私を納得させるものがあり、また鋭い庶民的直感から来るともいうべき彼の見通しの確かさには、私はいつも感心させられるのである。そういう意味で、彼のルポルタージュはどれも安心して読むことができるのだが、それは彼の視線の高さが、大地にしっかりと根をおろして生きようとする地域の人々のそれと同じ所に常に保たれているからであろう。

本書の各章のルポルタージュも、そういった彼の長所をよく反映している。中央から地域へと巨大な原発計画は、営々と続いてきた地域の人々の生活を一気に呑み下すようにしてやってくる。その荒々しい怪物のような力をとてもはね返すことはできないが、呑みこまれまいと必死に逆らっている人たちがいる。鎌田の好んで書くのはそういう人たちであり、鎌田の書く原発はそういう人たちの視点からのものである。そうすることで、政治権力や巨大資本の横暴に対する民衆の抵抗に少しでも役立ちたいと、彼は考えているに違いない。

反原発運動がこの国においてもようやく盛り上がりをみせている。その盛り上がりの中では、人々を鼓舞するような、勝利の報告が求められているのかもしれない。窪川（高知）や日高（和歌山）など最近ではそういった例も少なくない。本書の世界は新しく原発問題に関心をもつようになった多くの人々を反原発へと活気づけるよりは、その心をいよいよ重く、沈うつにさせてしまうようにも思える。

しかし、そういった人々にこそ本書を読んでもらいたいと思う。鎌田が描くのは、原発集中地帯の冷静な現実であり、誰しもそこから目をそらすべきではない。「原発は民主主義の対極にある」と鎌田は書いているが、放射能が身体を蝕むよりも前に、原発が、いや既にしてその計画そのものが、地域社会とその人心をずたずたに切り裂いていった過程が理解されるであろう。

鎌田が民衆の側から見ようとした原発の巨大な矛盾は、原発という巨大システムそのものの矛盾である。なによりもそれは、広島原爆の一千発分、数千億人の人間の致死量にもあたる死の灰を内蔵して高温高圧で運転を継続せざるをえないシステムが、必然的に人間や自然に対して示す矛盾である。原発の内蔵する放射能の大きさを、私たちはチェルノブイリ原発の事故によって、いやというほど知らされた。チェルノブイリ事故によって環境中に放出された放射能は、炉心に内蔵された全量のたかだか一〇パーセント以下程度にすぎなかったが、その放射能が未だに地表や食品の汚染となって、ヨーロッパの人々の生命に脅威を与えているのである。

もちろん放射能の脅威は、大事故によるものだけでなく、日常的なたれ流し、原発労働者（とくに下請労働者）の被曝、そしてぼう大に蓄積する放射性廃棄物の問題へとひろがっていく。

この脅威に時宜を得て目覚めた地域、社会的状況がそれを可能とせしめた地域では、反対運動が原発計画を打ち砕くようになった。しかし、それによって電力会社・政府の原発推進があらためられたわけではなく、既存原発地域への一層の集中が生じたのである。

鎌田のとりあげたのは、まさにそういった原発集中地帯、いわば矛盾の最前線である。下北は別にして、鎌田が本書のルポルタージュを書きあげた一九八一年末の時点において、対象となった福井・福島・伊方・島根の四地域(柏崎は当時建設中)で運転中の原発は十七基あった(「ふげん」を含む)。このとき日本全体の原発は二十三基、なんと七四パーセントがこれら四地域に集中していた。そしていま、一九九六年三月末の時点では、日本全国で五十基が稼働中で、三十四基、六八パーセントまでが柏崎を加えた五地域に集中しており、基本的な状況は変わらない。

本書のなかで、鎌田は「柏崎一号炉の行手はまだまだ多難であるし、七号炉などは空想の産物になりかかっている」と書いている。日本全体における原発の動向は、鎌田の指摘したとおりに推移しているといってよいが、こと柏崎に関する限り、七号炉までの計画が現実のものとなり、鎌田の予想ははずれた。鎌田ならずとも、この電力過剰の時代に、七号炉まで、それも最後の二基は世界最大級の百三十万キロワット原発という巨大計画が柏崎で現実化していくなどと、いったい誰が想像したろうか。原発集中は、いまそれほどに無謀である。

原発のかかえる矛盾のなかでも、放射性廃棄物問題は最たるものだ。「捨てられないゴミ」の矛盾は、電力会社を追い込み、追いこまれた電力・原子力産業はその総体をあげて「中央からみたとき、ここは不毛の半島」であり、「公害対策にカネのかからない地域」である下北半島六ケ所村に襲いかかった。その状況は鎌田のルポルタージュに明らかだが、鎌田が巨大開発に対する民衆の闘いの取材のスタートをこの土地から始め、原発問題の取材を通じてもう一度産業廃棄物問題を抱えたこの土地に戻ってきたのは、必然という以上のものがあるだろう。

本書をいくつかの原発集中地の人々への同情の念をもって読むべきではなく、またそうする必要もない。チェルノブイリ後の認識状況に照らしてみれば、我々誰しもが「日本の原発地帯」の住民なのであり、自分のことと思って読めばよいのだ。考えてみれば我々の社会の総体が「どんどん」(ひとたび落ちると底まですべり落ちてしまう砂丘の場所＝本書78ページを参照)の淵にきわどく立っているようなものではないか。そのきわどさにようやくにして多くの人が気づき出したのが、最近の反原発運動の盛り上がりだ。その運動にとって、巨大な原発群に囲まれて暮らしながら、その強力な「どんどん」にからめとられずに抵抗する人たちの姿は、なんと示唆に富むことだろうか。そして、そのような光をあてながら本書を読むとき、読者はいま日本に生きる我々に限りない勇気を与えてくれる人物に、本書が満ち満ちているのを発見するであろう。

一九九六年十月

資料　新風舎文庫解説

西尾漠

本書はまず一九八二年、潮出版社により単行本『日本の原発地帯』として刊行された。原発や核燃料サイクル施設の建設を許さなかった地域も紹介されてはいたが、「原発地帯とは、たいがい原発が侵攻した戦跡のことである」とあとがきに記されているように、主眼は「原発地帯が、なぜ原発をひき入れることになったのか、そこで何が起こったか、そしていま、そこでひとびとは何を考え、どう生きようとしているのか」にあった。

次に本書は一九八八年に河出書房新社から、河出文庫の一冊として文庫化されている。一部の章立てが変更され、新たに加わった「1988年、下北半島の表情」前段は、次のように結ばれた。

「チェルノブイリの大事故以来、『反原発』『脱原発』の運動は、子どもを抱えた主婦を中心にしてようやく市民レベルでひろがってきた。時代は大きく変わりつつある」

そうした市民レベルの運動のひろがりに、本書は原発問題の本質を教える恰好の素材を提供した。

そして一九九六年に、さらに大きく構成を変えて岩波書店刊の「同時代ライブラリー」に編入された『新版　日本の原発地帯』が、この新風舎文庫版の親本である。

「住民投票、１９９６年８月」の巻町（現・新潟市）が象徴する脱原発の流れの定着化がその後もつづき、現在に至っている。

第Ⅶ章までの各章末尾に一九九六年現在の追記があるが、その記述から変わっているのは柏崎刈羽原発で建設中とされていた二基が運転を開始したことと、島根原発でもう一基が建設に入ったくらいだ（巻頭の地図を参照）。十年経っても、原発はあまり増えていないのである。

とはいえ、本書に述べられた中身に変更がないという意味ではない。しばしば名前の出てくる動力炉・核燃料開発事業団は、相次ぐ事故と情報隠しの発覚で核燃料サイクル開発機構への看板の書きかえを余儀なくされ、さらに日本原子力研究所と統合されて日本原子力研究開発機構となった。日本原燃サービスと日本原燃産業も合体して、日本原燃となっている。科学技術庁は文部省といっしょになって文部科学省となり、通商産業省は経済産業省に改められた。市町村の合併がすすんで、巻町などの名が消えた。「県庁所在地にもっともちかい原発」だった島根原発は、いまや「県庁所在地にある原発」である。

読み返していて何よりつらいのは、登場する多くの人たちが、いまでは鬼籍に入ってしまわれていることだ。しかし、だからこそ、それらの人たちの思いを生かし、放射性廃棄物の処分場をはじめとする核燃料サイクル施設の「侵攻」を許さないという、これからの課題につなげたいと思う。

日本の原発の歴史を振り返ると、一九六六年に最初の一基（東海原発）が運転を開始して以来、休む間もないかのごとくに建設がつづいてきた。七九年の米スリーマイル島原発事故や、八六年の旧ソ連チェルノブイリ原発事故で欧米での新規発注が途絶える中でも、日本は突出する形で原発推進の道を歩み、二〇〇六年六月現在で五五基を有する。アメリカ、フランスに次ぐ世界第三位の原発大国である。

そうなったのは、まさに本書でもていねいに述べられているように、一九七〇年以前の、まだ原発がどういうものかもわかないうちに建設が決められてしまったからだ。「原発地帯」がいったんつくられてしまうと、そこに次々と増設されてくるのを食い止めることは難しい。

しかし、一九七〇年代、原発の危険性が明らかになってから、新たに計画に浮上した地点では、いまなお一基の原発も建設されていない。そして時代は大きく変わり、日本の原子力史上で初めて、原発の基数が減少することが示された。

二〇〇五年十月十一日に原子力委員会が決定した原子力政策大綱の添付資料にある「原子力発電　中長期の方向性」のグラフでは、原発の設備容量が、二〇三〇年度に五八〇〇万キロワットに達した後、二一〇〇年までずっと変わらない。廃止される古い原発は出力が小さく、新たに動きだす原発はその二倍となり三倍なりの出力となるから、設備容量が一定なら基数は減っているということになるのだ。

現に、二〇〇六年以降一月十日に総合資源エネルギー調査会電気事業分科会原子力部会の「電力自由化と原子力に関する小委員会」に資源エネルギー庁が提出した資料では、二〇三〇年以降の二十年間で三七基が廃炉となるのを二〇基で置きかえると、はっきり基数の減少が示されていた。実際には五八〇〇万キロワットに達することもないだろうし、ずっと早く減少することになりそうだ。

というのは、この見通しでは既設の原発の寿命を六十年としているが、現実には四十年ほどで廃炉になるとみられるからだ。世界中をみても、日本の原発と同じタイプの原発で四十年以上動いている例は一基もない。しかも、置きかえがはじまるといっても、ほんとうに置きかえられることはなさそうだ。電力自由化がすすむ中、コスト高で経営リスクの大きい原発はきわめてつくりにくいからである。

それは世界共通の状況である。チェルノブイリ事故が風化し、「原子力ルネッサンス」の動きがあると報じられてはいるものの、原発推進の立場をとる国際エネルギー機関の見通しですら、原発は横這いからやがて縮小へ向かうとされている。

世界で運転されている原発の基数は、十年以上も前からほとんど変わっていない。他方、建設中の数は、どんどん減ってきている。新しく動きだす一方、新規の着工は少ないからだ。新しく動きだしても運転中の数が増えないのは、廃止される原発のためである。今後、新しく動きだす原発の数を廃止原発の数が上回り、やがて建設ラッシュの裏返しで減少傾向が一気にすすむことは確実だ。アジアでの原発建設が盛んだといわれるが、それも一段落の感がある。むしろ欧米での原発離れが、いよいよはっきりしてきた。

脱原発を決めたドイツでは、まず一基が二〇〇三年十一月に、二基目が二〇〇五年五月に止められた。同じくスウェーデンでは一九九九年十一月に最初の一基が、二〇〇五年五月に二基目が廃棄された。他方、二〇〇五年二月にはフィンランドで一基の新設許可が出され、建設工事がはじまっている。アメリカやイギリス、イタリアなどでも復活の動きなどとする報道があるが、実際に建設・運転にすすむかどうかには、なお疑問符が付されている。アメリカが再処理（原発の使用済み燃料を化学的に処理し、燃え残っているウランとプルトニウムを取り出すこと）を復活する政策へ転換したとするニュースについても、その受け止め方は無邪気にすぎるだろう。

二〇〇六年二月六日、アメリカはＧＮＥＰ（国際原子力パートナーシップ）構想を発表した。核拡散を防ぐために、ウラン濃縮や再処理の施設をもってよい国（核兵器保有国＋日本）を限定し、それらの国が他の国々に濃縮ウランの提供と使用済み燃料の引き取りを保証する構想で、引き取った使用済み燃料は再処理をするというものだ。

ただしGNEPのいう再処理とは、使用済み燃料を処分しやすくするためのもので、日本でいう「リサイクル」とは意味づけがまったく異なる。プルトニウムは、原子炉で燃やすが、あくまでプルトニウムの焼却が狙いで、エネルギー利用を目的としてはいない。

GNEP構想は、むしろ核拡散を促すことになる。コスト負担が大きくなることから、米議会では共和党議員とふくめて強い反対がある。原子力産業界も使用済み燃料は再処理せずにそのまま処分することをすすめるべきと消極的。核兵器保有国の中での足並みも乱れている。技術的成立性にも疑問がもたれており、今後どう転ぶかわからないが、日本でいう「再処理復活」とならないことだけは確かだろう。

新しい時代状況の中で、本書はまた、新たな役割を担うことになる。

二〇〇六年七月十一日

青志社版まえがき

脱原発にむかう時

二〇一一年三月十一日十四時四十六分、「関東東北大震災」が発生、マグニチュード九・〇。十六年前の一九九五年一月、阪神淡路島地区に壊滅的な打撃を与えた大地震の、およそ千倍もの巨大なエネルギーが、大津波となって太平洋岸・岩手、宮城、福島の海岸線に襲いかかった。死者・行方不明三万、歴史的大惨事となった。

かつて、一八九六(明治二十九)年、三陸沖大地震では、津波の高さが三十二・二メートル、死者二万二千人となった。今回はそれに匹敵する悲劇をもたらした。が、そのときにも、阪神淡路大震災のときにもなかった異常事態が、より大きな悲惨を引き起こした。福島第一原発の炉心溶融事故である。

原子炉の制御が効かなくなって暴走し、閉じ込めていたはずの放射能が拡散する、という最悪のシナリオは昔からあった。が、しかし、すぐにでも発生する、と考えたひとはいない。

緊急炉心冷却システムが作動せず、原発が「空だき」になる、そのことは想定されていた。しかし、それはいつかのことであって、それが出現するまでには、原発時代は終わる、と祈るような気持だった。いますぐにでも原発が暴走する、と考えるのはあまりにも悲劇的であり、厭世的だった。人間、あまりの悲惨は考えたがらないものである。

三月十一日、十六時三十六分、日本政府は「原子力災害の拡大の防止を図るための応急対策を実施する」として、日本に原発が設置されて以来、はじめての「原子力緊急事態宣言」を発した。ところが、どうしたことか、この宣言にはご丁寧にも「注」が付いた、腑抜けのものでしかなかった。

「現在のところ、放射性物質による施設の外部への影響は確認されていません。したがって、対象区域内の居住者、滞在者は現時点では直ちに特別な行動を起こす必要はありません。あわてて避難を始めることなく、それぞれの自宅や現在の居場所で待機し、防災行政無線、テレビ、ラジオ等で最新の情報を得るようにして下さい」

なんのための「緊急事態宣言」だったのか。人間の安全よりも、メンツを大事にした、としか考えられない。さらに歯切れ悪く、「繰り返しますが、放射能が現に施設の外に漏れている状態ではありません。落ち着いて情報を得るようにお願いします」とダメ押しした。

「原子炉には損傷なし」とは、一日あけた十二日、「朝日新聞」朝刊一面の見出しである。

「原子力発電所は万一の事故でも、原子炉を止めて冷やし、放射性物質を閉じ込めることにより安全を保つように設計されている。今回の地震では、心臓部である原子炉に損傷は見つかっておらず放射能漏れは認められていない。この点で、とりあえず揺れに対して止めて閉じ込めることはできたと見られている」

その後の経過をみれば、この記事は大誤報だったことがわかる。このとき、福島原発はすでに危険水域にはいっていた。

第一原発に六基ある原子炉の一号炉と二号炉で、津波の打撃によって、「全交流電源喪失」という非常事態となり、外部からの送電が止まった。このため、緊急炉心冷却装置（ECCS）が作動しない、という極限状況になっていたのだ。

また、冷却水の水位が低下して、燃料棒が水面から露出していた。圧力容器に挿入されている燃料棒を冷却できないまま、炉心溶融にむかっていたのだ。

十二日午後三時三十六分、第一原発一号炉で轟音とともに水素爆発、建屋の部厚いコンクリートの天井が吹き飛んだ。格納容器内の気圧があがったため、ベントという操作で、「ガス放出弁」をあけてガスを放出した。が、炉内の水素ガスと蒸気が一緒にでて、酸素と結合して水素爆発を起こした。

が、水素は燃料棒を覆っている被覆管が高温になって、水蒸気と反応して発生した、ともいわれている。同時に高濃度の放射性物質もガス放出弁から放出されたので、格納容器周辺の放射線濃度が一挙に高まり、それは外部へ漏れ出した。

燃料棒が露出する非常事態だったにもかかわらず、東電はまだその原子炉を惜しみ、廃炉になるのを怖れて、格納容器への海水注入に抵抗し、時間を空費していた。核分裂反応を防ぐホウ酸を加えるだけだったが、ついに海水注入に踏み切った。

その後、第一原発では、冷却機能を喪失した三号炉（十四日午前十一時一分）、それにつづけて二号炉（十五日午前六時十分）が水素爆発、四号炉では十五日早朝、使用済み核燃料の冷却プールの水温があがって火災が発生した。三号機でもまた海水注入に遅れをとっていた。

海岸に相並んだ六基の原発のうち、四基の原発は時間差自爆と火災を発生させ、いまなお高熱の状態がつづいている。

政府は「緊急事態宣言」を発しながらも、わざわざ「放射能が（原発）施設の外に漏れている状態ではありません」と根拠もなく住民を安心させ、避難指示も三キロ以内の住民にだけだした。半径三〜十キロ以内は、「屋内待機」だった。

その後、さみだれ式に十キロ、二十キロ以内の住民に「避難指示」をだした。ついに二十〜三十キロ以内の住民にたいして「屋内待避」から、自主避難をすすめた。が、「自主」とは聞こえがいいが、保証はしないが勝手に逃げろ、というやりかたである。

それは「原発は安全」といいつづけてきただけに、まして菅内閣は原発を日本の輸出産業に位置づけていただけに、ことを大きくしたくなかった底意が透けてみえる。米政府が日本在住の米人にたいして、八十キロ圏外への避難を指示していたことを考えれば、人権感覚の差異に驚嘆させられる。

水素爆発を起こした第一号炉は、一九七一年三月に運転を開始していた。四十年の稼働だが、そのころ、原発の寿命は三十年といわれていた。無理矢理引き延ばしてきた欠陥炉だった。製造したのは米GE社で、格納容器自体の容積がちいさく、炉心部の冷却能力が弱い。冷却システムの設計がふるいため、電力供給が止まると爆発する危険性があった。

第一原発六基、第二原発四基を抱える福島原発は、これまでも、さまざまな隠蔽を問題にされてきた。二〇〇二年八月、原子炉の故障やひび割れが隠されていた、とする内部告発が原子力安全・保安院から福島県にあった。二年もまえにその報告をうけていた保安院が、なんの調査もせず、その情報をこともあろうか、東電本社に横流ししていた、という事実が暴露された。

炉心隔壁（シュラウド）がひび割れしていた、という大事故につながりかねない欠陥だった。原発政策は日立、東芝、三菱、IHIなど、原子力産業と経産省、そのなかに包摂されている保安院が推進力である。これはたとえが悪いが、泥棒を泥棒が取り締まる制度ともいえる。

中曽根康弘、中川一郎、与謝野馨など、原発推進派議員は多い。

新聞、テレビなどのマスコミ、御用学者や文化人、そして裁判所と、財界、官僚、政治家、司法まで原発体制を維持し、その防御の壁は厚い。それは国民の健康を犠牲にしての利益追求だった。

賛成派だったものの、あまりのでたらめさから、原発に疑問を感じるようになったのが、原発県・福島の佐藤栄佐久知事だった。彼は原発にウランとプルトニウムを混ぜた、MOXを使用するプルサーマルに反対するようになったのだが、「汚職」をでっち上げられて、県知事の椅子から引きずり降ろされた。原発は放射能ばかりか、陰謀まみれの装置なのだ。

わたしが福島原発とともに想い起こすのは、社会党の県会議員だったIさんのことである。彼は七十年代、原発反対の急先鋒だった。彼は東電の事故隠しを議会で追及して、「懲罰委員会」にかけられた。つぎの県議選では、東電とその下請け企業によって徹底的に選挙妨害され、落選した。わたしは自宅を訪問して、東電のやり口を教えて頂いたが、真面目な理論家で、篤実な人物だった。

その後、わたしは、原発周辺の被曝労働者や「障がい児」出生の噂を追ったりしていた。Iさんは双葉町長となり、原発賛成に変わっていた。本人にもお会いしたが、昔の精彩は感じられなかった。転向の理由、お嬢さんが東京電力の社員と結婚してからだ、と聞かされた。

いったい、今回の大事故によって、どれくらいの被曝者が発生するのだろうか。三号炉では昨年九月からプルサーマル生産にはいっていたこともあってか、プルトニウムが検出されている。この放射性物質は、ナガサキに投下された原爆「ファット・マン」の原料で、「地獄から引き出された元素」といわれている。毒性は強く、肺の中に入り込むとアルファ線をだしつづけ、千分の十三グラムを吸い込むと、放射障害で死に至る、といわれている。

原子炉からでている水の放射性物資は、炉内の一万倍といわれている。ヨウ素131が千三百万ベクレル、セシウム137が三百万ベクレルなどと、素人にはにわかに判断できない汚染度である。電源喪失すると、どんな事態になるか、米では三十年も前にシュミレーションを行っていたが、日本は無視していた。

原発は安全だ、といいつづけてきた日本政府は、科学的に、というよりも人間的な対応をせず、ついにシュミレーション通りの大事故となった。無知、無責任による人災であり、責任者の刑事責任は免れない。IAEA（国際原子力機関）の指摘によれば、避難対象になっていない「四十キロ圏内」の汚染は、避難基準の二倍に達している、という。国際基準よりも日本が緩やかなのは、人権感覚のちがいでもある。

いま、二十キロ圏内に取り残された遺体がまだある、といわれている。立ち入りは危険であり、遺体もまた放射物質に汚染され、確認、検視が困難であり、回収は難しい。火葬は煙に放射性物質がふくまれて拡散する。このような不幸が、具体的に想像されることはなかった。

キャベツの摂取制限のニュースを聞いて、福島県須賀川市に自死した農民がでた。これから、被災地の不幸はますます増殖する。その不幸をこれ以上、再現しないためには、原発の社会的支配から脱却するしかない。簡単なことだ。「脱原発」を宣言し、原発から撤退をはかり、代替エネルギーの開発を毅然と進めればいいだけのことだ。それは日本の民主化の道でもある。

青志社版あとがき
ダモクレスの剣——原発事故の最中で

いままでに感じることのなかった、奇妙な時間である。はるか遠くにあったはずの、それまでは気にしたことのない、視えない原発のなかで、いまどんな反応が起きているのか、わたしたちは、聞き耳をたてるようにしながら、そうっと生活している。

原発が事故を起こすのは予測されていた。が、どこかに救いをもとめていた。しかし、これほどまでの破滅的なシナリオが現実化するとは。不機嫌で、巨大なこの隣人は、ほとんど音をたてることがなく、ときどきの事故の報告が洩れてくるとき以外は、忘れ去られていた。

福島県の太平洋の海岸、六基ならんで建っている原発のうちの三基で、水素爆発が発生して、ぶ厚いコンクリートの壁が吹き飛ばされた。

それから三週間たった。故障した原子炉の内部のことはわかっていない。放出された放射性物質が農産物に付着し、海水にも許容量のなん千倍という高濃度の汚染があらわれた。記者会見の席にはじめてでてきた東電会長は打つ手がないと語り、原子力安全委員会は、「収束していないし、予断を許さない」という。

いま東電の社員とそれよりも圧倒的に多い下請け、孫請け、日雇いのひとたちの自己犠牲的な努力によって、原子炉の暴発が辛うじて押し止められている。高温で燃えている燃料棒をなだめるため、破壊された原子炉格納容器に放水しつづけるとか、溜まった放射能まみれの排水をせき止めるとか、中央制御室にいて喪われた機器の復旧工事を試みるとか、もっとも危険な空間で、だれからもみえない必死の作業がつづけられている。

仏米からの専門家チームも応援に駆けつけた。その広大な空間のなかの、死をも意識させる静寂、時間刻みの孤独な労働がいつまでつづくのか、それは作業にあたっている本人たちにもわからないことだと思う。

わたしは、これまでの著書で、原発をシチリア島・ディオニシオス王の「ダモクレスの剣」に喩えてきた。栄耀の王座のうえ、天井から髪の毛一本でぶら下がっている剣、その恐怖を忘れての原発社会の繁栄だったのだ。これからどうなるのか。

この事態が収まると、「もっと安全な原発を」との声が大きくなりそうだ。わたしが問題にしてきたのは、「国が安全だといったから」「あとのことはあとの首長が考えます」と答えていた、原発誘致自治体の判断停止状況だった。原発と引き換えにしていたのは、カネの追及だ。

これからのもっとも賢明な選択は、三〇年以上がたった原発の撤退、地震対策の徹底だ。ヒロシマ、ナガサキ、フクシマ、そして中央構造線断層にある浜岡原発が危ない。代替エネルギーへのよりはやい転進が必要だ。

七〇年代はじめから、わたしは、新潟県柏崎刈羽原発計画にたいする反対運動のルポルタージュを書いてきて、それに続けて、愛媛県の伊方原発への老人たちの闘いを書いた。それ以後、全国の原発地帯をまわって、反対運動の報告を書き続けてきた。その結末が、福島原発四基（最終的には全十基）を廃炉にする、炉心溶融事故の発生だった。事故発生を予測しながら運転を止めることには、なんの力にもなれなかったのは、悲しい。

二〇一一年三月三一日

鎌田　慧

原発列島を行く

はじめに

政府の原発強行政策も、東海村の「臨界事故」のあと、ようやくすこし手加減されつつあるようだ。それでもなお、無謀なものに変わりはない。

いまのわたしの最大の関心事は、大事故が発生する前に、日本が原発からの撤退を完了しているかどうか。つまり、すべての原発が休止するまでに、大事故に遭わないですむかどうかである。大事故が発生してから、やはり原発はやめよう、というのでは、あたかも二度も原爆を落とされてから、ようやく敗戦を認めたのとおなじ最悪の選択である。

通産大臣（現・経済産業大臣）の諮問機関である「総合エネルギー調査会」は、二〇〇〇年四月下旬の「総合部会」で、二年前に作成していた、二〇一〇年までに二〇基の原発新設を必要とする、というエネルギー需給の見通しを、最大でも一三基、と修正した。

それでもまだ一三基もつくる、といい張る頑迷さは異常というしかないが、ついに計画の修正を発表しなければならなくなった、通産省（当時）の追い込まれた状況は注目に値する。大本営が「撤退」を「転進」といわなければならなかった、かつての敗戦にむかう気運を感じることができる。また「原発の穴埋め」として、天然ガスの活用を、といい出したりしていて、面子《メンツ》にこだわる官僚たちも、ようやく、代替エネルギーの議論をはじめるようになった。〝原発終戦〟をもとめる世論が追い風に乗ってきたことを示している。

折しも四月二七日、東海村ＪＣＯ臨界事故で被曝した篠原理人《しのはらまさと》さん（当時四〇歳）が亡くなった。一九九九年一二月下旬の大内久さん（当時三五歳）につづく、二人目の被害者である。

また、この日の「中日新聞」（二〇〇〇年四月二七日付）では、米国の環境問題の研究機関「レイディエイション・パブリック・ヘルス・プロジェクト」（ＲＰＨＰ）が、原子炉閉鎖によって、その周辺に住む乳児の死亡率が激減したと発表した、と報じている。

この調査は、一九八七年から九七年までに閉鎖した全米七カ所の原発を対象に、半径八〇キロメートル以内に住む、生後一歳までの乳児の死亡率を調べたものである。

それによると、もっとも低減率の大きかったのが、九七年に閉鎖したミシガン州ビッグロック・ポイント発電所の周辺で、五四・一パーセントも減少した。その理由は、がん、白血病、異常出産など、放射線被害とみられる疾病の原因が取り除かれたことによる、という。

米国では、二〇〇三年までに、二八基の原発が米原子力規制委員会（ＮＲＣ）に免許更新を申請する予定だが、このデータは、その更新許可にたいする大いなる制御力になりうる。

天下りを通じた癒着の構図

原発推進のエネルギーは、「コストが安い」という信仰だった。が、使用済み核燃料の再処理および、高レベル放射性廃棄物の最終処分の開始を前にして、すでにその迷信ぶりの馬脚があらわれている。

敦賀《つるが》3、4号炉（福井県敦賀市）は、一基あたり一五三万キロワットという世界最大の出力が計画されている。ところが、責任者である日本原子力発電（原電）の鷲見禎彦社長は「八千三百億円を投じて建設する原発の電気が売れない恐れがある」（「日本経済新聞」二〇〇〇年四月二四日付）と心配している、という。

運転が開始されたにしても、発電単価が当初、一キロワットあたり一〇円につく。これは長新鋭の火力発電の六円よりも、はるかに高い。まして将来の廃棄物処理や廃炉のコストははいっていないというのだから、建設自体が経営の足を引っ張ることになる。それでも、経済産業省は、かつての軍部のように、敗色濃厚にしてなお、「聖戦」を唱えている。

将来、戦争責任が問われるのは明らかだが、これ以上の戦傷者の発生を思えば、あまりにも無能、無責任すぎる。あたかも、三〇〇〇の将兵を積んで、沖縄にむけて「特攻」を敢行した戦艦大和の無謀に似ている。

財務省幹部が銀行へ、国土交通省幹部がゼネコンへ天下っているように、経済産業省幹部が鉄鋼・造船ばかりか、原発プラントを受注する電機・重工業業界に天下っているのは公然たる事実である。核燃料加工会社であるＪＣＯの高木俊毅前社長が、通産省からＪＣＯの親会社である住友金属鉱山へ天下っていたのは、いまだに記憶にあたらしい。

この癒着の構造が、原発戦争継続の最大の理由である。これからの原発輸出と廃棄物の再処理引き受けが、原発関連産業の欲望である。その欲望のために、地域の住民ばかりでなく、アジアのひとたちまで危険にさらされようとしている。

ついでにいえば、オーストラリアのアボリジニー（先住民族）が反対しているにもかかわらず、世界遺産・カカドウ国立公園の中でウラン鉱山を開発する会社へ出資しているのは、関西、九州、四国電力などである。

九九年、当時の通産省は、愛知県の「海上《かいしょ》の森」を大伐採して、万国博を開催する計画をたて、博覧会国際事務局（ＢＩＥ、本部パリ）から批判され、計画を大幅縮小した。が、その一方では、原発促進によって、海外の自然環境と世界遺産の破壊に手を貸しているのだから罪は深い。

八二年、わたしはつぎのように書いた。

「かつてのように、村長や町長や市長たちは、にこやかな笑顔で『安全性』を強調することはない。『安全性』は、もはや彼らの行動の範疇にはなく、政府にタナ上げしてしまったのだ。『国が安全だといってますから』と彼らは判断を停止した表情をしてみせる。そのかわりに、彼らが熱心に語るのは、『メリット論』である」(『日本の原発地帯』岩波書店)

カネさえ入ればいい、という地方自治体の首長の退廃をつくりだしたのは、とにかく交付金をバラ撒いて原発政策を推進してきた日本政府である。

そもそも、日本の原子力開発は五四年に、核分裂する「ウラン235」にあやかって、二億三五〇〇万円の予算をつけた、中曾根康弘の「学者のほっぺたをカネでたたい」た政策からはじまった。「カネと命の交換開発」だった。

いまでも、全国の原発地帯にこれみよがしに、膨大な予算によって建てられた「見学センター」があり、この不況にもかかわらず、洗脳用の豪華なパンフレットが山と積まれているのは、その名残りである。どんなにムダなカネを使っても、電力料金に上乗せすればいい、としてきたのだから。この業界だけはいまだにバブル経済である。

国が銀行を救済したように、将来、破綻経営の電力会社にも、「救済資金」として血税を垂れ流すつもりか。

政府資金は、膨大な広告費として、新聞、雑誌、テレビなどのマスコミを汚染した。言論買収といってもまちがいない。また、原発の信奉者は、これまで数多く輩出した。かつては大熊由紀子(「朝日新聞」論説委員)、最近は上坂冬子(作家)などが、宣伝に貢献している。上坂は、電力会社の「助さん格さん」にともなわれてアジア各地の原発事情をみてまわり、原発賛美の記事を書いている。

わたしは「カネは一代、放射能は末代」とも書いたが、放射能汚染のように恐ろしいのは、カネの汚染である。また、物書きの文章も末代まで残る。労働者を日常的に被曝させているのに、原発礼賛など、とんでもないことだとわたしは思う。

地方首長の選挙での買収行為など、原発地帯の自治も汚染されている。「原発は民主主義の対極にある」。これが、わたしの結論である。

第1章
中央に翻弄されつづける悲劇の村
青森県六ヶ所村《ろっかしょむら》

原子力発電所（以下、原発）を見学したときなど、わたしは案内人に、「廃棄物はどうするのですか」とたずねる。するとまるでハンで押したように、「青森県の六ヶ所村《ろっかしょむら》にもっていきますので、心配はありません」との答えが返ってくる。

六ヶ所村は、「放射性生ゴミ」捨て場としてしか考えられていない。南北に三三キロ、東西に一四キロ。短冊のように細長い村で、人口密度はすくない。この広大なほぼ平坦な地形が、もっとも危険な再処理工場を中心にした、「核燃料サイクル基地」として狙われたのだ。

止まらない過疎化

しかし、ここには一万一五〇〇人あまりのひとびとが生活していて、小学校が九校、中学校が五校もある。一九六〇年の人口は一万四〇〇〇人、世帯数が二二〇〇戸だった。いまはそれよりも人口で二五〇〇人も減っているにもかかわらず、世帯数だけが二八〇〇戸もふえた。「開発」は過疎の歯止めにはならず、工事関係の単身赴任者だけを多くした。

正確にいえば、六ヶ所村は「核のゴミ捨て場」ではない。ゴミ捨て場としての「最終処分場」は、候補地さえいまだ決まっていない。決まっていないからこそ、この村に低レベル放射性廃棄物ばかりか、フランス帰りの高レベル放射性廃棄物や使用済み核燃料まではこばれている。

とにかく、六ヶ所村に押しつけ、あとのことはそのうちに決着をつけよう、というのが、政府や電力会社のやりくちである。

六ヶ所村の「核燃料サイクル基地」は、六〇年代末、「高度経済成長期」が生みだした「むつ小川原開発」の亡霊である。このとき、「国策」や「国家的事業」を旗印にして、不動産業者が村の土地を買い占めて歩いた。三井不動産や三菱地所のダミー（身代わり）だった。死の核燃料サイクル計画を、「開発」幻想でカムフラージュしていたのだった。

国策会社である「むつ小川原開発」は、二三〇〇億円の負債を抱えていた。年に八〇億の金利負担である。農民を追い払って土地を買い占めたのだが、オイルショックによって、土地の核施設は秘密場のような厳戒態勢にある。かつての牧場に、二重、三重のフェンスと監視カメラだけが目立つ。買い手がなくなり、苫小牧開発のように工業用地は店ざらしになった。核燃料サイクルのそばに、まともな企業など近づくわけがない。

　ところが、当時、経済企画庁にいて采配をふるっていた下河《しもこう》辺《べ》淳《あつし》・国土審議会会長の表現を藉《か》りれば、むつ小川原開発は「経団連会社」である。経団連が勝手につくった会社に、国策会社の北海道東北開発公庫が融資した。その莫大な金利負担を解消するために、国がその土地を買う構想もあるという。とんでもない失政なのだが、この開発の最高責任者だった下河辺会長は、かつての古戦場・六ヶ所村にやってきて、つぎのように語っている。

「実は稲山経団連会長（当時の新日鉄会長）は、当時、私たちに対して、今は石油基地で動いているが、二一世紀のむつ小川原は原子力センターをビジョンとしたいと言っていた。その頃はまだ、東海村が我々にとって原子力のセンターということで努力していたので、六ヶ所村にこの話が来るのは相当先ではないか、と理解していたが、今日、施設を拝見して、もう既に第一歩は始まっている。すごい早い速度でそういった夢が現実化しているというふうに私は理解した」

「私は大きな資金援助をして、国際的レベルでの研究によって、二一世紀に果たして人類が原子力に依存するのか、しないのか、決着を付けるためにも、日本列島全体でみるとそれに挑戦できるのは、下北半島ではないか。今、六ヶ所村で五千ヘクタールをそのために活用しているが、下北半島全体で一万ヘクタールぐらいの準備をしながら、原子力と取り組むということは一つの歴史的な命題であるとさえ思っている」（「核燃問題情報」第69号、九七年六月、六ヶ所村文化交流プラザでの講演をまとめたもの）

原子力に依存するかしないか

　国土開発の責任者として、「開発天皇」ともよばれていた下河辺氏が、むつ小川原開発は失敗でなかった、といい張りたい気持は理解できないわけではない。彼は相変わらずの「大規模開発論者」であって、「工業開発から核開発へ」と、衣の下に隠された鎧について、いま公然と語りはじめただけだ。

　六ヶ所村をふくめた、下北半島の「核半島化」は、財界と官僚が描いていた既定の路線であって、開発会社の膨大な借金も計画の破綻もなんのその、核開発がすすめばそれでよし、ということのようだ。やがて、原子力大国になるための開発だったから、コストも能率も関係ない、という弁明にむかうのであろう。

　核燃料基地にされようとしている六ヶ所村および下北半島の困難は、この問題が全国的な反原発運動の課題にされてこなかったことにある。むしろ、原発立地点の住民は、六ヶ所村へ危険な核廃棄物が運びこまれることによって、その地域がやや安全になる、と考えている。

　下河辺会長は、下北半島全体で、一万ヘクタール以上の土地がすでに確保されているから、あとは煮て食おうと焼いて食おうと、財界の勝手という。この危険な欲望に対置するには、日本の核開発を止める世論を形成するしかない。「原子力に依存するのか、しないのか」と下河辺会長は脅している。

それにたいする「ＮＯ」の声を、六ヶ所村だけにあげさせるのではなく、地域に原発を受け入れたひとびとが、あたかもツケを他人に押しつけるように、廃棄物を六ヶ所村にはこぶ政策を拒否できるかどうか。それが原発の増殖を断つ、もっとも明快な態度の表明である。

小泉金吾さん（七〇歳）は、全戸移転した集落「新納屋《しんなや》」に一戸だけ残って、農業をつづけている。久し振りにお会いすると、いつものように、腕をふりまわしての熱弁になった。彼は三〇年間、妥協することなく、中央の「大企業主義」をコキおろしてきた。小泉さんが土地を売らなかったため、再処理工場にむかう道路は曲がってしまった。

新納屋は、泊地区とならんで、七〇年代のはじめの巨大開発反対闘争の中心地だった。この地域の幹部の裏切りがあって、部落ぐるみの移転となったのだが、小泉さんはそのころはじまった減反政策にもめげることなく、息子夫婦とともにコメづくりに夢をかけてきた。

まわりは原野にもどった。たった一戸だけで生活する困難は想像以上のものがある。が、小泉さんの信念は揺らぐことはない。大地に足を据えた生き方そのもので、巨大開発と核燃サイクルを批判しつづけている。

「おらは絶対騙されねえ」

それが三〇年闘いつづけた、小泉さんの誇りである。

寺下力三郎《てらしたりきざぶろう》さん（八五歳、死去）、向中野《むかいなかの》勇《いさむ》さん（八一歳）、安田光昭さん（七九歳、死去）高田與三郎さん（七四歳）、種市信雄さん（六九歳）なども開発当初から、反対運動の前面にでていたひとたちである。このほかにも、土田前村長の選挙を支持するかどうかで意見がくいちがったものの、核燃基地に反対のひとびとはまだ多くいる。

世界は脱原発へ

なにも六ヶ所村のひとびとが、核燃を誘致したわけではない。金に糸目をつけなかった村長選挙や村議会議員選挙に勝てなかっただけだ。核燃基地受け入れを討論もせず、いきなり議決した、古川伊勢松村長（死去）のやりかたが、いまをつくった。それは八五年当時の、全国の原発反対運動の弱さの反映でもあった。

経済産業省は二〇一〇年までに、あと一三基もの原発を設置しようとしている。その目標を達成できなければ、「温室効果ガス削減の国際公約を達成できず、強制的にエネルギー使用を削減される。すると、国内総生産がさがって、二二五万人の雇用機会がなくなる」などという試算を発表している。官僚得意の責任を他に押しつける議論である。

ドイツのシュレーダー首相は、ドイツ国内からでる使用済み核燃料の再処理を禁止する法案をまとめ、使用済み核燃料の処理は、二〇〇五年七月一日以降、国内での直接処分に限定、それまでの間は（フランスと英国の）再処理工場への輸送を継続する、との方針を決定した（二〇〇一年六月一日、共同通信配信）。さらに原発の新規建設を認めず、すでに稼動している九基の原発を将来使わない、「新エネルギー」政策をまとめている。

賢明な選択だ。ドイツの原発の廃棄物は、いまフランスやイギリスに再処理を委託しているのだが、これをやめて各原発が自分で最終貯蔵の責任をもつことになる。脱原発にむかうための具体的な方針で、二一世紀の環境政策をリードする英断である。

原発は雪隠《せっちん》詰め間近

再処理のための貯蔵プールで、「燃焼度計測装置」の試験をする、との名目で、福島第二原発から八トンの使用済み核燃料が六ヶ所村にはこびこまれたのは、九八年一〇月上旬だった。そのあとも、四国の伊方《いかた》や九州の川内《せんだい》からの搬入がおこなわれた。福島第一原発の1号炉のプールなどは、貯蔵の限界にちかづき、稼動停止にむかう状況になっていた。

いま、各地の原発は、自分のだした核廃棄物にまみれ息絶えそうである。とにかく、原発内のフールから核燃料廃棄物を引き抜いて、どこかにはこびださなければ、原発は「雪隠詰め」になる。六ヶ所村の再処理工場の完成は、早くとも二〇〇五年七月。つまりずっと先に稼動する予定の工場で試験する、というデタラメな口実で、危険な高レベルの核廃棄物がはこびこまれた。

政府のこれまでの方針は、使用済み核燃料を再処理工場に持ちこんでプルトニウムをつくり、それを「ふげん」や「もんじゅ」などの新型転換炉や高速増殖炉で発電する、というリサイクル計画だった。燃料をいくら使っても減らない「夢の増殖炉」などと喧伝されていた。肝心の「もんじゅ」は事故で運転停止、東海村の再処理工場も、火災事故を起こして休止している。それぞれ再開が策動されているが、いまだ見通しはたっていない。

六ヶ所村の「核燃料サイクル」は、再処理工場とウラン濃縮工場、それに低レベル放射性廃棄物埋設センターの三つからなっている。それらを総称して、「三点セット」などといわれてきていた。はじめのころは、高レベル廃棄物の話などはなかった。ところが、すでに「高レベル廃棄物管理施設」が完成している。

もしも、再処理工場が稼動したとして、そこで発生するプルトニウムや高レベルの廃棄物を、こんどはどこが引き取るのか、そのあてはない。そればかりか、いよいよ日本の原発の廃炉が課題にのぼってきた。

これから、各地の原発は、ぞくぞくと廃炉になる。その廃棄物の搬入先もいつのまにか六ヶ所村にされている。原発一基の解体から発する放射性廃棄物は、およそ五〇万トンから五五万トンといわれている。その膨大な廃棄物が、六ヶ所村にはこびこまれようとしている。しかし、危険物は移動させないのが、もっとも安全な方法である。ドイツ政府がそれぞれの原発で、直接最終貯蔵する方法を決定したのは、賢明な解決策である。

良心に耐えかね内部告発

フン詰まり状態になりかかっている原発が、六ヶ所村に廃棄物をもちこめなくなったのは、ドイツのように、自己責任を徹底しているからではない。輸送容器のデータが改竄されていたことが、内部告発の文書によって暴露されたからだ。

「使用済み核燃料輸送容器は国内大手重機メーカー四社に発注されたのですが、その遮蔽部分の製造は日本原子力発電の関連会社『原電工事』に一手に発注されました。これにも業界に対して電力関連に仕事をまわせという裏があるわけですが、それよりも重要なのは、その遮蔽部分の性能が設定値に対して著しく劣るということです。すなわち、遮蔽材に中性子線を遮蔽する水素成分が大きく欠落しており、また、中性子線を減速させる硼素《ほうそ》成分も極端に偏っているからです」

動燃（動力炉・核燃料開発事業団）でデータが改竄されていたのとおなじころ、「原電工事」でも捏造があった、という情報が内部から流された。それによると、原電から原電工事へ出向していた課長や常務など、会社の幹部が直接かかわる企業ぐるみの犯行だった。

高レベルの放射性物質である、使用済み核燃料は、「キャスク」とよばれる、直径二メートル、全長六メートルほどの魔法瓶型の容器ではこばれる。「いずれも規格を下まわっています」との報告書が、分析を担当した「日本油脂」からファックスで流された。これにたいして原電は、そのデータの改竄を指示して、そのまま欠陥容器を使用していた。

「国内の原子力発電所から一時保管施設への輸送が始まっていますが、本当に大丈夫でしょうか。作業される方、周辺住民の健康が、本当に危惧されます」

と、内部告発者は書いている。安全性にたいして、もっとも厳格であるべきはずの原発関連の仕事でデータが捏造されていたのでは、この良心的な技術者のいうように、キャスクを大型トラックに積んで運んだり、目的地で降ろしたりする労働者や住民の生命と健康が危険にさらされる事態となる。

海外で製造された九基のキャスク以外、日本で製造された四四基のうち、四〇基にデータを改竄したレジンが充填されていた。だから、欠陥キャスクは六ヶ所村にはこばれた二基だけではない。ほかの原発でも使用されていたのだった。

原電工事は、原発の定期検査などの業務のほかに、米国の会社からノウハウを買って、中性子の遮蔽材を製造している国内唯一のメーカーだった。が、この事件のあと、「原子力への信頼性を失墜させた」という理由で、系列企業に吸収合併された。

しかし、謝るのならキャスクをはこんでいた労働者や六ヶ所村の住民に謝るべきである。「会社解散」は、いわば原発推進の主君にたいしてみせる「切腹」の儀式である（のちに、重大事故を起こした東海村のJCOもおなじように処分される）。

これらは天下り会社だからできることであって、幹部や社員たちは、なにもなかったかのように親会社や関連会社にひきとられた。

想像に絶するこれらの事実は、六ヶ所村へ使用済み核燃料の搬入開始、との報道に接した社員の、良心に耐えかねた内部告発によって、ようやく明らかになった。

もしも、この勇気ある行為がなかったなら、その後もなに食わぬ顔で、欠陥容器によって核廃棄物がはこばれていたのはまちがいない。原発内に溢れそうな廃棄物を、すこしでも早くはこびだしたい、そのために、とにかくデータを改竄してでも納期にまにあわせようとした。

ところが、この不正行為が発覚したあとでも、発注元の「原燃輸送」は、「安全性には問題ない」として輸送を再開している。チェック体制が甘いのは、監督官庁であるはずの経済産業省や文部科学省が、ほかならぬ原発の推進役だからである。担当者はやがて監督していた企業に天下っていく。

この癒着を断ち切らないかぎり、日本の原子力行政の危険は妨げない。

すでに使用済み核燃料をはこびこまれた六ヶ所村は、機能的に「中間貯蔵所」や、プルトニウム・ウラン混合酸化物（MOX）燃料の加工工場としても狙われている。

故郷の六ヶ所村に帰ってきて、ミニコミ紙「うつぎ」を発行している菊川慶子さんは、自宅の畑にチューリップを栽培し、「チューリップ祭り」を毎年つづけている。米軍基地を花畑にしようという沖縄の運動がある。それとおなじ、核サイクル基地をチューリップ畑に、とのアピールである。この前途遼遠ともいえる活動が、六ヶ所村にひとびとを集める力となっている。

日本が核大国になるのかどうか。それは六ヶ所村だけの問題ではない。自分たちの未来の問題なのだ、とどれだけのひとたちが考えているだろうか。

第2章 首都移転とともに進む〝処分所研究〟 岐阜県東濃《とうのう》地区

名古屋から木曾山脈に沿って、長野の塩尻市にむかう鉄道が、中央本線である。多治見《たじみ》、土岐《とき》、瑞浪《みずなみ》などと沿線にあらわれる岐阜県の小都市は、山地に登る手前の平野部にあって、「東濃《とうのう》地区」とよばれている。田園地帯である。

それでもそのあたりにはすでに山脈の末端が迫っていて、クルマで走りまわると、山村のたたずまいもみうけられる。その狭い道に、突然のように意味不明の看板がたちあらわれる。「新首都は『東京から東濃』へ」。

ここに「東京」を引っ越しさせようという誘致運動のスローガンである。あの無骨でいかにも重そうな国会議事堂を、このなだらかな丘陵地帯にまで運んでくることを想像すると、いかにもシュールなイメージになるが、看板にあらわれたスローガンは、けっしていたずら好きの冗談ではない。

新首都誘致は、梶原拓《かじわらひろむ》・岐阜県知事が先頭にたっている大運動で、全国の主要な新聞に全面広告をうつなど、すでに二億五〇〇〇万円にもおよぶ、オリンピックなみの「誘致費」が投入されている。梶原知事は建設官僚の出身だから、転んだにしてもけっしてただで起きあがるような人物ではない。なにかの成算があるにちがいない、と期待されたりしている。

パンフレットにない研究目的

じつは東濃地区を訪問するのは、はじめてではない。一九九六年ごろにも一度きたことがあるのは、「新首都」の誘致運動の取材ではなく、「超深地層研究」についてだった。再訪してみて、女性たちを中心にして「研究」にたいする反対運動がひろがっているのを実感できた。

多治見、瑞浪、土岐、岐阜、高富町《たかとみちょう》などに、さまざまな市民運動のネットワークができていて、わたしはそのひとたちにお会いすることができた。それぞれの地域でチラシやパンフレットがつくられ、ひとびとが走りまわり、運動の幅がひろくなっている。

市民たちをたぶらかしている、あるいはたぶらかされる口実をつくる「研究」は、「赤頭巾ちゃん」を騙した狼の白粉《おしろい》ともいえる。それが剝がされさえすれば、使用済み燃料最終処分場への反対運動は、一挙に本格化しそうだ。

岐阜県が「新首都」の立地点をどこに予定しているのかは、

いまだあきらかにされていない。多治見、土岐、瑞浪の三市にまたがる地域にふくまれているようなのだが、すでにこのあたりには、「東濃研究学園都市」が建設されつつある。

核融合科学研究所や超高温材料研究センター、無重力総合研究所などが開設され、これからこのあたりは、超深地層研究所、極限環境研究所などの「超」や「極限」を冠した、研究都市にされようとしている。

極限環境という耳なれない言葉がつかわれているのは、日常を超えた非日常の世界、との意味のようだ。「新首都」は地上の施設だが、「超深地層研究」とは、その名のとおり、地下にもぐった研究である。

地上、地下の施設はともに県の企画部企画調整課が担当し、推進しているので、いわば「新」と「超」は、クルマの両輪の関係にある。

超深地層研究所は、「動燃」改メ、「核燃料サイクル開発機構」（核燃）の機関である。

宣伝パンフレットには、「地層科学研究」などとしか書かれていないのだが、同社の地層科学研究グループの武田精鋭・グループリーダーは、「高レベル放射性産業廃棄物の地層処分の基礎研究をおこないます」とあっさり認めた。

それが目的である。しかし、奥歯にものをはさんだようないいかたになるのは、研究がやましいからではない。目的は研究だけではなく、その深層に、本当の用途がふくみこまれているからかもしれない。

「処分場」に化ける恐れ

新首都と核廃棄物研究とが、セットになって誘致されている。しかし、はたして、「研究所」が本当に研究所だけで終わるのかどうか。それとも、「研究所」が研究を完了したあと、突如として「処分場」に化けてしまわないかどうか、それが問題だ。「正《しょう》馬《ま》様《さま》洞地」と核燃がいう場所は、瑞浪市月吉《つきよし》地区の民家に隣接している。

軒先をこするような細い、たより気のない小道を登り、ちいさなトンネルをくぐり抜けると、眼の前に異様な塔があらわれる。高さ三〇メートルほど、地表から竹の子状に立ちあがっている矢倉だが、シートにすっぽりと覆われている。

あたかも、アメリカの秘密結社「ＫＫＫ（クー・クラックス・クラン＝白人優越主義者団体）」のメンバーがかぶっている、「とんがり帽子」の覆面のようである。

すでにその下に、ボーリングによって一〇〇〇メートルもの竪穴が掘られている。そこまでは、以前にきたときにもみていた。そこから右に折れて、すこし奥にはいったところにも、さらに一本の矢倉が建っていて、作業服を着た男たちが、テントのなかに群がっている。

地底から、サンプルを引き上げているようだ。この矢倉の下もすでに一〇〇〇メートル以上掘られている。

さらに道のむこうに、もう一本の矢倉が緑のシートに覆われて建っているのがみえた。試掘を完了して、コンクリートの蓋で密閉されたのが、このほかにもう一本あるから、二〇〇メートルたらずの直線距離に、一〇〇〇メートルの井戸が四本もあらわれた。最終的には一〇本になる、という。

はたして、これだけの狭い場所に、地質や地下水の研究のためだけで、一〇本ものボーリングをする必要があるのだろうか。

「地下施設の完成まで、二〇年をかけて実施する」と、核燃「東濃地科学センター」の文書には書かれてある。超深地層研究所の「概念図」をみると、一〇〇〇メートルの坑底に、正方形の坑道が展開されているのがわかる。それが「地下施設」である。

完成までに、二〇年もかかっても平気なのは、いま青森県六ヶ所村にはこばれている高レベル廃棄物が、「最終処分場」に搬出されるまでに、すくなくとも三〇年はかかるからである。そのすこし前に完成する予定のこれだけの膨大な施設が、本当に実験のためだけで、その生命を終えるのかどうか。

これまで政府が発表してきた、高レベル放射性廃棄物の最終処分場の規模は、深さ一〇〇〇メートル、地底の処分坑道にガラス固化体四万本を埋設するため、「四平方キロメートル」の面積が必要とされている。

ところが、九九年一月中旬、月吉地区に隣接する、土岐市泉町《いずみちょう》河合《かわい》地区の上空から（といっても、屋根すれすれの低空だったが）、ヘリコプターで物理探査した範囲が、この「四平方キロメートル」に該当していたため、地域住民は疑いをいっそう強めている。

月吉の矢倉がたち並んでいる地域から、尾根をひとつ越した場所にあるのが、「東濃鉱山」である。かつての動燃がウラン鉱石を採掘するといって、地元のひとたちから買収した土地で、いまは一三〇メートルの竪坑が掘られ、坑道が発達している。その直径が最終処分場の竪坑《たてこう》の幅とおなじ六メートルなので、わたしは強い疑念をもっている。

九〇年ごろに、動燃の内部資料が暴露されたことがあった。そこには処分地選定について、「地層（処分）施設と同一条件下で研究と技術の実証を行い、これを地層処分に絶えずフィードバックすることが望ましく、このため地層（処分）施設に隣接して地下研究施設を置く」

とある。つまり、逆に読めば、地下研究施設に隣接して、最終処分場を建設する、ということである。とすると、ここが処分場の本命となる。

現在、もっとも嫌われている最終処分場と華やかな「新首都」

とは矛盾、対立する存在のはずである。ところが、九五年八月二一日付の「日本経済新聞」には、科学技術庁幹部の談話として、「処分地を押し付ける、引き受けてもらう、という発想ではもう限界ではないか。首都の移転とセットにして最終処分場もつくる覚悟で挑まないと……」（「核の50年」）

との悲壮な発言が掲載されている。

嫌われ者の核施設は、いつも「利益」と引き換えにされる。中曾根議員による原子力予算以来の、議論よりもカネである。とにかく、やり方がきたない。たとえば、長崎県佐世保港へ原子力船「むつ」が曳航されたときには、新幹線と引き換えにする、といわれ、六ヶ所村への核燃サイクル施設の押しつけのときもまた、新幹線がささやかれていた。「鼻先にニンジン」の買収行政である。

「トロイの木馬」としての「研究」

九八年一一月に、「東濃地科学センター」が発表した文書「東濃地科学センターの組織と業務について」では、

「これらの研究では、これまでどおり放射性廃棄物は持ち込むことや使用することはありません。また、ここを処分場にするための研究でもありません」

と書かれている。

しかし、それは当たり前のことである。研究は地質や構造の研究であって、核廃棄物そのものの研究ではないからである。九五年一二月に、動燃が発表した「超深地層研究所計画」には「超深地層研究所における研究には、いずれの段階においても、放射性廃棄物を持ち込んだり使用したりする必要は全くありません」

とある。

研究に不必要なものなど、はじめからもちこむ理由がないのは当たり前のことである。ここでの「研究」は、いわば「トロイの木馬」であって、住民を幻惑させる手段でしかない。問題は城内に引き込まれたあとからなのだ。

九八年九月、科学技術庁の竹山裕《たけやまゆたか》長官（当時）は、梶原岐阜県知事にたいして、つぎのような回答書をだした。「地層科学研究とはなにか」との住民の不安に答えたものである。

「この研究では、研究実施区域に放射性廃棄物が持ち込まれることはないし、当該区域を高レベル放射性廃棄物の処分地とするための研究が行われるものではありません」

「貴職をはじめとする地元が処分場を受け入れる意思がないことを表明されている状況においては、岐阜県内が高レベル放射性廃棄物の処分地になることはないものであることを確約します」

これまた官僚的答弁の見本といえる。ここでは、「この研究」

というのが前提であって、研究後のことについては言及されていない。

また、「地元」が賛成しない「状況においては」「処分地になることはない」という答弁でもある。地元とは誰が代表するのか、もしも「賛成」すればどうなるのか。「処分地になる」などと客観的ないいかたをしているが、処分地にしたがっているのは、科技庁自身ではないか。

いわば、「トロイの木馬」の送り状である。これを受けて、県知事、瑞浪市長、土岐市長の三者で、「研究において」と科学技術庁の前提を踏襲したうえで、放射性廃棄物が搬入されれば「阻止する」と威勢のいい「確認」をしている。

が、もしも、地元のために、実力ででも搬入を阻止する決意があるなら、「この研究では」などとアイマイな制限をつけることなく、「いっさい」とか「永久に」とか明記すべきであろう。それが政治姿勢というものだ。

ドラム缶にカウンターが反応

東濃鉱山を見学した。地元で市民運動をつづけているひとたちと一緒だった。入坑前に核燃から、放射線を測定するガイガーカウンターを渡された。

地下の実験坑道をあるいた。ウラン鉱石を詰めて腐食したドラム缶や、鉱石が露出している岩壁の前にたっても、わたしのカウンターはなんの反応も示さなかった。が、Ｎさんがもちこんだロシア製の方は音をたてていた。ロシア人のほうがまだ正直のようだ。

わたしは、オーストラリアのカカドゥ国立公園のなかにある、露天掘りのウラン鉱山の光景を思い起こしていた。そこに住んでいるアボリジニー（先住民族）が、地表を掘り込まれたことについて、「背骨に穴をあけられるようだ」と苦痛をこめた表情をみせた。

地中ふかく、一〇〇〇メートルの穴を、一〇本もあけられているのをみたならば、自然にたいしてきわめて敬虔なアボリジニーは、なんというのだろうか、と考えていたのだった。

炭鉱ならば「切り羽」とよばれる、坑道の行き止まりの空間で、二台の巨大な扇風機が回転していた。坑道から染みでたラドンガスを地上に送っているのだが、排気口は月吉地区のＫさんの小屋の上にある。

「やめてくれ、といっているんだ」

とＫさんは憤然としていた。地中をふかく掘り進めると、さまざまな有害物質が噴きでてくる。ましてここはウラン鉱脈のまっただ中なのだ。地下水の汚染も心配だ。いま、一〇キロメートル四方でボーリング作業がつづけられ、地下水の流動系が調査されている。〝研究〟にしては大がかりすぎる。

一二〇メートルの坑底で作業していた労働者が話していたのが、秋田弁だった。それにわたしは気をひかれた。聞いてみると、小坂鉱山にいた、という。同和鉱業が経営していた銅鉱山である。坑底ではたらいていた労働者が、まるで地底を通り抜けたようにして、この地に移動しているのだ。取材にいったことのあった鉱山なので、懐かしかった。

一〇〇〇メートル地下の坑道を掘り進むのは、炭鉱や金属鉱山の失業した労働者なのだろうか。高レベル廃棄物処分場の建設費は、三兆円以上、と試算されている。これも原発のコストをこれから押しあげる。

「巻原発」運動と似た構図が誕生

土岐市は、「研究学園都市」の道を歩んでいる。密閉された巨大なコンクリートの塊である、核融合科学研究所も完成し、プラズマ・リサーチパークも建設される。原発地帯にはかならずある、子ども騙しの「科学体験センター」もオープンした。それでも期待されたようには、商店街が活性化することもなく、シャッターを降ろしたままの店がめだつ。その一角に選挙事務所があらわれた。

四月におこなわれる市長選挙で、現職の塚本保夫市長に対抗して、処分場反対派の金津保市議が立候補する。市議二六人中、処分場にたいしては、半分の一三人が反対している、とか。

金津さんや「選挙参謀」格の速水栄二市議など自民党市議は、機関誌「かけはし」を発行して、処分場化にたいして反対のキャンペーンを張っている。市議会の議長と副議長もメンバーにはいっている、という。

自民党内もこの問題では分裂、選挙は「推進派」の現市長派と金津さんたち反対派の一騎打ちになる。いわば、新潟県の「巻原発」の住民運動とほぼ似た構図である。中間派がうごきだしたことが、これまでの少数派の運動の拡大を意味している。

わたしは、「研究」がかぎりなくクロになった実感と同時に、周辺住民のなかでの反対の気運が、これからますます盛り上がるのを確信して、帰途についた。（土岐市長選では、塚本市長が当選した。）

第3章
遅れてきた無謀に抵抗する漁民の心意気
山口県上関町《かみのせきちょう》

「上関《かみのせき》原発」は、中国電力（中電。本社・広島市）が瀬戸内海に建設しようとしている原発である。一九九九年四月になって、中電ははじめて住民にたいして、「建設計画と環境調査のあらまし」というタイトルのパンフレットを配布した。

山口県柳井《やない》市の市街地から、瀬戸内海にむかって室津《むろつ》半島が延びている。その岬の先にある長島が、建設予定地である。島の南端、人里はなれた海岸に、まるで秘密工場のように、出力一三七・三万キロワットの原発を二基（将来は四基）、建設する、という。

もしも、計画通りに完成するとすれば、対岸の佐田岬（愛媛県）には、「伊方原発」が建っているので、瀬戸内海を航海する船は、本州と四国との両側の原発にはさまれた狭い航路を、まるで挟み撃ちにされるようにして通過することになる。いかにも剣呑である。

浮上した中電の隠密作戦

中電はかつて、おなじ山口県でも日本海側の響灘《ひびきなだ》に面した豊《ほう》北町《ほくちょう》に原発建設を計画したことがある。ところが、漁民を中心にした反対運動によって、ついに潰された苦い経験をもつ。そのためもあってか、こんどは豊北町のように、いきなり計画を発表するのではなく、地元に潜行して根回しをし、議会に誘致させるという、手のこんだやりかたをとった。

八二年六月の町議会で、ある議員が、町長に、「町民が中国電力によって、さかんに原発視察につれていかれているが、なにか原発の話があったのか」と質問した。

当時の加納新《かのうあらた》町長は、「まだなんの打診もない。しかし、住民の意志は尊重しなければならない」と曖昧に答えていた。が、そのあと四カ月ほどして、中電幹部が、上関町は「有力な候補地」と記者に語って、隠密作戦が一挙に浮上した。

推進派が町議会にたいして、中電の「事前調査」をもとめる請願書を提出したのが、八四年三月。六月になって、それを受けた特別委員会は全会一致で採択した。原発誘致請願は、一年後の八五年六月。やはり特別委員会に付託され、三カ月後に議会で採択された。

民主的な手続きを採った形式が残されている。しかし、それまでに中電が費やした資金額は、あきらかにされていない。

「漁協婦人部が四〇人ほど、無料で旅行につれていってもらいました。伊方原発の見学だったんですが、ここは入ってはいけない、というところばかりで、みせるところでもさぁーとみせるだけ。とにかく警戒が厳重で、建物がたっているところには、民家がない。ヘンだと思いました」

見学に連れていかれたばっかりに、反対派になった人もいる。そのひとりが、正本笑子《しょうもとえみこ》さん（六三歳）である。彼女が住んでいるのは、長島から三・五キロ先にある祝島《いわいしま》である。島の人たちは、戸に鍵をかけることはしない。秘密もなく、明けっぱなしで、たがいの家に勝手にはいりこんで話しこんだり、道で会った見しらぬ人をつれてきて酒を飲ませたりする。だから、いかにも秘密っぽい原発など、胡散くさいものにしか感じられない。

原発の予定地は、長島の南端の海岸にあるため、長島の人たちの目にはまったく触れることはない。ところが、祝島の人たちにとっては、丘に建ちならんだ集落の東側、その鼻っ先の海のむこうに、いかにも危なげな原発が建ちならぶことになる。そのあいだの海は、一本釣り漁にとっての絶好の漁場なのだ。

祝島は、「石見島」、あるいは「硫黄島」が転訛《てんか》した、ともいわれる。火山の噴出によって形成された熔岩の島（『上関町史』）で、すぐそばの「小祝島」は、小島ながらも休火山である。かつて、杜氏《とうじ》の島としても知られ、いま、世帯数は二四八世帯、人口七四七人。祝島漁協の総会は、一〇一対七で、原発拒否を決議している。

正本笑子さんの夫の英一さん（六三歳）は、いまはサヨリの一本釣りやタコ釣り、それに遊漁船などで、生活は安定するようになったのだが、若いころには、秋祭りがすむと杜氏の手子《てご》（助手）として、半年ほど出稼ぎにでていた。この島の人たちは、戦前には、満州（中国東北部）や樺太（サハリン）へまで、でかけていた。

サヨリ漁は、二隻の気のあった船が、いっしょに網を引く、「船びき網」である。英一さんの相方は、漁協のH組合長だった。原発の話がでてきたころ、組合長が、親しみをこめて彼にいった。「三〇〇〇万円の現金をもったことあんかい。原発に賛成したら、三〇〇〇万はいるんじゃ」

それでも、英一さんが反対陣営にとどまっているのは、「はっきりせんや、お父さん。わたしは反対よ」との笑子さんの強烈な拒否権があるからである。「おかげで、反対でいることができた」と英一さんは、冗談っぽくいって、気丈夫な妻に感謝している。

祝島には、広島での被爆者や原発に出稼ぎにいって帰ってきた人がいる。その人たちの発言が、原発拒否への大きな力になっている。「わしは、工場いうても酒蔵場《さかや》しか知らんが」と、英一さんは、原発で防護服に着替え、マスクをして、アラームメーターをつけて働いた、という島の人たちの話に驚嘆しているのだった。

原発予定地に近づくと発信音

わたしは、清水敏保《しみずとしやす》さん（四三歳）の船に乗せていただいて、原発予定地を海の上からみることができた。

そこは海岸までひくい丘がせまった無人の砂浜で、原発配置計画図と照らしあわせてみると、2号炉の炉心は、埋め立てられたあとの位置に相当する。とすると、埋め立て地に、巨大な重量の原発が建設されることになるのだろうか。

丘の頂点のすぐむこうに、反対派住民の共有地がある。それを回避して、やむを得ず海岸に張りだした、としか考えられない。

海岸に竪型の小屋のような建物が二棟建っている。そのあたりはすでに買収されていて、七電の土地である。

「このへんまでちかづくと、どうしてだか、ピイピイなにか鳴るんです」

と清水さんが不審そうにいう。と、彼がいうように、ピイピイとかすかな発信音が、海面を渡ってきた。警戒態勢にはいったような緊張感が漂っている。原発がくる前からすでに、このあたりは秘密地帯になっているのだ。

清水さんが、原発に疑問を感じるようになったのも、やはり原発の視察に連れていかれてからだ。

「小学校二、三年のとき、東海村が話題になっていて、そのときから、原子力とはいいものだ、と考えていました、町議会で原発誘致が決められてから、青年団で美浜《みはま》や敦賀の原発を見学にいったのですが。朝早く起きて、魚をみにいったら、しょうもない魚ばかりで、海も温排水の影響で、アオサや藻もみあたらず、こりゃ駄目だ、とわかった」

そのあとは京都見物だったが、九人の見学者にたいして、二人の中電社員がつきっきりの大型バスでの観光旅行だった。さいきんの見学は、六ヶ所村や北海道の泊《とまり》原発など、ただで飛行機に乗れるので、年寄りには人気があるとか。七回もでかけていて、中電から、「あなたはもうこんでもいい」といわれた人もいるとか。経費はすべて中電が負担する買収旅行である。

反対派の島を抹殺した環境調査

もしも対岸に原発が建設されたら、島の人たちは無気味な原発を押しこんだ、白いコンクリートの塊を朝夕眺めて暮らすことを強制される。三・五キロメートルの海上には、なんの遮蔽物もない。もしも、原発で事故が発生したとき、祝島は逃げ場のない、人体実験場になってしまう。

そんな危機感が強かったため、原発計画が浮上した直後の八二年一一月、島の有権者のおよそ九割の人たちが参加して、「愛郷一心会」が結成された。その名前に島ぐるみの勢いがあらわされている。

いまは、「上関原発を建てさせない祝島島民の会」と改名されているが、反対の熱意はいぜんとして変わることなく、ほぼ毎週おこなわれている島内デモは、すでに七〇〇回を超えた。

九九年四月下旬におこなわれた上関町の町長選挙では、原発推進派である現職の片山秀行氏が五選された。すでに原発をあてこんだ町財政は、公債発行残高（負債）が五二億円にふくらんでいる。

人口四八〇〇人、一般会計で四二億円の町財政では、過大にすぎる負担だが、それがまた原発からの交付金への期待を強めさせる。自治体の財政が原発に依存し、交付金が切れると、たちまちにして財政が悪化するという、薬物中毒状態になる。上関町の場合は、まだ原発の影も形もあらわれていないのに、すでにこのあり様である。

原発依存からの脱却を訴えた、「原発に反対し上関の安全と発展を考える会」代表・河本広正さんの得票数は、一六四五票。現職候補に五六一票の差で敗退した。それでも、得票率は四二パーセントだったたから、惜敗といえる。

中電の露骨な選挙介入を打破できなかった、とはいえ原発を阻止するひとつのチャンスだっただけに、この敗北は惜しい。現職が五期目で六八歳、対立候補が長年の反対運動の中心人物だったとはいえ、七六歳の高齢だったことも得票に影響したようだ。

それでも、その翌日、祝島の人たちもふくめて、反対派の人たちは山口県庁や中電にデモをかけ、選挙で負けたにしても、反対の意志は健在なことをアピールした。転んだにしても、草の根をつかんで立ち上がる精神ともいえる。反対運動はまだまだこれからである。

というのも、原発予定地には、いまなお、「反原発地主の会」の会員の土地が一五パーセントもふくまれている。炉心予定地から二五〇メートルの土地もある。そのほかに、反対派の共有地が十数所、共有地主一六〇人がいる。これが崩れることはまずない。

さらに、予定地には八幡宮神社の土地がひっかかっている。およそ一万平方メートルの神社所有地のうえに、勝手に原発を設置する計画をたてているのだから、罰当たりというべきだ。「宗教法人法」第一八条五項には、「……その保護管理する財産については、いやしくもこれを他の目的に使用し、又は濫用しないようにしなければならない」とある。

神様の土地を放射能づけにするなど、前代未聞の暴挙というしかない。賛成派の氏子代表は役員会の賛成多数で売却を決定した、などといっているようだが、宮司にとっては寝耳に水のできごとだ。代表役員である宮司が開催しない「会議」で、宮司が与り知らない決定などあるわけはない。

そもそも神社は、日本の自然とともにある存在であり、森や林のなかに存在しているのが似つかわしい。その神聖な土地が、原発のカネによって買収されるなど、ありえないことだ。

それも地元の氏子の意向を無視したもので、いかに中電が計画をあせっていたか、そして、計画がいかに杜撰なものだったかが、これだけでもよくわかる。2号炉が、埋立地に建設されることと考えあわせると、中電が本当にやる気があるのか疑わしい。

地元民との合意がない計画など実施できるはずがない。もっとも危険な原発が、このようなやっつけ仕事ですすめられるのが、原発推進派のいいかげんな体質を示している。

このほかにもまだある。炉心計画地にかかる「四代《しだい》地区」の共有地を、住民の同意がないうちに、地区役員会が勝手に中電が買収した土地と交換してしまったのだ。電力会社が地域の人間関係をズタズタにした仕打ちのひとつである。

中電は住民から、「登記抹消」をもとめる裁判に訴えられた。それでも、中電の住民対策としての美辞麗句は、こうだ。

「繁栄の歴史を歩み、青く美しい海と色とりどりの花に囲まれる上関市。今、この町に原子力のあかりが灯り、新たな町の歴史が始まろうとしています。ともに歩む上関市と上関原子力。明るい未来は始まっています」

これまでの実際のやり口とくらべてみれば、いかにもしらじらしい。このようなやり方にたいして、いささかあきれながらも、強く抗議しているのは、祝島漁協の山戸貞夫組合長(四七歳)である。

「中電は祝島を完全に無視して計画をすすめています。環境影響調査報告書を通産省(現・経済産業省)に提出したようですが、祝島ではまだなんの調査もしていないし、報告書からは島が抹殺されているのです」

調査報告書の地図をみると、原発予定地のすぐ目の前にあるはずの祝島は、奇妙なことに影も形もない。そればかりか、環境調査報告書にも、一行の記述もない。抹殺、という形容は、けっしてオーバーではない。やり方があくどい。

七四七人が住む地域を抹殺したのは、そこが反対派の拠点だからである。しかし、自分たちのやり方にたいして批判している人たちの存在をなきものとして、「環境へあたえる調査は完了しました」と国に報告するのは、国を騙す重大な背信行為である。

都合の悪い存在を黙殺して原発を建設したとして、そこに住む人間や生物にどういう責任を取るのだろうか。もっとも原発の悪影響を被るのは、この島の人たちなのだ。

原発予定地の周辺海域には、光《ひかり》市と、田布施《たぶせ》・平生《ひらお》・上関の各町、一市三町にまたがる八漁協の共同漁業権が設定されている。そのうち、おもな利用者は、すぐそばにある祝島と四代漁協である。

祝島漁協は環境調査に応じることなく、もちろん漁業権放棄についても、ほかの漁協が仮に応じたにせよ、応じることはありえない。それで中電側はいまから無視の構えをとっているようだが、これはこんご問題を引き起こしそうだ。

電力自由化で破綻もありうる

中電は、「上関原発」1号炉の着工を「二〇〇六年」としているのだが、その三年前に、島根3号炉を着工させる、としている。いまの経済状態からみて、無謀な計画というしかない。

これについて、古川隆・中電副社長(当時)は、「運転を開始したとき資金面をどうするかも大きな課題だ。仮に五〇〇〇億円の発電所をつくと、初年度は減価償却費だけで数百億円になる。厳しい競争環境のなかで、これは大きなハンデになる」(「エネルギーフォーラム」九九年二月号)

と語っている。それも三基の連続建設である。電力の自由化がすすめば、破綻は免れえない。国の政策に押されているだけで、中電自身は、やりたくないのかもしれない。

まちがっている方針をだした政府が、あとで資金援助で救済するズサンな政策は、銀行などではやりつけているとしても、廃棄物を抱える原発では、未来にたいする犯罪行為といえる。国の原発偏愛政策を変えさせる必要がある。

山の上にある畑で、磯部一男さん(七六歳)は、ビワの実に袋をかけていた。彼が原発反対の発言をつづけているのは、炭鉱で働いたあと、福島原発へ出稼ぎにいった体験からだ。

この島で、原発に働きにいったあと、ガンでなくなった人が五人ほどいる。磯部さんは幸いなことにどこもわるいところはない、という。それでも、定期検査工事で、アラームの音に怯えながら、復水器のパッキングの交換やパイプのヤスリかけをさせられた経験は、原発の恐ろしさを身体中に染みこませた。

「原発がきても、ハンをついてはいけませんぞ、と叫んでいるんです」と彼は晴れ晴れとした表情でいった。

第４章
活断層新発見に揺れる「諦めの感情」
島根県鹿島町《かしまちょう》

坂本清さん（四七歳）が、わざわざ米子《よなご》空港（鳥取県境港市）まで出迎えて下さったのは、最近発見された活断層を、わたしにみせたかったからのようだ。

空港から松江市にむけて走りだすと、松林のむこうに「象の檻」がみえてくる。青森県の三沢《みさわ》、沖縄県の読谷村《よみたにそん》、そしてこの自衛隊美保基地（境港市）に張りめぐらされた、諜報設備である。「先日の『国籍不明船』を最初にキャッチしたのは、ここのアンテナだ、といわれています」

と坂本さんが、運転台でささやいた。

在日米軍も自衛隊も、国境を侵犯した某国スパイ船をいち早くキャッチしながら、手許に引きつけておいて、自衛艦や哨戒機から砲撃を加えた。「新ガイドライン」のデモンストレーションにしたのだから、やり口は悪どい。

取材を終えて米子空港に帰るとき、隣接する美保基地で航空ショーが催されていた。青空の下、Ｆ１５が編隊でアクロバット飛行をみせつけていた。ここは朝鮮半島と中国大陸をにらむ、軍事拠点である。

運転差し止めを求め市民が提訴

坂本さんは、島根大学の学生のころから、反原発運動をつづけてきた。全共闘運動後の世代で、上関原発反対の中心を担っている、祝島漁協の山戸貞夫組合長と農学部で同期だった。南北に別れたふたりが、日本海側の島根原発と瀬戸内の「上関原発」にいて、はさみ撃ちするように、広島に本社を置く中国電力（中電）にたちむかっているのは、偶然とばかりいえない。

島根原発１号炉（四六万キロワット）は一九七四年三月に、２号炉（八二万キロワット）は八九年二月に運転を開始した。ところが、二〇一〇年に稼動予定（このころには原発時代は去っているはずだが）の３号炉は、一三七・三万キロワットと、１号炉の三倍もの能力になっている。

それも、開発の中心を担った米国（企業はＧＥ＝ゼネラル・エレクトリック）では、設置される見通しがない改良型沸騰水型軽水炉（ＡＢＷＲ）というシロモノなのだ。

坂本さんなど市民グループは、一九九九年四月に、島根原発１号炉と２号炉の運転差し止め請求の裁判を起こした。これは３号炉増設にともなう調査のなかで、予定地付近に活断層が発見されたことを受けての行動である。

「1、2号炉ともに建設の過程で、活断層を前提にしていなかった。にもかかわらず3号炉の増設まで企図している、これはきわめて危険で、人格権、環境権への重大な侵害である」

これが坂本さんたちの主張である。活断層が露呈している現場は、原発から直線距離にして二〇キロメートルほど離れた、美保関中学校前である。堤防工事で発見された、という。坂本さんの車から降りてみると、土手の断面が一〇メートルほど、まわりの黒色とは明らかにちがった茶褐色に変色し、ひび割れているのが見えた。

中電は一九九八年の八月、トレンチ（試掘溝）調査によって、原発から二・五キロメートルの地点で活断層が発見された、と告白した。それでも、その長さは八キロメートルなので、地震が起きた場合でも、せいぜいマグニチュード（M）六・三どまり。耐震設計M六・五の範囲内である、という。

しかし、中電側がいう「八キロ」についてては、疑問が多い。M六・五の地震を起こす活断層の長さは、一〇キロメートルだが、今回、原発から二〇キロメートル離れた地点でも活断層が発見された。活断層が長いほど地震の規模は大きく、これらの活断層が一緒に動く可能性は否定できない。それまで指摘されていた「宍道《しんじ》断層」の存在が浮かびあがったのだ。

それにしても、原発敷地内から二・五キロメートルしか離れていない地点から、活断層がはじまっているのは、これまで例のない事態である。しかし、中電は、それでもその長さは八キロメートルでしかないから、たいした地震は起きない、という。

このことについて、坂本さんたちの裁判の「訴状」には、次のように書かれている。

「島根原発二号機の設置変更許可は、『敷地より半径二〇キロメートル以内の範囲については、設計上考慮の対象となる活断層は存在しなかった』との前提で行われている」

「もし島根原発一、二号機の立地に際して、立地地点から二・五キロメートルの至近距離に活断層の存在が明らかになっていたのであれば、被告（中電）も国も敷地予定地は、『原則的立地条件』に抵触する地点であると判断し、島根原発一、二号機を断念したに違いない」

「事実、被告は、島根原子力発電所敷地からの至近の距離に問題となる活断層はないと思い込んでいたからこそ、阪神淡路大地震の直後にも、前述の通産省資源エネルギー庁の宣言に倣って、『活断層の上に原子力発電所を作らない』と宣言し、原告ら周辺住民の不安を除去しようと躍起になっていたのである」

この裁判は、一四〇人が、一万五〇〇〇円ずつ費用を負担、島根県弁護士会の五人の協力よってはじめたものである。原告団代表の芦原康江さん（四七歳）は、労働組合の書記である。

最近の労働組合は住民運動には無関心になっている。それでも、組合幹部でもない、一書記にすぎない芦原さんが前面にたっているのが、市民が中心にならなければ運動がはじまらない現実をも示している。労組幹部の感覚が鈍っていることの反映でもある。

「本来、原発を建てるべきでないところに原発を建てたということです。もともと活断層はない、と思って計画したのでしょうが、阪神大震災のあと、市民の活断層にたいする考えかたが変わってきました」

芦原さんは穏やかな口調でいった。1号炉建設のときは、活断層についての調査はなされていなかった。2号炉のときの調査では、活断層の存在があきらかにされていなかった。

それでも中電は、当時の耐震設計で問題がない、としている。そして「三号炉の増設にあたっては、今回実施した活断層調査結果を含め、国の厳正な安全審査を受け、万全の耐震設計を行なう」と市民むけチラシに書いている。

揚げ足を取るつもりはないが、活断層の存在に配慮した「万全の耐震設計」にする、という。とすれば、みずから1、2号炉の「耐震」は、万全ではなかった、と白状しているようなものである。

運転差し止め裁判の審理はこれからはじまる。そこでの議論は、すでにつくられてしまった原発にたいする、地域のひとたちの諦めの感情を揺り動かして、これからの意識と行動に大きな影響を与えそうだ。

政府が流すデマが浸透

小泉八雲が住んでいたことでよく知られている松江市は、城下町の名残りを残す古い街並みがいまなおつづき、散策している観光客の姿が目立つ。人口約一四万六〇〇〇人。東に中海、西に宍道湖、その間をつなぐ川の両側に発達した水の都でもある。

松江から日本海にむかって、流れるともみえず流れているのが、佐陀《さだ》川である。天明年間に開鑿《かいさく》されたこの運河によって、宍道湖と日本海が結びつけられた。あたりは湿地帯だったのだが、運河によって水はけがよくなり、美田に変わった。掘割りのようなしずかな疎水の両岸に、小型のボートが繋がれているのは、市民が魚釣りを楽しむためのようだ。

その流れに沿って、わたしは、発電所にほどちかい鹿島町《かしまちょう》片句《かたく》地区にタクシーを走らせていた。もう一七、八年前になるのだが、そのころ、わたしは何日かここに通っていた。まだ2号炉が建設される前で、そこから岬ひとつをへだてた輪谷《わだに》湾の突き当たりに、日立製作所がはじめて国産化に成功したちいさな1号炉が、頼りなげにポツンと建っているだけだった。

中年、小太りのタクシーの運転手は、原発には反対の口調だったが、あらたに建設を予定されているのが、一三七・三万キロワットの巨大原発ということを知らなかった。

「もう一基つくられるとは知っていましたが」

と驚いている。といっても、中電が1号炉の三倍にあたる新設炉の能力を隠していたわけではない。彼はセシウムやトリチウムの半減期についての知識があって、被曝への関心がたかいのだが、それでもこんどやってくるのが、「巨大原発」ということには無関心だったのだ。

原発周辺の住民の意識はさまざまで、なかなか「学習」が普及するものではない。地元紙の「山陰中央新報」に投稿されている読者の声を読むと、相変わらず「電気がなくなると生活できなくなる。だから原発は必要だ」との意見が多い。

これらには、政府や電気事業連合会(電事連)がマスコミを通じて流している、デマの浸透ぶりをよくあらわしている。視野が狭く、利権にだけ敏感な政治家と官僚が、代替エネルギーの拡大と電力消費の削減にむかう方向をさえぎってきたからである。

炉心から一キロにある集落

タクシーの車窓から、田植えがすんだばかりの水田の若い緑が、そよ風に吹かれているのがみえた。松江市街地から原発まで、八・五キロメートルほどの距離でしかない。なんらかの事故が発生したとき、島根県庁が防災本部になるはずなのだが、県庁も市役所も至近距離にあるのだから、災害対策などよりも、さっさと逃げだすほかない。

「そのとき、どうするんだろう」

と運転手が、不思議そうにいうほどである。

途中、「原子力発電所入口」のバス停留所が眼についた。前にもあったのかどうか記憶はない。といって、原発が道ばたにあるわけではない。低い山脈に送電塔が並んでいるのが見える。発電所はそのむこうにあって、とてもちかづけるようなものではない。

かつてはかなりそばまで行けたのだが、いまはまるで地形が変わったようで、遠望するだけである。それでいて、1号炉、2号炉、建設予定の3号炉と、原発はますます片句地区に接近してきた。「宮崎鼻」というちいさい岬をはさんで、炉心まで一〇〇〇メートルたらずの距離になっている。

片句の集落は、バスの終点を示すちいさな小屋のすぐ下にひろがっている。そこから急な坂を下りると、港である。家々はちいさな入江にむかって屋根を並べ、船溜まりには三~五トンほどのイカ釣りなどの小型の漁船が係留されている。人影はなかった。

わたしは坂の上にたって、しばらく海辺の集落を見下ろしていたのだが、さっぱり記憶がよみがえらなかった。

歩きだすと、漁師風の老人がむこうからやってきた。

「また３号炉がつくられる、ときいたもんですから」

といきなり話しかけた。七〇すぎ、漁網メーカーの名前のはいった、野球帽のようなハットをかぶっている。全国どこでも、漁師たちは、たいがいエンジンメーカーや漁網メーカーが配った帽子をかぶっている。

「そがなことになって、反対しよう思っても、反対にならん。どっか逃げる支度をせんと」

とニヤリと笑っていった。

「船で逃げださんとどうもならん」

冗談のようにつけ加えた。それで追いすがるように、

「漁業権はまだ交渉にはいっていないんでしょう」

と声をかけると、

「わしは糖尿病で身体のぐあいが悪いんや」

と、はぐらかすようにいう。

前にきたとき、漁協の支所長の話が印象的だった。

「子々孫々どうなるのか、歴史にたいする責任がありますね。いったい安全性は確立したんですか。人間がいなくなってしまえば、原発も必要なくなるでしょう。ちがいまっか」

と彼はわたしを見据えるようにして、語気を強めたのだった。

そのとき、彼は、大石内蔵助をかばって殺された、天野屋利兵衛について語った。その話のつづきを聞きたかったのだが、支所は閉まっていて、彼の家を探しあてることができなかった。

集会場の前に「増田《ますだ》渉《わたる》生誕の地」の碑があった。魯迅研究で知られている中国文学者は、ここで生まれていた。

三歳ほどの女の子の手を引いて老女がやってきた。孫を散歩させているようだ。

「原発がこれからまたつくられるそうですね。ここはすぐそばですから、心配でしょう」

というような聞きかたを、わたしはした。

「１号炉も、２号炉も賛成してあるんやけど、３号炉はどっかへいってもらいたい。わたしは七〇すぎですからいいですけど、若いもんや子どもたちはこれからですけん。賛成してしまったんで、どうにもならんですけど……」

歯止めかからぬ過疎化

彼女の話で、昼どきなのにだれもいない理由がわかった。その日は地区の運動会だったのだ。それでわたしはまた急な坂道を登って、原発のあるほうへちかづいていった。

山道を登っていくと、道の下にもうひとつの集落がみえた。それもまた片句地区である。そこにもひとの気配がなかった。

道の右側に山を削りとったような、ちいさな広場があらわれ、広場の隅にひとびとが固まっているのがみえた。

十数本の鯉のぼりが、景気づけのように風の中に泳いでいた。金網で囲まれた広場の入口に、「片句地区体育祭」と横書きされた紙が張りつけられている。

綱引きしている歓声が聞こえてきたが、それはさほど熱狂的なものでもなく、どこかひそやかな感じだった。わたしは中にはいるのをためらっていた。金網のせいか、他所者が闖入《ちんにゅう》できるような開放的な雰囲気ではなかったのだ。この運動場は原発と引きかえに配られる、「電源立地交付金」でつくられた、との掲示があった。

入口に、高校一年という女生徒がいた。わたしはなんとなく話しかけ、彼女はものおじすることなく、ハキハキした声で答えた。

「原発について、どう考えているの」

「まだよくわかりません」

「でも、恐いと思わない？」

「家のものがいってましたけど、北朝鮮（朝鮮民主主義人民共和国）や中国のミサイルが飛んできて当たると危ない、といっているので、それが心配です」

「学校では原発について、教えられていないんですか」

「べつに、なにも」

彼女は自分たちの出番がすんで、退屈している弟たちと遊んでいたのだ。

片句は、鹿島町の一地区である。鹿島町の人口は、五五年に一万人を数えていたのだが、九五年には約八八〇〇人、九九年で約八五〇〇人である。原発は地域を発展させるはずだったが過疎化に歯止めはかかっていない。

1号炉が運転を開始した翌年の七五年に、中電の法人税は七四・七パーセント、固定資産税は九四・二パーセントを占めた。それから次第に減少していったが、2号炉運転開始で、法人税七〇・三パーセント、固定資産税九六・一パーセントに急増し、そのあとまた下がっている。

どこでもそうなのだが、原発は地方財政のカンフル注射であって、体力を消耗させるだけの惰性のサイクルでしかない。

第５章
おこぼれにすがる原発中毒半島の悪習
福井県敦賀《つるが》市

福井県の敦賀《つるが》市は、若狭《わかさ》湾の東側に位置している人口六万七〇〇〇人ほどの小都市である、横に長く延びた湾の西側には、米軍港・舞鶴がある。ガイドラインがらみで、敦賀湾もまた、空母艦隊の碇泊《ていはく》地として浮上してきた。

敦賀は、朝鮮半島南部にあった金海加羅《きんかいから》や新羅《しらぎ》からの渡来人を迎え、そのすこしあとには朝鮮半島北部の渤海《ぼっかい》との交渉があるなど、古くからそとにむけてひらかれた港だった。

琵琶湖を背後にひかえ、交通の要路だったこともあって、後年には蝦夷地と大坂とをむすぶ七前船の重要な中継地となり、この港で荷受けする船主は、豪商として勢いを誇っていた。

が、いまの敦賀は、原発の町としてよく知られている。ここには、旧動燃の「もんじゅ」（高速増殖炉）、「ふげん」（新型転換炉）、それに日本原子力発電（原電）の敦賀原発１号炉と２号炉、と四基も建設された。

そればかりか、隣りの美浜町には、関西電力（関電）の三基、さらに西側の大飯町《おおいちょう》に四基、高浜町《たかはまちょう》に四基（それぞれ関電）と、湾岸に一五基も集中していて、「原発銀座」の俗称を得ているほどである。

一九六九年一〇月に臨界に達した敦賀１号炉は、翌年三月からはじまった大阪万博に送電した、というのが謳い文句とされている。しかし、この１号炉（三五・七万キロワット）は、運転がはじまってから、緊急停止、手動停止の連続で、いままで大事故にいたらなかったのが僥倖というべきほどである。

運転開始からすでに三〇年たった１号炉は、本来ならば廃炉の時期になっているのだが、最近、ようやく、二〇一〇年に廃炉、ときまった。その代わりのようにもちだされたのが、３、４号炉（一五三・八万キロワット）の建設計画である。

敦賀１号炉のすぐあとに運転開始された、美浜１号炉の廃炉もそれにつづくのだが、これら美浜三基、敦賀二基は事故を繰り返し、「もんじゅ」「ふげん」とともに、原発不安のデパートの観を呈している。

生やさしい事故ではなかった

一九九九年七月一二日早朝、敦賀２号炉で発生した一次冷却水漏れ事故は、フルパワーで運転されている原発を冷やせなくなる恐れを招く事故だった。原電側は、「火災報知器が作動したため事故に気づいた」と発表した。

しかし、これまで、敦賀の原発を監視しつづけてきた吉村清さん（「高速増殖炉など建設に反対する敦賀市民の会」代表委員）などのグループは、その後の交渉の中で、

一、放射能レベルの上昇

二、サンプ（格納容器床面にある水槽）水位の異常高

三、加圧器の水位の異常低

の事態が発生したことを、原電側に認めさせた。

つまり、火災報知器で水蒸気の発生をキャッチした、というような生やさしい事故ではなかった、と吉村さんは批判している。

「事故を軽くみせよう、軽くみせようとするのは、いつものことです。充填ポンプも稼動していますから、冷却水がなくなる寸前の大事故でした。事故が起きると、ペコペコするのもいつものことです」

この事故によって、放射能濃度は上限値の約一万一五〇〇倍となり、地下の部屋は立ちいれなくなっていた、という。原因は金属疲労によって配水管に亀裂が生じたためだが、監視モニターの死角になっていて、漏水を発見できなかった。

原発の配管に問題が多いのは、以前から指摘されてきている。配管の破断や損傷による一次冷却水漏れの重大事故は、高浜1号炉や美浜3号炉でもかつて発生し、それぞれ原子炉が運転停止している。

敦賀では1号炉にくらべると、2号炉は比較的事故がすくなかった（九六年一二月に配管に亀裂、一次冷却水漏れはあった）のだが、こんどの事故である。

敦賀1号炉は三〇年たって、ますます危険な状態になってきた。にもかかわらず、炉心のシュラウド（圧力容器の内壁と燃料との間の仕切板）交換で、ポンコツ原発を延命させようとしている。「ふげん」は九七年四月の重水漏れ事故で休止しているし、「もんじゅ」は九五年一二月のナトリウム漏洩事故で休止中。それでもなお、1号炉よりも約四倍も能力アップになる巨大原発を、これから二基も建設しようとしているのだから、自殺行為といっていい。

原発反対派を嘲る周囲の声

吉村さんによれば、敦賀市に原発の話があらわれたのは、六二年五月だった、という。当時の畑守《はたもり》三四治《みよじ》敦賀市長が、市議会の各会派の幹部を呼んで、「敦賀の先端の岬に原発をもってきたい。協力してほしい」との打診があった。県知事にいわれたとのことだった。将来は石油がなくなる、という脅しは、いまの「地球温暖化」防止のために、とおなじような口実である。

九月の市議会の誘致決議のときには、吉村さんなど、「革新系」

の議員六人が退場した。だから、反対がないので、満場一致の賛成となった。労働組合を中心にして、敦賀に反対運動の組織ができたのは、七六年になってからである。

岬にむかう途中にある、縄間《のうま》地区に住む磯部甚三さん（九〇歳）は、「もんじゅ原子炉設置許可処分無効確認訴訟」の原告団団長である。原発の話がでてきたとき、磯部さんは賛成だった。市長が各部落をまわって座談会をひらいて歩いた。ここに日本ではじめての原発が建設される、電気代が安くなる。道路もできる。観光も盛んになるし、民宿が発展する。生徒がふえて、学校も立派になる。

いいことずくめで、「夢のような話だった」と、磯部さんは思い出していった。

磯部さんは耳も達者で、記憶もはっきりしている。原発にむかう道沿いで、ちいさな酒屋を経営しているのだが、若いころは漁師だった。そのころは定置網で、イワシやサバを獲っていた。一〇年前までは、タコ釣りだった。

やがて、原発からは放射能がでて、人体に影響する、という噂がつたわってきた。原子力関係の本を読むようになった。この部落で、反対派は磯部さんひとりだった。「国の権威者がすすめているのに、田舎のオヤジが反対してなんになる」。そんな嘲りの声が聞こえてきた。

労働組合が反対していた。「いまは労働組合がなくなって」と磯部さんがいう。「ポケットマネーでやっている」。以前は労組がカンパしてくれた、ということのようだ。連合ができて地区労がつぶされ、労組は反原発運動にかかわらなくなった。ところが、いまや縄間地区ではほぼ全戸、「もんじゅ」に反対である。

「２号炉の事故について、どう思われてますか」

とわたしが聞いた。

「市役所からなにかいってきたけど、本当のことはよくわからない。テレビで、原発の管《パイプ》を切ってどこかへもっていった、というけど、原因はよくわからない」

裁判闘争の原告であるからとはいえ、九〇歳になっても、磯部さんはテレビをよくみては、事故について考えている。強靱な好奇心である。おそらく、日本最年長の原発反対派だ。

「いまは裁判の結実をまっているだけ。早くだしてほしいが、いつになるか分からない」

九九年三月に、磯部さんなど原告団は、「もんじゅ設置許可無効確認訴訟」の最終準備書面を提出したが、二〇〇〇年三月二三日に棄却、現在名古屋高裁に控訴中である。

サッサと帰った加山雄三

２号炉の事故発生は、「もんじゅ」の運転再開のチャンスを狙う旧動燃の出鼻をくじいたがかりではなく、3、4号炉の増設を計画している原電にも大打撃を与えた。

同社が市の商工会をつうじて、市議会での誘致決議をえようと工作していたときに、「もんじゅ」の事故に遭遇し、頓挫した。ようやく態勢をつくり直して、もう一度、商工会を動かして、市議会に計画促進の陳情を採択させたと思いきや、こんどは敦賀2号炉の事故で腰くだけとなった。河瀬一治市長は、二度の選挙で、「増設については白紙」といって態度を表明せずに当選していることもあって、露骨には動けない。

なん年か前、わたしは、ある地区の自治会長に、テレビの取材でインタビューをしたことがある。集会所の和室の二階で会ったのだが、用もないのに原電の職員が、すこし離れてうろうろしていたのをよく記憶している。

インタビューを終えた自治会長が、「こんな話でよかったでしょうか」とばかり、原電の職員のほうに顔をむけ、目で合図したのだった。取材を受けることについて、原電に連絡していたのだった。

そのときのテレビで、原発について批判的だったり、増設反対をいっていたひとは、いまは表にでなくなった、というのは、市内で時計店をひらいている田代牧夫さん(四七歳)である。彼は「R－DANネットワーク敦賀」という名の市民運動をつづけている。「R－DAN」とは、放射能検知器のことで、カンパをあつめてはこの検知器を購入し、市内のいくつかの家庭に置いて、放射能を観測している。

田代さんたちは、住民投票条例の制定を要求して、四万八〇〇〇人の有権者のうち、一万二〇〇〇人の署名をあつめたり(市議会が拒否)、県議選や市議選の候補者にたいして、原発についてのアンケート回答をもとめたり、湿地保存のためのトラスト運動をはじめたりしている。原発城下町のなかから生まれたあたらしい運動である。

原発は地域の民主化の最大の妨害物、というのが、ほかの地域をふくめた、原発地帯を取材してのわたしの結論である。そう考えるようになった。最初の切っ掛けは、敦賀を取材で訪れた八一年、市役所で企画開発課原子力係長に会ったときのことである。彼は「守秘義務」を唱えたきりなにもいわず、およそ関係のない九州・玄海原発のパンフレットをだしてきて、それでわたしを追い払おうとした。

この見事な対応に目を白黒させられて、わたしは残念ながら退散してしまったのだが、彼の弁明によれば、わたしが原発に賛成なのか反対なのかわからなかった、というのがその対応の理由だった。反対派にはいっさい応対しない、というのは、自治体のやるべきことではない。

それで、彼はその後どうしているのか、「原子力安全対策室」を覗いてみたのだが、ちょうど、開港一〇〇年記念の「きらめきみなと博覧会」がひらかれていて、原発関係職員たちもそれに狩りだされているようで、部屋はもぬけの殻だった。

市はこの博覧会での人出を期待していたのだが、思わぬ原発事故となった。吉村さんによれば、新聞に「水もれでみなと博に水をさし」との川柳が掲載されたとか。アトラクションに呼ばれてきた加山雄三は、宿泊をキャンセルして、水も飲まないでそそくさと帰っていった、とまことしやかに伝えられている。

この話はかなりひろく流布されていて、わたしは飲み屋や食堂などでも、逃げ足のはやい加山批判をいくつか聞かされた。放射能が怖くて逃げだすのは、いわば健全な反応ともいえる。しかし、わたしが乗ったタクシーの運転手で、仲間が加山をホテルまで送っていった、というひともいたから、真偽のほどは定かではない。

事故の余波のエピソードをもうひとつ。原発側の発表によれば、「格納容器内火災報知器作動」が午前六時五分。これが事故の第一報とされているのだが、その前に放射能レベルの上昇があったことは、前述した。

一〇時五三分　一次冷却材ポンプ停止
一一時〇四分　充填ポンプ停止
一二時二五分　Ａ－ＲＨＲ（残留熱除去系）ポンプ起動

と、原子炉手動停止のあと、原発内では事故の対策におおわらわになっていた。

が、原発構内ではふだんとかわらず、見学者たちが事故についてはなにも知らされることなく、ぞろぞろ歩いていた。原発見学ツアーは、原発予定地の住民を招待して、安全性を宣伝する「買収ツアー」だから、事故発生を告げ、中止にするわけにはいかなかったようだ。

たしかに、格納容器のなかにはいるわけではないので、放射能汚染の危険性はなかったかもしれない。しかし、「安全性」をまことしやかに説明しながら構内をひきつれて歩いている裏側では、高温の一次冷却水がコンクリートの床にあふれていた。豪胆というべきか無神経というべきか、このチグハグぶりは見事というしかない。

敦賀市はまるで原発中毒患者

九四年ごろ、自民党の大物市議・内池宏行さん（六四歳）にお会いしたとき、彼は原発が建設されて町が発展すると思いきや、さっそく大型量販店が進出してきて、地元商店街は潤わなかった。だから、原発の増設には反対、と明言していた。

ところが、目抜き通りにあるお宅を再訪すると、いまは市議を退いていて、のんびりと、農家のひとたちを相手にタネを販売していた。ふるくからの種苗店なのである。

内池さんは、こんどは増設賛成に変わっていた。この不況で、町の経済が活性化するのには、とにかくはやく工事がはじまったほうがいい、という意見に変わっていたのだった。

商工会議所などで「せっかく建設促進を陳情したのに、このままではアゴが干上がってしまう」との声が強まったため、「反対してもしようがない」となった、と彼は弁明した。

市の財政課できくと、原電と旧動燃からはいった固定資産税は、七一年からの二七年間で、七二〇億円に達する。年に平均して二七億円、固定資産税の六五パーセントを原電と旧動燃で占める。これにたいして、九七年の市の歳入は三二三億円である。このほかに電源立地促進対策交付金が、七四年から九七年までの二三年間で、一一〇億円（火力発電分は除く）はいった。当時の物価指数を勘案すると、さらに巨額になる。

しかし、これらの交付金は、七年たつと交付されなくなるので、多くの原発立地自治体では、あたかもカンフル注射が切れた状態になり、あらたな原発を欲するようになる。原発は地域を麻薬依存症のようにさせて荒廃させる。

「商工会の商業部会は、原発関係者は商店街には買い物にこない、メリットはない、というので、増設には反対だったんですが、いまはおこぼれでもほしい、と変わりました。これからもさらに大型店が進出する計画があります。その理由は、増設計画がある、というものです」

と田代さんがいう。大きな魚がちいさな魚を食う、原発の食いあいである。

「もんじゅ」が建設された、白木地区にいってみた。一五戸のこの地区は、いまはほとんどが民宿を経営している。はじめてここにきたのは八一年だったが、細い露地の奥にある民家では、北海道の昆布を薄くひいて、バッテラ寿司のうえに敷く昆布を精製していた。

それからなん回かきて変化をみてきたのだが、港が整備され、いまでは「もんじゅ」のＰＲ館が建設中である。二三億円かかる、という。市内には、このほかに、四つのＰＲ館の建設が予定されている。いまでも二つあるから、七つのＰＲ館で、原発の安全性が誇大に宣伝されることになる。

とにかく、カネをバラ撒いて住民を洗脳する方法である。これだけ宣伝するカネがあったら、定期検査をもっとしっかりやるべきだ。

「ふげん」の廃炉は決定したが、敦賀2号炉は運転を再開し、「もんじゅ」も再開にむけて準備中である。さらに、3、4号炉の増設計画。敦賀市はまるで治療を放置した麻薬中毒患者に似ている。

それでも、いまだ原発廃止にむかう全国的な世論はたかまっていない。地域が「回復不能」になる前に、自立の精神をどうつくるか、それが問われている。

第６章

「金権力発電所」と闘いつづける〝悪人たち〟

愛媛県伊方町《いかたちょう》

　原発および核燃料加工工場が事故を起こして、労働者と住民を被曝させた場合、いったい、だれが責任をとるのか。それはけっして、一事業所の幹部や経営者だけで終わるものではない。

　これまで、住民の反対を押し切って、原発拡大政策を強引にすすめた中曾根康弘など歴代科学技術庁長官をはじめ、御用学者などは、確信犯である。

　東海村の核燃料加工工場の事故による被曝の実態が、まだあきらかになっていないうちに、西村眞悟防衛政務次官（当時）が核武装化を公言するなど、広島、長崎の被爆体験は、すっかり風化させられている。

　これには、「安全神話」というウソと電源立地交付金という「毒まんじゅう」をバラ撒いて住民を洗脳してきた政府と、その尻馬に乗ったマスコミの責任が大きい。

　さらに、カネで、土地ばかりか人心を買収、荒廃させたのは電力会社であり、原発の建設によって、重電機メーカー、ゼネコンなどが、膨大な利益をあげてきた。

訴えを棄却してきた裁判所の責任

　それらの原発関連業界からの政治資金で選挙を勝ちぬいた、原発立地県の知事や市長、町長村長などの無責任によって、住民は、核戦争直前とおなじ危険にさらされている。わたしがこれまでに会った首長たちは、「国が安全だといってますから、安全です」というだけだった。

　さらに責任を問われるのは、原発の「設置許可取り消し請求」などの訴えを、棄却しつづけてきた裁判所である。

　一九九九年一〇月、「原発止めよう松山集会」（原発さよなら四国ネットワーク主催）の会場にいて、わたしはそんなことを考えていた。その集会は七三年からの二七年間、伊方《いかた》原発１号炉の設置をめぐって争ってきた原告を支援するものだった。

　原告のひとりである広野房一さん（七八歳）が、「原子力基本法」に謳われている、「自主、民主、公開」が守られていない、と発言するのを聞いて、その切実さをことさら強く感じていた。

　また、佐伯森武さん（八一歳）は、原発が建設される前、漁協の幹部たちが、四国電力（四電）からタクシーのチケットをもらい、八幡浜の料亭に乗りつけては、饗応にあずかっていた、と暴露した。

集会のスローガンは、「原発なしに暮らしたい」というものだった。わたしは、事故や被曝ばかりではなく、原発が住民のこころを汚染する金力拝跪のすさまじさを問題にしてきた。

はじめて伊方町を訪ねたのは、七五年の冬か七六年の一月だった。そのときお会いした原発設置反対共闘委員会の川口寛之さんは、「伊方原発は、秘密主義とごまかし主義によってすすめられてきた」と批判した。

川口さんは伊方町長をつとめた人物だった。実兄の井田與之平さんは大地主で、やはり町長を長年にわたってつとめていた。川口さんは電力会社の「町が発展し、出稼ぎが解消される」との宣伝に乗せられて、推進派だった。しかし、ほかの原発立地の住民の様子を知るようになって、反対の意向を強めていた。

ところが、ボーリング調査のための「仮契約書」などといって、地主たちに「承諾」のハンをつかせていた四電側のウソにだまされて、実兄の井田さんの妻も、夫の留守にハンをつく。妻はその責めをうけて離別され、うつ病になって自殺する。原発建設のやり方のひどさが追い込んだ自殺だった。

伊方原発について考えるとき、わたしは、このふたりの老人ともうひとりの女性を懐かしく思いだす。

鳥津マサオさんは、刑事を詠った俳句を、無数につくっていた。

秋の潮　寄せては返す　けいじさん
秋風に　吹かれて寒い　けいじさん
秋の空　むなしく帰る　けいじさん

ボーリング工事の現場で、だれかによって機材が破壊された。この事件を捜索するため、刑事たちが毎日山を登っては、建設予定地の鳥津部落にやってきていたのだ。

「わたしは刑事ちゅうのが嫌いでな」と、マサオさんはクリクリした眼で笑っていった。

原発が、「原子力基本法」に掲げる、「自主、民主、公開」の三原則といかにかけはなれた、キタナイ存在であるかは、すでに原発立地地域での常識である。

五四年、日本最初の原子力予算は、核分裂をおこす「ウラン235」の語呂あわせの、二億三五〇〇万円だった。中曾根康弘が、「学者のほっぺたをカネでたたい」たと豪語して出発した。その不遜な姿勢が、いまも変わることのない、日本の原子力推進の基本方針である。

どこの原発地帯でも、ハンで押したように、議員たち有力者を飲ませ、食わせ、住民を旅行につれていく買収方法が踏襲されている。とりわけ、伊方がひどい。

わたしは、伊方原発を、「伊方金権力発電所」と命名している（『日本の原発地帯』）。その金権力の象徴的人物である中曾根の息子の弘文氏が、父親についで科学技術庁長官に就任して、東海村の事故を迎えている。

社長にさえ発言の自由はない

ひさしぶりに、伊方原発のちかくにいってみると、原発ＰＲ館（ビジターズハウス）の前に、巨大な青石を素材にした、記念碑が建てられてあった。

「山本長松《やまもとちょうまつ》氏頌徳碑《しょうとく》」である。伊方原発建設の功労者として、死後も原発ＰＲのための場所に囲いこまれている。反対運動を切り崩した功績が買われたのであろう。

その碑の前にたっていると、

「長松はなあ、そのうちミカン業者に刺されますぜ」

という、女たちの恨みの声がきこえてきた。わたしは、山本長松町長には会っていないのだが、彼は反対派の住民から、「チョーマツ、チョーマツ」とあたかも唾棄すべき口調で、呼びすてられていたのをよくきいていたのだ。

頌徳碑建設委員長の福田直吉は、前町長である。わたしも会ったことがあるのだが、彼は「いつコレやられるかわからんからね」と、脇腹を刺されるポーズを示した。

住民に敵対してなお、原発に忠誠を誓う理由がわからない。

廃炉になったあと、地域はどうなるのですか、と質問すると、福田町長は、「二〇年、三〇年あとのことは、あとの町長が考えます」と、すました表情で答えた。

福田町長の名前の隣りに、「顧問」として名をつらねている山口恒則は、当時の四電の社長である。以前、彼は「国際経済」誌のインタビューで、「(原発は)国の政策でやれというから急いでやったわけでしょう……濃縮が日本でできるわけでなし、再処理が日本でできるわけでなし、とにかく発電所だけがどんどんできていくのは早過ぎます」と発言したことがあった。

ところが、このあと、科学技術庁の幹部から怒られたとかで、雑誌は回収された。こと原発に関しては、一国一城の主《あるじ》であるはずの社長でさえ、発言の自由はない。それが「自主、民主、公開」をタテマエにしている、日本の原子力政策のエッセンスである。

このとき、山口社長は廃炉や廃棄物の問題は、「一〇年先には解決がつく見通しです」と語っている。ところが、それから二五年たってもなお解決せず、使用済み核燃料は、原発内の貯蔵。プールからあふれでようとし、「試験用」との口実で六ヶ所村に運びこまれている。

六ヶ所村の再処理工場は、建屋さえ半分もできていないのだから、原子力をめぐる数多くのウソのなかでも、もっともひどいフィクションである。その再処理工場の建設計画でさえ、用地買収のときには、六ヶ所村住民に隠されていた（拙著『六ヶ所村の記録』岩波書店）のだから、悪どい。

握りつぶされた漁協の反対決議

伊方原発反対闘争は、「西の伊方、東の柏崎」といわれたほどに激しかった。

ボーリング調査に反対して座り込む住民にたいして、警官隊が出動して逮捕者がでたり、小・中学校では同盟休校がおこなわれ、生徒たちもデモ行進をした。

漁協の「漁業権放棄」の提案は、組合員の多数によって否決されたが、組合長はそれを握りつぶした。電力会社の指示によるやり方である。

原発にむかう県道のそばに、海にむかってもうひとつ、横長でスマートなデザインの「頌徳碑」が建っている。こっちのほうは、当時の漁業組合長・松田十三正《まつだとみしょう》のものである。

「時恰《あたか》も町長から町の活性化を図るため原子力発電所の町内誘致が提唱された。しかし町民は勿論漁民からも充分な理解が得られず設置反対の運動が熾烈を極めた。翁は漁業組合長として日夜の労苦を厭わず東奔西走、筆舌に尽くし難い困難に直面しながらよく組合員を説得し誘致決議に導き昭和四十六年十二月、四国電力株式会社との漁業補償契約が愛媛県知事、伊方町長立会のもと締結調印された」

揮毫《きごう》は四電の幹部社員による。建設にあたっては、四電から応分の寄付がなされた。

松田組合長の長男は、地元で建設業を営み、原発工事で潤った。が、いまは原発のやり方に批判的になっている、と伝えられている。

将来、三基ある原発が廃炉になったとき、このふたりの功績をたたえた記念碑は、どのようなあつかいをうけるのだろうか、などとわたしは考えていた。

実はわたしは、まだ建設中で、1号炉の容器が据えられたころの原発内部を見学したことがあった。五六・六万キロワットの能力だったからちいさなものだった。いまは一三〇万キロワット級の巨大原発の時代である。

そのときはなんのことはない、コンクリートの塊を眺めただけで帰ったのだが、そのあと3号炉まで建設されるなど、思いもよらないことだった。

反故《ほご》にされた協定書

七六年三月、県知事、町長、四電の三者のあいだで締結された「安全協定」では、「原子炉総数は、二基（一基の電気出力が五十六万キロワット級のもの）を限度とする」と定められていた。

その協定が反故にされたことについて、当時の福田町長にたずねると、「三者のうちの当事者が更改してくれ、と申しいれてきたら、やむをえん」と答えた。原発のウソとは、こんなところにもよくあらわれる。

1号炉の原発の建屋は、煙突型である。ところが、2、3号炉もおなじ加圧水型だが、ドーム状に設計が変更されたのは、1号炉の天井から微量の放射線が漏れていた事実をあらわしている。それでも推進派は、ただ「安全」のお題目を唱えるだけである。

ビジターズハウスのある丘に登ると、大分県にむかって突きでている佐田岬の両岸を見下ろすことができる。原発は瀬戸内海をはさんで山口県とむかいあい、反対側は豊後水道に面している。

仕事中にもかかわらず、案内役を買ってでてくれた、「南海日日新聞」の齊間《さいま》満《みつる》記者が、指で示して、「あそこが去年廃校になった、町見中学校です」というのをきいて、意外な想いにさせられた。

というのも、松田十三正の「頌徳碑」にも刻まれているように、原発誘致は「町の活性化」のためだったはずだ。ところが、五一年の歴史がある中学校が、廃校になっている。最盛時には、四七六人が在校していたのだが、最後は六二人になっていた、という。

伊方町の人口をみると、五〇年がピークで一万三〇〇〇人、1号炉が稼動した七七年の九〇〇〇人で歯止めがきかず、九九年で約六七〇〇人と、かつてのおよそ半分である。

ひさしぶりに、伊方町にきてみても、沿道の家並みにはさほどの変化はみられない。たしかに、原発にむかうあたりは、道路が発達し、大きな建物がたちあらわれているが、たいがい原発関連施設である。

そのかわりに、住民のあいだに深い対立と亀裂を生じさせ、なお過疎化がすすんでいるとしたなら、つまりは、国の「原発行政」のモルモットは、疲弊するばかり、だ。原発地帯のカネまみれ選挙は、原発の副産物でもある。

九九年四月におこなわれた伊方町長選挙では、現職の中元清吉町長の運動員として、四〇人の町民にたいして八七万円を配った人物が逮捕され、有罪判決（懲役一年、執行猶予五年）をうけている。

ところが、この買収行為を依頼した人物については、「それまで会ったこともない、名前もわからない人物」とシラを切るだけで、ついに主犯は「氏名不明」のままに終わった。

この年の九月下旬に、町民三人が、「証拠品の茶封筒を刑事に渡したのだが、その結果がどうなったのかあきらかにせよ」と検察庁に告発している。

「辛酸入佳境」の書軸

広野房一さんのお宅をなん年かぶりで訪問した。彼の頭は真っ白になっていた。それが長年の運動の労苦をあらわしているように思われた。

床の間には昔通りに、「辛酸入佳境」（辛酸佳境に入る）との、田中正造の言葉が掲げられてある。わたしはそのくすんだ書軸を懐かしく眺めていた。

七八年、松山地裁での1号炉の設置の差し止め裁判に敗れたときに、弁護士が毛筆で書いたものである。二〇〇〇年三月に結審した裁判は、2号炉設置の許可取り消しを請求したものである。これは弁護士をたてないで、本人訴訟で奮闘したものだ。

「二七年も裁判やってきたのは、悪人だからです」

といって、広野さんは笑った。

「いつまでも、生きている間は、絶対つづけるつもりです」

もう三〇年ほど前になるが、青森県の東通《ひがしどおり》村の原発予定地として、土地を買収された老人が、「原発にかぶりつきたい」と怒りの声でいったのを、わたしは聞いた。怨みは深い。原発の悪には、悪人しか対抗できないのかもしれない。

「もんじゅ」の事故、東海村の再処理工場の爆発事故、敦賀2号炉の冷却水漏れの事故、そしてこんどの東海村核燃料加工工場の臨界事故。しだいに事故の様相は深刻になってきた。いわば、原発は断末魔の叫びをあげているともいえる。

といっても、事故は労働者ばかりか住民をも被曝させるのだから、それは防ぐしかない。事故を防ぐ目的は、けっして運転を継続させるためではない。安楽死させるためだ、との約束が必要になってきた。

伊方3号炉の認可にたいし、「行政不服審査法」に基づく通産省への異議申し立てには、全国各地から一三八三人が参加した。

申し立てから一二年、3号炉運転開始から四年もたった一九九八年、棄却決定がだされた。

この長いあいだ決定をサボっていたのは、国側の怠慢である、とする提訴もおこなわれている。国は決定をのばしながら、原発を稼動させている。これもキタナイやり方である。

広野さんがいまでもミカンを栽培している畑は、原発の境界線から、七〇〇メートルの地点にある。彼が土地の買収を拒否したので、原発の境界線は、そこを避けてまがっている。

東海村ＪＣＯの事故を契機に、いまあらたに沸き起こってきた原発反対と不信の声が、政府の原発促進の無謀さへの批判としてむかうかどうか、それが反原発運動の力量をも問いかけている。

第７章
カネに糸目つけぬ国策会社への抵抗
青森県大間町《おおままち》

青森空港で降りて、青森駅にでる。そこからＪＲに乗り換え、獅子頭が大きく口をあけた形の陸奥《むつ》湾に沿って、北上する。目指すは下北半島の先端、本州最北端に位置している、大間町《おおままち》である。

二両連結の列車は、半島のどん詰まりにむかってすすむ。わたしはいつも、車窓のすぐそばを随伴してくる、大きく湾曲した海岸線をぼんやり眺めている。夏の太陽の強い光をうけて輝いていたり、斜めに降りしきる雪のせいで、ことさら陰鬱にみえたり、そのように季節が極端に変わっていなくても、陸奥湾はいつも異なった表情をみせている。

ＪＲ下北駅から、半島を縦断して太平洋岸に抜け、津軽海峡にぶつかるように登っていく。むこう側にみえてくるのは、北海道の山脈《やまなみ》である。国道よりにやや高く、山側を並行して走っているのは、戦時中に建設されながらも、ついに完成することなく挫折した線路の跡である。朝鮮人を使役したと伝えられているが、トンネルも鉄橋もそのまま放りだされている。

下北半島に核施設が密集

六ヶ所村の核燃料サイクル基地、東通村の原発（四基予定）、むつ市に予定されている中間貯蔵所、さらに建設が計画されている大間原発、と下北半島は核施設の密集地帯にされようとしている。かつて中曾根康弘が科学技術庁長官だったときに、「原子力半島」構想をぶちあげたことがあった。

下北半島の先端は、幕末以来、「北門の重鎮」とされてきた。津軽海峡を日本海に抜けようとする、ロシアの艦隊を制圧するための要塞も建設されていた。戦時中は海軍大湊《おおみなと》要港部を抱えていた、軍事上の拠点でもあった。

大間町に到達するはずだった鉄道建設は、国防的な見地からのものだったが、敗色が濃くなるとともに工事は中断された。周辺町村長の連名で、鉄道省や内務省にだされた嘆願書に、「驚愕《きょうがく》落胆譬《たと》フルモノナク願クハ誤伝悪夢タランコトヲ祈ルモノナリ」と書かれているほど、地元にはショックが大きかった。

ついでにいえば、敗戦の年、朝鮮へ引き揚げようとして、舞鶴湾でなぞの爆発をして沈没した「浮島丸」の死者は、強制連行でこの鉄道工事に従事させられていたひとたちだった。

それ以来、大間は過疎の地として打ち捨てられていた。ふたたび脚光を浴びるようになったきっかけが、砂鉄を利用する三菱系の「むつ製鉄」であり、日本原子力研究所（原研）の原子力船「むつ」だったが、それぞれ挫折した。そしていま、原発予定地である。

大間原発は、一九七六年四月下旬、町の商工会が町議会にたいして、「原子力発電所新設に係わる環境調査」の早期実現を請願する、という異例の形ではじまった。町が発展するためは、企業誘致が必要だが、やってくる企業がないので、原発を誘致したい、との請願である。

と、その一週間後、正式議会ではない、議員の打ちあわせ会ともいえる全員協議会で、賛成一五票、反対一票、欠席二人、で採択された。反対は社会党議員だったが、彼はのちに自民党の幹部に転向する。

二ヵ月後、町議会は環境調査の早期実現の請願を正式に採択、役場に「原発調査室」が設置され、さっそく誘致運動にむかうようになる。

商工会の幹部が、おなじ下北半島の太平洋岸の東通村へいき、そこで〝原発熱〟に浮かされて帰ってきたのがはじまり、といわれている。が、過疎対策としての自発性によったものかどうかは、よくわからない。請願、採択、設置の動きがあまりにもスムーズなのが、不思議だ。

町が電源開発（電発）に「立地適地調査」の実施を依頼したのは、

二年後の七八年五月。米スリーマイル島事故の前年だった。

　相手が電発になったのは、大間町から対岸の北海道まで、この会社の海底ケーブルが延びていて、この工事などによって、村当局との関係が深かったからである。

　しかし、原発を建設する計画もないのに、おつきあいだけで進出を決めるなど、いくら資本金のうち、六七パーセントを国が所有する国策会社だとしても、それほどまでにズサンなものではないはずだ。

　はじめのころ、電発はカナダで開発されたカナダ型重水炉（CANDU炉）の導入を考えていたようだ。それが新型転換炉（ATR）にかわったのは、日本の原発が自主開発路線にすすむようになったからである。

　大間に建設が予定されていたATRは、動燃が開発した原型炉「ふげん」（一六・五万キロワット）の実証炉（六〇万キロワット）だった。が、コストがかかるので、国策会社の電発に押しつけられた。原子炉の使用済み燃料から取りだされる、プルトニウムを原料にする「もんじゅ」など、高速増殖炉（FBR）が実用化されるまでのつなぎだった。

　ところが、肝心の「もんじゅ」は、事故を起こしたあと操業停止状態で、ただ維持するために、年間約九九億円の無駄ガネをたれ流しているだけだ。重水漏れ事故を起こした「ふげん」も行きづまり、電事連の要請を入れた原子力委員会は、こんどは計画を、一三八・三キロワットの改良型沸騰水型軽水炉（ABWR）に変更した。

　これは、ウランとプルトニウムの混合酸化物燃料（MOX燃料）を利用する炉だが、すでにプルサーマル（注）計画自体が破綻しかかっている。さらに危険なプルトニウム利用には、ますます批判がたかまっていくのは、まちがいない。

砂糖にむかうアリみたいに

　この原発建設計画が、無定見、無節操ですまされてきたのは、資金負担が国であること地域を独占する電力料金が罷り通っているからだ。とにかくつくるのが目的で、カネに糸目を地域を独占するつけない産業といえば、電力のほかは軍需産業くらいのものである。

　九四年二月、まだ電発の計画がATRに固定していたころ、建設予定地に関係する大間漁協にたいして、漁業補償金が提示された。九一七人の組合員にたいして、一一四億八二〇〇万円だった。

　それまでは「再交渉は考えられない」と電発側がいい張っていた、九二年時の提示額にたいして、一挙におよそ三五億円（一・四四倍）をも上積みしたものだった。ひとりひとりの組合員のこれからの生活にとって、その金額が多いかすくないかはべつにしても、県の副知事が仲介した政治決着だった。

山内義郎《やまうちよしろう》副知事（当時）は、つぎのように語っている。

「再提示額が百億円を大きく超え、両漁協に評価してもらえるのではないか。電源開発は頑張った。今回決まらなければ、計画は十年延びてしまう。両漁協には、総会でぜひ決定してもらいたい」（「東奥日報」九四年二月一六日付）

県政の最高幹部が、たかいぞ、売れ、売れ、と不動産屋の手代みたいなことをやっているのたから、すでに疑問が強まっていたころである。まして、ATRの開発には、質《たち》が悪い。まして、ATRの開発には、すでに疑問が強まっていたころである。山内副知事は、かつて核燃料サイクル基地の前身としての「むつ小川原開発」でも、農民の土地買収に辣腕をふるった人物である。

山本孝夫電発副社長（当時）は、こう語った。

「わが国の自主技術の育成、強化に資するもの。（ATRの）意義は変わっていない」（前掲、「東奥日報」）

つまり、ATR計画実施のための政治加算として、「高額補償」ということになるのだが、ATRの頓挫で終わってしまえば、とんだ税金の無駄遣いになるところだった。

かわりに登場したABWRは、一三八・三万キロワット、とそれまでの二倍以上の出力になるため、温排水の影響がさらに拡大される。

それで結局、九八年八月に決まった大間漁協の補償金は一五〇億円、隣接する奥戸《おこっぺ》漁協（七九人）は九〇億円にふえた。ひとりあたり、一七〇〇万円から一〇〇万円につくという。

原発にわたしが反対している大きな理由は、すべてカネの力で解決するやり方である。これほど人間をバカにしていることはない。建設の実施は、原発がもっている目的の崇高さとか、人間生活にとっての意味などによって、住民を説得した結果ではない。

はじめのころは、科学技術の粋だとか、第三の火だとか、挙げ句のはては「クリーンエネルギー」だとかいいながら、住民の無知につけこんで建設してきたが、いま説得する理屈は「ただ必要だから」だけだ。

予定地域でまず最初にはじまるのが、いつでもおなじ「先進地視察」名目の、無料の観光旅行であり、飲ませ、食わせの買収である。つまり、説得ではなく、買収が原発の常套手段である。それでしか建設できないのは、存在自体が危険だからである。

まず、町議会で誘致決議がだされたあと、大間町の漁協ではじめられたのは、「原発調査対策委員会」の設置だった。これにたいして、そのころ、海を売ることなど考えてもいなかった漁民のあいだには、反発が強かった。

調査などといって、だますやり口が透けてみえていたからである。八五年一月の大間漁協の総会で、三分の二の組合員が反対して、委員会設置の提案は否決された。

「先祖から受けついだ自然の海は、そのまま子孫に残すんだ」というのが組合員の意見だった。この明快な主張に、理事者側からだされた「調査委へ員会設置」の提案が、やがて漁業権放棄にむすびつけられることへの強い警戒心があらわれている。

これにたいして、町当局から、つぎのような巻き返しがはじまる。

「組合員の皆さんへ

今回総会にかける『調査対策委員会』は、まず漁業組合員のなかから代表者を選んで原発語題について調査・勉強するためのものです。

漁業補償交渉をする『委員会』ではありません。

この『委員会』で皆んなが十分に納得いく勉強をしましょう。

今後のことについては、『委員会』の勉強結果の報告を受けあらためて考えましょう。

大間町役場」

漁業組合の総会を前にして、町役場が組合員むけにチラシを配るなど、越権行為というべきものである。その前にも、役場の名前で、「調査対策委員会は、幅ひろく、検討、協議していく場」とのチラシが全戸に配布されている。

そのあと、電発の社員たちが、多いときでは、七、八〇人も大間町に常駐するようになった。

原発誘致の最初から、反対運動をつづけてきた、佐藤亮一さん(六三歳)の話である。

実はわたしはかつて、べつの友人から電発のが会議のメモを入手したことがあった。それには、「県、町、会社(電発)の緊密な連絡」について特記されていた。漁業総会前に、町役場の名前でチラシを配るなど、役場の知恵というよりは、なんとか総会に干渉したい電発側の作戦だった。

電発は、この「よもやの否決」(新聞記事の表現)のあと、これまでのように、冠婚葬祭にこまめに顔をだすばかりではなく、田植え、稲刈り、昆布採り、ペンキ塗りなどの仕事の手伝いにまで、でむくようになった。

いわば、反対運動によくみられる、「援農」運動を逆手に取ったやり方で、なかなかしぶとい。「砂糖にむかうアリみたいだった」とは、佐藤さんといっしょに反対運動をつづけている奥本征雄さん(五四歳)のいいかたである。人海戦術でもある。

佐藤さんは、営林署の職員としてはたらき、定年のあと町議会議員をしている。議会でのたったひとりの反対派である。奥本さんは、郵便局の職員である。

連ドラパーティーに電発が出席

わたしが大間を訪れたのは、九九年一一月下旬だった。マグロの豊漁が話題になっていた、大間岬のそばで、日本列島を北上してきた脂の乗ったマグロを、トビウオを餌にして一本釣りする。ここでの昔ながらの豪快な漁はよく知られている。

その日の新聞には、「一七〇キロ級のマグロを週に四本釣って、一年分稼いだ」（「東奥日報」）との記事が掲載されていた。『大間町史』のグラビアページには、四四〇キロのマグロを仕留めて、Vサインしている漁師の写真がある。

このあたりは、真昆布の産地でもある。ベッタラ漬けやバッテラには欠かせない昆布である。マグロのほかにも、ブリなどの回遊魚がよく獲れる。沿岸漁業なので、温排水の影響はほかの地域よりも強くでそうである。

二〇〇〇年四月からはじまったNHKの連続ドラマ「私の青空」のクランクイン合同討入式なるものが、そのすこしまえ、町内の温泉旅館でおこなわれた。脚本家の内舘牧子や伊東四郎、ヒロインの田畑智子、それに町長、青森放送局長、漁協組合長などがメインテーブルを占めていた。ほかにも、警察署長、病院長、郵便局長、町会議員なども、NHKの職員とともに上席である。

マグロの一本釣りが、この番組での重要なシーンだった。漁協組合長が町長とならんで、ヒロインとむかいあって坐っていたのは、それをあらわしている。

ところが、そんなパーティーでは、かならず上席にいるはずの電発幹部が、いわば並みの席のはずれのほうに着いていて、参加者たちを不審がらせていた。たしかに、そのとき出席していたのは、「所長代理」だったこともある。しかし、それは、原発とマグロの疎遠な関係をしめしているようだった。

予定地を囲む反対派の共有地

建設用地の地権者は、五七〇人だった。買収がすすんだため、未買収地として残っているのはひとけた以内となった。半農半漁の地域だから、たいがい漁師が地権者だった。それが複雑な感情をつくりだした。

漁業権放棄に賛成してしまったから、原発反対はいえない、というひとがふえる。それに漁業権放棄への賛成は、原発の用地買収に抵抗する理屈を通らなくさせる。そして土地を売ってしまうと、原発にたいして発言しにくくなる。

「原発ができなくなると、カネを返さなければいけない、と思っているひとが意外に多いんです」

と、奥本さんがいう。だれかが、そんなデタラメを吹きこんでいるようだ。

佐藤さんたちは、原発予定地に共有地をもっている。わたしは彼の案内で、予定地内をみて歩いたのだが、共有地は炉心の予定地を取り囲むように、分布している。佐藤さんたちが、借地にセリを植えている場所もあった。共有地にはクリの苗が植えられている。将来、クリ公園にする夢が育っている。

海にちかい、予定地にいってみると、茶褐色に枯れたカヤの茂みに雪が降り積もっていた。なにか得体のしれない、調査用の穴が掘られている。

佐藤さんは、議会で浅見恒吉町長にたいして、

「大間町は水産業を基幹産業として、農業、林業、畜産業を推進し、それに付加価値をつけていく、との基本構想をだしているが、これらの産業と原発とが共存共栄にむすびつくのか」

と質問している。これにたいして町長は、

「電源開発では万全の安全対策を実施するとのことなので、それを踏まえて判断した」

と答えている。

「ＭＯＸ燃料を全炉心にいれるなど、世界的にも例がない。電源開発の説明だけではなく、批判的な学者を招いて、学習会などをひらいて、その資料を公開すべきだ」

との佐藤さんの意見にたいしては、

「町民の皆さんは、先進地へ視察にいって、ご理解しているはずだ」

と町長は突っぱねた。

大間原発の去就は、反対派地権者と共有地の土地を、電発が買収できるかどうかにかかっている。これからも、さまざまな籠絡《ろうらく》の手段が講じられるであろう。これまで、カネに糸目をつけなかったのは、それが国策だったからだ。

ところが、電発はもうじき民営化される。と、いままでよりも、はるかにコストが問題にされる。自由化によって、電力会社の地域独占の解体がすすめば、原発建設などは、コスト的に合わなくなるはずだ。

九電力にもたかまってきた原発コスト削減の要請は、安全性と対立関係にある。ＭＯＸ燃料を中心に使う電発の原発は、まだそれよりさらにたかくつきそうだ。巨大で不安定な原発を抱えて、電発は九電力とコスト競争できるのかどうか。面子を捨てて、軌道修正を考えるときである。

（注）使用済み核燃料から取り出される猛毒の元素「プルトニウム」は増えつづけており、その使用の目途は立っていない。このため、通常の原子炉で、ウランとプルトニウムを混ぜた燃料（ＭＯＸ燃料）をつかう計画が持ち上がった。これがプルサーマルだが、危険性がより増すとして反対の声が根強い。

第8章 ハーブと塩と核のごみ
石川県珠洲《すず》市

能登半島の先端にある「珠洲《すず》原発」建設予定地は、関西電力（関電）が計画している高屋町《たかやまち》地区と、中部電力（中電）が計画している三崎町寺家《みさきまちじけ》地区との二ヵ所にわたっている。

しかし、住民の反対運動は根強く、一九七六年の計画発表から二五年以上たったいまなお、「立地可能性調査」さえ実施できていない状態にある。

ところが、最近になって、日本海に面した高屋町地区、その裏山にあたる、五一万平方メートルにもおよぶ「珠洲ハーブの丘」にたいして、地元のひとたちが疑惑の眼差しをそそぐような事件が発生した。

谷間には色鮮やかな、カモミール、ラベンダー、ミントなどのハーブと花が咲き乱れ、あたりには香《かぐわ》しい匂いがたちこめている。観光客がポケットカメラを片手にそぞろ歩きする、平和な光景がみられていたのだが、その事件以来、このハーブの丘は、地元のひとたちから、「得体がしれない」といわれるようになった。

土地にかじりつき利益をむさぼる

関電が清水建設などのゼネコンに、土地取得を依頼していた事実が、地主の脱税行為が摘発されたことによって、あきらかになった（「朝日新聞」九九年一〇月一一日付）。

清水建設は、高屋町の原発予定地にふくまれる約一〇ヘクタールの土地を、ひそかに地権者である医師（神奈川県在住）から、七億五〇〇〇万円で購入していた。その医師はそれまで原発反対派といわれていた人物だった。

土地を担保にして、東京の不動産会社から、カネを借りる形にして、所得税を脱税していた。それが露見したことによって、土地が買収されていた事実が判明したのである。

その後、関電と清水建設が、暴力団組長から、土地買収に協力した見返りとして、三〇億円を要求されていたことが、やはり、「朝日新聞」のスクープとして、報道される。

脱税事件によって、原発用地の取得をめぐって、関電、清水建設、不動産ブローカー、暴力団組長、そして「神の国」森喜朗首相（当時）まで、まるで下手くそな政治ドラマのシナリオのような、アクの強いキャラクターが勢揃い、土地にかじりついて利益をむさぼっていた実態があきらかになった。

まるで不人気な森氏まで役回りをえたのは、やはり「政治献金」の上納によってである。原発利権に群がった建設会社からの献金だが、森氏は、もっともキナ臭い役職ともいえる、利権にちかい建設大臣や通産大臣を歴任してきた。清水建設の広報部は、「朝日新聞」の記者にたいして、

「献金と珠洲原発の用地問題とは無関係だ。森首相以外の政治家へも同じように献金している」

と弁明している。さらに、最近になって、金沢市の歓楽街に雑居ビルをもっている、別の暴力団組長の不動産会社役員として、森氏の父親がはいり、その死亡後は母親があとをひきうけ、二三年にもわたって在籍している事実が暴露されている（「フライデー」九九年六月三〇日号）、森氏は、暴力団関係者の子どもの仲人をつとめるなど、暴力団との噂がたえない。

さて、問題の「珠洲ハーブの丘」について、である。「朝日新聞」によると、指定暴力団山口組系の組長が、関電と清水建設にたいして、珠洲原発の用地買収のとりまとめに協力した報酬として、三〇億円を要求、両社の担当者がたびたび接触、交渉していたが、まとまらなかった。それで仲介者があらわれることになった。「要求が余りに高額なため、関電と清水建設は対策を検討。九五年ごろ、清水建設の関係会社社長に交渉を任せることにした」。

この関係会社は、原発予定地付近の土地取得のため九三年に設立され、清水建設社員が開発部長として勤務していた。関係会社社長は、微生物を使って健康増進の研究をする社団法人を主宰しており、組長が法人の会員だったことから、面識があった」

ゼネコンがダミーを使うのは、めずらしいことではない。たとえば、青森県六ヶ所村の核燃料サイクル施設予定地で、土地買収に拝走した内外不動産の事務所は、三井不動産の材墨の様かにあった（『六ヶ所村の記録』）。

六ヶ所村では、買収にきていた連中が、「内外」と「三井」、この裏オモテ二社の名刺をもつ〝二重人格〟だったから、ここでの清水建設の社員が、ダミー会社の開発部長をつとめていたとしても、不思議ではない。

ここに登場する「清水建設の関係会社社長」とは、「東京富士恒産（ティ・エフ・ケイ）北陸」の南部外茂治《なんぶともじ》社長である。南部社長は、「（社）健美会」の代表をつとめ、森首相とも親しい、と伝えられている。ところが、南部社長は、原発予定地の周辺、五一万平方メートルを占めている、「珠洲ハーブの丘」の代表でもある。

「朝日新聞」によれば、「ハーブ農園にも清水建設が資金提供したとみられている」（九九年一〇月一四日付）とある。これまで買収されていた土地の権利書は、関電珠洲立地事務所に保管されていたことが、この事務所に立ちいった東京国税局の査察の結果ではっきりした。

広大なハーブ園の匂いは、甘いばかりではない。けっこう複雑な匂いがこもっている。

投げやりな電力側の姿勢

「どうせ原発はできないんだから、貝藏《かいぞう》(現・貝藏治《おさむ》市長)でいい、という意見がけっこうあるんですよ」

二〇〇〇年六月中旬の市長選の投票日のまえに、不安そうに話していたのは、高屋町地区のお寺、「円龍寺」の塚本詠子さんである。案の定、原発凍結派の候補は、「実績」を正面に据えた現職にもろくも敗れた。

「凍結」のスローガンによって中間派の票を獲得して、原発推進の市長を競落とそうとした作戦は成功しなかった。前回よりも、現職が票をのばしたのは、塚本さんがいうように、原発が争点にされていなかったからだった。彼女には、電力側の姿勢は、ここにきてなにか投げやりに感じられている。

塚本さんは、市議会が原発建設の「要望書」をだす以前から、電力会社が土地をさがして歩いている、との噂をきいていた。

関電、中電、北陸電力(北電)の三社が、共同で「珠洲原発構想」を発表したのは、七六年一月だった。ところが、その三ヵ月ほど前、珠洲市議会は、全員協議会で原発と原子力船基地の建設調査の要望書の提出を決定していた。県を介して国に要望するというかたちである。

珠洲市の「原子力立地」は、三電力共同開発というもので、いわば談合開発である。この地での建設計画などない北電は、「統合事務局の窓口」との位置づけで、いわばお世話焼きである。これは奇妙な役回りである。

高屋町地区で、一挙に反原発の勢いが盛り上がったのは、八九年五月、温泉を掘るとの名目で、関電がボーリング調査をはじめたからだった。その後の反原発の運動はひろがる一方で、市議会では選挙のたびにひとりずつ反原発議員をふやし(現在六人)、県会議員もひとりだすようになった。

関電の事前調査の強行にたいして抗議した市民が、四〇日も市役所の会議室を占拠したり(八九年五～六月)、県内最大のゼネコン林組からでていた林幹人《はやしみきんど》市長が、九三年に不正投票をおこない最高裁判所が投票無効を確定(九六年五月三一日)、やり直し選挙がおこなわれるなど、珠洲原発建設をめぐっては、最近の原発反対運動のなかでも、全国的によく知られるほど強い抵抗をつづけてきた。

それでも、裏側ではさまざまな画策がつづけられてきた。中電の予定地のある寺家地区では、不正選挙の主《あるじ》である林市長と市議(のちに助役)が、いちはやく土地を取得していたり、高屋町地区では、医師以外にも、反対派の幹部の土地が、ついにハーブ園の経営者の手中(賃貸契約といわれている)にはいったりしている。

原発予定地にふくまれている塚本さんのお寺にも、さまざまな人物がやってきた。東京の「アール・アンド・エム」という会社からCという男がやってきては、お寺を立派にしてやる、老人福祉施設の院長にしてやる、無農薬のトマト畑をやらないか、お花畑を、など、魅力的な話をぶらさげて買収にかかってきた。が、詠子さんは、「動物的カン」ですぐ原発とわかった、という。

最近になって関電の動きが鈍くなった、というひとつの根拠は、これまで高屋町のひとたちと関電が結んでいた「土地の賃貸契約」が、一〇年たって更改期にはいったのに、関電が積極的に更新しようとしない、という事実にもある。

地元のひとたちにとっては、原発に賛成、反対を問わず、貸すだけなら屋根の修理代ほどにはなるので、期待は大きかった。それに過疎化のせいで空き家になった家でも、これまでなら、関電がせっせと買ってくれたのだが、それも渋りだしている、という。これまでにないケチさ加減である。

電力会社は、暴力団の幹部に法外な仲介料を払おうが、土地転がしされたあとの高い土地代を負担しようが、あとで電力料金に繰り込めば、それで万事ＯＫだった。ところが、さいきんでは手のひらを返したような「健全経営」に変わった。

それで、「関電はもうここでの原発建設を諦めたのではないか」との推測がでてくるようになった。

もうひとつの根拠は、高屋町の予定地には、反対派の「共有地」が、虫食い状態で数十ヵ所にひろがっている。もしも建設を強行するなら、強制収用しかない。これだけ、原発にたいして批判が強い時代に強制執行など、飛んで火に入る夏の虫、というものである。

核のゴミ捨て場とされる噂

と、このように、原発撤退時代の土地の廃物利用法として、あらたにもちあがってきた疑惑が、「中間貯蔵所」である。すでに各原発サイトのプールに貯蔵されている「高レベル廃棄物」は、満杯にちかづいている。それに対処して、これから、全国各地に「中間貯蔵所」の建設が必要とされている。

廃棄物をどんどん六ヶ所村にはこべば、そのままプルトニウムになって、原料として蘇る、などという「夢の増殖炉」や「魔法のサイクル」など、いわば絵に描いた餅で、とんでもない食わせものだったことが、ようやくあきらかになってきた。

このために、てっとりばやく、深さ一〇〇〇メートルほどの地層に処分しようという、「高レベル廃棄物処分法」が、ろくに審議もしないうちに、二〇〇〇年五月の国会で成立させられた。最終処分場の候補とされているのは、北海道の幌延《ほろのべ》や岐阜県の東濃地区ばかりでなく、最近ではいくつかの候補地があらわれている。

　かつて、動燃幹部に会ったとき、処分場には「自然的条件」よりも、「社会的条件」が大事、といわれて驚いたことがある。つまり、住民が受け入れるかどうかが問題で、自然的条件なら技術的にカバーできる、との考え方である。「活断層の真上というのはクレージーですが」といって彼は笑ったのだが、つまりは、それ以外はどこにでもつくれる、ということになる。

　とすると、それぞれの原発に比較的ちかい、さらなる〝僻地〟が狙われている。

　珠洲の「原子力立地」に、原発の建設計画をもたない北電が、なぜ「窓口」としてはいっているのか、その謎が、これで解けるようになる。能登半島の羽咋郡志賀町《はくいぐんしかまち》地区に遅れてきた原発をつくった北電が、関電、中電との「核中間処分クラブ」に参加した、という意味である。

　こんどの取材で、わたしは、市長選の応援に駆けつけた藤田《ふじた》祐幸《ゆうこう》・慶應大学教授に同行したのだが、彼は珠洲原発予定地は中間処分所になる、と力説して歩いていた。それにたいして、現職市長側の宣伝カーは、「いや原発の立地です」、と懸命に否定していた。原発よりも、核のゴミ捨て場にされるほうが、いちじるしくイメージが悪い。それが選挙の票を減らす、との危惧からである。

　珠洲原発は、高屋町地区では私有地に阻まれて、いまのところ建設の見通しはたっていない。とすると、中間処分所の候補地はどこか。

　疑惑の対象にされているのが、「珠洲ハーブの丘」の広大な土地である。それも国有地に隣接しているから、ますます可能性がたかい。六ヶ所村の再処理工場の敷地になったのも、農林水産省の敷地（じゃがいも原原種《げんげんしゅ》農場）だった。

　しかし、その噂について、確認の電話をかけたわたしにたいして、南部社長は、

「そんな話は聞いたことがない。いまはじめて聞いた。うちは市役所に聞いて原発敷地外の土地を買いあさったのだ。ティ・エフ・ケイも敷地内は土地をもっていない」

と全面否定している。はたして、このままハーブ園として発展するか、それとも噂のように、中間処分所のようなとんでもない施設に変貌するかは、やがて歴史があきらかにする。

土地を売ってもなんにも残らん

　九二年ごろ、高屋町地区の土地を買いあさっていた人物が、関電は原発進出を打ちだしたもののままならず、引くに引けない状況にある、だから、「総合レジャーセンター」にしたらどうか、

との企画書を市にだしたことがある。この「総合レジャーセンター」は、原発計画を隠すイチジクの葉っぱ、とみられていた。ところが、二〇〇〇年五月、珠洲商工会議所青年部は、「日本カジノ学会理事長」の室伏哲郎《むろぶしてつろう》氏を呼んで、「地域振興とカジノ」というテーマで講演会をひらいた。「珠洲にラスベガスを創る研究会」も共催者にくわわった。これは原発反対派とは、べつな運動である。

中電が一三五万キロワット級二基の原発を建設する、と発表している寺家地区をまわってみた。そのうち、炉心にちかい上野《うわの》は四三戸の全戸が移転対象といわれている。畑で仕事をしていた六〇過ぎの女性に話しかけた。

と、彼女は唇に人差指をあて、「しッ、ここは賛成派が多くて、ろくに口もきけん」といってから、「土地をもっていないひとが、賛成しとるだけじゃ」と低い声でいった

「どうして賛成しないんですか」というような聞き方をすると、「土地を売ったひとは、税金にもっていかれて、なんにも残らんかった」と答えた。

海岸にでてみると、赤いシャツをきた男性が、小型の白い大であるペキニーズと派辺で戯れている。葭ヶ浦《よしがうら》富雄さん(四五歳)、漁師である。

「賛成のひとは市のいうことを信じているだけだ。商売をしているひとは、表立って反対といえないだけ」というのは、本人自身、原発にはなんにも期待していないことをしめしている。

この地域は、かつて塩田で栄えていた。わたしはその塩田の取材できたことがあったのだが、そのとき、寺家の集落の裏山にはられたフェンスに、「買収済み」を誇示するかのように、中電の社名が書きいれられているのをみかけている。しかし、ここでの動きも止まっている。

反対運動は、根強くつづいている。このままで推移すれば、この原発建設は沙汰止みになりそうだ。

わたしは、海岸にある畑から、かぶや白菜を採って、背中にゆわえつけて歩いてきた、坂下ふささん(七五歳)と立ち話をした。彼女は、かつてさかんに聞こえていた、という狸や狐の鳴き声を声帯模写で聞かせてくれた。

このあたりには、木の葉っぱのようなおかねを餌にしている、大きな狸や狐が、いまなおさかんに横行しているようだ。

第9章
ロケットの島に蠢《うごめ》く不穏な野望
鹿児島県馬毛島《まげしま》

鹿児島県種子島《たねがしま》の沖合い一二キロメートルにある馬毛島《まげしま》は、南北に四・五キロメートル、東西に三キロメートルほどの、平坦な小島である。

種子島空港にむけて機首を下げた小型旅客機は、あっという間にこの島の上空を通過してしまうのだが、緑に覆われた三角形の小島に目を凝らしても、人家も人影も見あたらず、港に碇泊する船もない。無人の島である。

くり返された「平和相銀」の疑惑

この島は最近になって、原発から発生する使用済み核燃料の中間貯蔵所の候補地とされている疑いが強まってきた。

たとえば、電力関係の専門紙である「電力時事通信」は、一九九九年一一月一日付で、「電力業界は、候補地として鹿児島県の離島(無人島)に関心を示しはじめた模様だ」と報じている。

馬毛島はこれまで、なんどか、疑惑の島として報道されてきた。

平和相互銀行(のちに住友銀行に吸収合併される)が、傘下の太平洋クラブが六万株を所有する「馬毛島開発」を通じて、七五年ごろまでに全島の九八・六パーセントの土地を買収した。このときはレジャー施設をつくるとの触れこみだった。だが、オイルショックによって計画は破綻。そのあとに、石油公団の石油備蓄基地の建設が取り沙汰されたりしていた。

核施設の計画が最初に浮上したのは、八〇年ごろである。九州電力の副社長だった後藤清が、「日本原燃サービス」(現・日本原燃)の社長に就任したあと、馬毛島か奄美諸島の加計呂麻島《かけろまじま》に核燃料の再処理工場を建設するべく関係各方面を駆けまわっていた。

このころは、奄美諸島の徳之島《とくのしま》や長崎県平戸島《ひらどしま》なども候補にあげられていた。本命は青森県の下北半島だった。あっちこっちに候補地にあげるのは、いわば陽動作戦というものであるが、七〇メートルていどの丘があるだけの平坦な島で、住民を追い払ったばかりの馬毛島も、南の地方での有力な候補地だったようだ。

後藤社長は、電事連の必須課題である再処理をおこなう会社の社長に押し上げられていただけに、地元の南九州に立地させるべく、旧制七高(現・鹿児島大学)の先輩である金丸三郎参院議員(自民)に協力を依頼していた。「一兆円」の投資になる、が売り物だった。

が、当時の鎌田《かまた》要《かなめ》人知事は受け入れに消極的だった、と伝えられている。

そのあと、自衛隊の「超水平レーダー基地」の建設などが噂にでている。八六年の平和相銀の「金屛風疑惑」や、八七年の竹下登元首相を脅迫した「ほめ殺し」事件も、馬毛島の基地用地としての買い上げ要請にかかわっている、といわれる。

平和相銀は、とにかく、この土地の売却にあせっていた。

「稲井田《いないだ》がＴに『馬毛島を二百五十億円ほどで売却してほしい』と依頼、その工作資金として十億円を渡すことを約束したのは昭和五十八年三月ごろ。この場には伊坂《いさか》も同席した」（「産経新聞」二〇〇〇年一月二六日付）

稲井田隆《たかし》は、当時の平和相銀の社長であり、伊坂重昭《しげあき》は監査役だった。伊坂は北海道の土地購入を名目にして一〇億円をＴにまわしした。

「この際、伊坂らは五月と八月の二回に分けそれぞれ五億円ずつジュラルミンのトランクに詰め、フェリーを使って東京に運びＴの自宅に持ち込んだ。翌五十九年春、Ｔから『工作費がもっといる』要求があり、さらにＴへの融資という形で十億円を渡した。

現金はＴの自宅二階で出入りする政治家らに手渡されていたとされる」（前掲、「産経新聞」）

馬毛島は開拓農民が入植していた土地なのだが、平和相銀は「二七六億円」で買収していた、とも伝えられている。この島は、政治家と得体のしれない人物たちの食い物にされてきた。

いわば、かねてからの「疑惑の島」だったが、原発内の冷却プールがあふれそうになり、操業をおびやかしはじめている、使用済み核燃料廃棄物の「中間貯蔵所」候補地として、いままた再浮上した。第8章に紹介した石川県珠洲市とおなじ疑惑だが、巨大なカネが動いているのは、核施設特有のキナ臭さである。

買収資金の出所は謎

かつて、馬毛島は、種子島漁民のトビウオ漁の基地だった。漁師たちはここに小屋掛けして、五、六月のトビウオ漁の最盛期には泊まりこんでいた。明治時代は、西之表《にしのおもて》の士族が政府から土地を借りて「牛牧社」を設立、種子島牛を放牧していた。そのあと、政府の緬羊《めんよう》試験場が設置され、委託管理にあたった「牧羊社」が、羊毛を陸軍に納めるようになる。

やがて、島は個人に払い下げられて、個人所有に移された。第一次世界大戦後の不況のあと、二四年間、神戸にいて、軍需産業としての皮革工場や航空機工場を経営していた、日本羊毛工業の草分け、川西清兵衛の手にわたる。

この島にはダニが多い、マニラ麻の代用品の「麻王蘭《まぶらん》」がいまでも残っている、などとわたしは元住民から聞かされていたのだが、『西之表市百年史』によると、「川西馬毛島農場」の緬羊にダニ熱が発生していた、川西は麻王蘭をあたかも株券のような金策商品として、農民に栽培させていた、とある。川西時代の亡霊ともいえる。

亡霊といえば、もうひとつ、海岸段丘の頂点ともいえる、ただひとつの山「岳ノ越《たけのこし》」（標高七一メートル）にもある。戦争がはじまると同時に、ここに南方航路の防衛のため、海軍が機関砲座を備えたトーチカを構築した。そのふるぼけた、ちいさな円形の陣地もまた日本軍の亡霊のように遺されている。

戦後の農地解放に従って、川西は政府に土地（四八〇万平方メートル）を返還した。守備隊だけが残っていた無人の島に、「外地」帰りの開拓者が入植するようになる。五九年までに、一一三世帯、五二八人が移住した。小・中学校はその前から開校されていた。鋼鉄製の連絡船である「馬毛島丸」が就航するようになったのは、六三年からである。

種子島とむかいあっている葉山港のあたりには、いまでも蘇《そ》鉄《てつ》の群落が自生している。そこに上陸した入植者たちは、一期二期とわかれて、島の南側へむかってすすんでいった。南勇雄《みなみいさお》さん（六二歳）が島に渡ったのは、五三年春、中学校を卒業してからだった。奄美大島から種子島にやってきていた父親が、二年前の第一次開拓にはいっていた。

一戸あたり一町八反（約一・八ヘクタール）の割り当てで、野ゴメ（陸稲）やサツマイモ、野菜の自給自足。それにトビウオ漁の半漁半農だった。南さんによれば、「ぜいたくしなかったから、けっこう暮らしていけた」という。耕耘機のエンジンを利用しての自家発電、プロパンガスでの冷蔵庫もあった。

馬毛島開発が、土地の買収をはじめたのは、七三年ごろからである。

「ゴルフ場といったり、石油の備蓄基地といったりしていた。開発したら施設ではたらかせるといって、札束を積んでみせたりした」

南さんの話である。「買収基準はなかった」という。個別交渉だったようだ。だいたい、開拓農民たちが手にしたカネは、一戸あたり四、五〇〇〇万円ていどだった。島では澱粉《でんぷん》工場や製糖工場が閉鎖になり、肉牛の飼育が中心になっていた。

買収にやってきたのは、東京の不動産業者だった。どこから資金がでたのか、馬毛島開発とはどんな会社なのか、さっぱりわからない、と南さんは首を傾げている。

彼は最後になるまで島を出ない、ときめていた。出る必要がなかったからだ。それでも、結局、二一年前、四〇歳になってから、買収に応じて島を去った。肉牛を飼う代替地がみつからなかった家族が、一戸だけ残っていた。

南さんは西之表市内に家を買いもとめ、四・九トン級の漁船を買った。それに乗って、いまは専業漁師である。

二〇〇〇枚の誘致看板が林立

「二七六億円」で買収された、と伝えられている馬毛島の土地を所有していたのは、住友銀行系の太平洋クラブだった。が、九五年一二月に立石建設(本社・東京)に経営権が委譲されたその金額は、五億円とも一五億円ともいわれている。

立石建設は、島の利用方法として、採石事業をおこなう、との計画を発表した。そのための掘り込み港湾を掘削し、岸壁に破砕プラントを二基設置、と同時に自家用機の滑走路を建設する計画を県に提出している。石材を搬出した跡には建設残土を運びこむ予定、ともいわれている。

ところが、九九年正月の種子島漁協の「船祝い」の席上、浜脇時雄組合長が、核燃料廃棄物の「中間貯蔵所」の計画について言及した。それによって、二五億円の交付金が下りる、ともいった、と伝えられる。

それ以来、馬毛島は採石事業と核貯蔵所のふたつの案が対立するようになる。それまでは、県と西之表市は、日本版スペースシャトル「ホープ」の発着基地を誘致しようとしていたから、厳密にいえば三案鼎立となったのである。

浜脇組合長は、福島原発内の貯蔵所を見学して、「安全だ」と発言、原発予定地でお定まりの「先進地無料見学ツアー」には、すでに四〇〇人ほどの種子島の島民が参加した。

ひとりあたり一〇万円と考えれば、四〇〇〇万円にもなる。計画がないのに、ムダ金をつかうはずはない。土建業者を中心とした誘致運動もさかんで、三〇〇〇人規模の「総決起集会」もひらかれている。

二〇〇〇年七月上旬、わたしが種子島を訪れたときにも、島中の道路沿いに、

「中間貯蔵所は住環境をこわしません」

「中間貯蔵所は三〇年も無事故です」

「税収増で減税します」

などの立て看板が並びたてられていた。ついでにいえば、日本では、まだどこにも、中間貯蔵所も最終処分場もつくられていないのだから、「無事故」の実績はない。

浜脇組合長に、わたしは「どこから中間貯蔵所の情報をえたのですか」と電話でたずねた。「東京からきいた」と彼は答えた。「通産省ですか」と重ねると、「そうだ」と答え、「それと電事連から」とつけ加えた。彼はこれは国の政策だから避けて通れない、核廃棄物の保管場所をつくるのは悪いことではない。が、漁業権放棄については、組合員の意見が一致しなければならな

い。馬毛島の共同漁業権は、ふたつの「小組合」が所有している、などと語った。

しかし、一九九九年七月の西之表市議会全員協議会に出席した、立石建設の立石勲社長は、「核施設には土地を売らない」と言明している。

それについて質問すると、浜脇組合長は、「採石では採算ベースにのらないだろう」と歯牙にもかけない口ぶりだった。この問題で奇妙なのは、所有者がまだ売るとはいっていないのに、まわりが売ると確信していることである。

浜脇組合長によれば、「キャスク（容器）にはいっている使用済み核燃料よりも、産廃（産業廃棄物）のほうが環境に悪い」ということになる。

島中に立て看板をたてるのに力をそそいだのは、中野周さん（五八歳）である。彼は自動車修理工場を経営しているのだが、島の雇用を守りたい、それが、「立地推進連絡協議会」の事務局長を引き受けた理由、という。

島最大の土建業である、藤田建設の藤田護社長がこの協議会の会長である。中野さんによれば、これら土建業者の協力をえて、二〇〇〇枚の看板をつくった。

看板や決起集会は、西之表市議会が、核廃棄物拒否の条例を制定するのを阻止するためのものだった。結局、中野さんたちは敗れたのだが、これからが本当の運動だ、と強調した。

「採石場は許してはならない。立石社長は全国の産廃組合の理事長もしているのだから、かならず産廃の捨て場にされる。原発や再処理工場なら、簡単に賛成しないけど、まだ中間貯蔵所なら反対派の自然を守るという意見とおなじだ」

自治体は決議や拒否条例で対抗

ミミズの養殖場の名目で、五六万トンもの産廃がもちこまれた、香川県豊島《てしま》の例もある。産廃反対は全国的な世論である。しかし、それが中間貯蔵所の誘導路に利用されているところが、馬毛島問題の複雑さである。それと相変わらずの経済効果の宣伝である。中野さんたちが市内全戸に配布した新聞の折り込み広告には、こう書かれている。

「立地する自治体には、国が年間九〇億円、向こう五〇年間以上、保管料（地域振興費）を交付。公共工事の九五パーセントの国庫補助や、地方自治体の単独事業に地方債で優遇する特別措置法の支援」

などと、「メリット」が列挙されている。

それでも、地元の西之表市は、二〇〇〇年三月の本会議で、「核関連施設立地に反対する決議」を全会一致で可決、さらに七月には、隣りの屋久島の屋久町につづいて、「放射性廃棄物などの持ち込みを拒否する条例」を賛成一七、反対二で可決した。南種子町《みなみたねちょう》議会、上屋久町《かみやくちょう》議会も反対決議、条例制定もひろがりそうだ。

　種子島漁協青年部の坂口嘉和さん（三五歳）は、

「祖父も親父も漁師として、馬毛島の海でメシを食ってきた。それを後継者へ残すのが漁師としての義務だ」

　とキッパリといった。採石はもちろん、核廃棄物にも反対である。核に反対するために、採石に賛成していては、採石変じて核廃棄物に化け、最後にどんでん返しをくわないとは限らない。

　馬毛島の一・四パーセントの土地は、廃校になった小・中学校の敷地と、「ひげさんの店」という名で知られている種子島の土産店の桑原竜彦さん（五一歳）と親戚の土地である。

　辛うじて残された土地の所有者である西之表市は、反対条例があるため、核施設に学校の土地を売ることはできない。親戚とともに土地を所有している桑原さんは、馬毛島開発と土地をめぐって係争中で、「市民が反対しているかぎり、売ることなどありえない」という。

　わたしは、社長に面会をもとめて、立石建設に電話をかけた。

「いま馬毛島でいろいろやってますので、落ち着いてからでないと、お会いできません」との回答だった。

試される鹿児島県の姿勢

南さんに案内していただいて、馬毛島にわたった。無人の島には、赤い夾竹桃《きょうちくとう》が花ざかりだった。あそこが澱粉工場跡、あそこが精糖工場跡、ここが学校と、彼は懐かしそうだった。

　ところどころに「私有地につき入らないで下さい」との馬毛島開発の看板がたっていた。行く手に、野生の「マゲ鹿」がびっくりしたような表情であらわれ、ちかづくとくるりと背をむけて去っていった。遠くを走っている集団もみられた。ニホンジカの亜種で、その生態は学問的に貴重だ、といわれている。

　亡霊のトーチカに登って島を見渡すと、まっ平らな緑がひろがっている。わたしは再処理工場の計画があったとき、四〇〇〇メートル滑走路が建設される予定だったことを思いだしていた。その一部が、立石建設の計画に組みこまれている。

「こんな島のどこで採石できるというんだね。どこにも石を採る山なんかないよ」

　と南さんは笑っていった。もしも現地調査することなく、書類だけで採石事業を許可するとしたなら、鹿児島県は将来、豊島よりももっとひどい禍根を残すことになるだろう。それも承知で、というなら、また別問題である。

第10章
臨界事故のあとにはじまった軌道修正
茨城県東海《とうかい》村

「会社の名前をだされると、倒産しちまうよ」

ということなので匿名だが、「ＪＣＯ」東海事業所にちかい、ある食品工場の経営者であるＡさん（四八歳）は、いまでも経営不安は収まっていない、といった。

事故から一年もたてば、商売はまた軌道に乗る、と考えられがちだ。ところが、Ａさんの話によると、一九九九年九月の事故直後、年末、そして三月の年度末、と三回にわたって、いくつもの取引がうち切られた。売り上げは、事故前とくらべて、四〇パーセントも減った。

信用回復には一世代かかる

もちろん、ＪＣＯの臨界事故が引き金になったのだが、問題なのはＪＣＯだけではない。取引相手は、核施設が集中する東海村自体が危険だ、と気がついた。だから、営業努力などではとても太刀打ちできない、とＡさんは困惑している。

はたらいていたのは、家族をふくめて一二人だった。いまは八人と四人も減ったのは、解雇したからではない。危険だと思われたのか、出勤しなくなった。この就職難の時代に、いわば、労働者のほうから見切りをつけた、といえる。

Ａさんの工場からは、テレビによく映しだされていた、住友金属鉱山の細長いビルが丸見えだ。とはいえ、その下にある、ＪＣＯの工場建屋が見えるわけではない。それでも、そのビルは事故の象徴だから、住民ばかりか、通いではたらきにくるひとたちにとっても、いつも頭にのしかかっていて、大きな心理的な負担となっている。

事故の原因となった、ウラン溶液の撤去も、九九年一二月には終わる、などといわれながら、二〇〇〇年二月以降となり、三月にはいってやっと開始された。Ａさんの責任ではないのだが、延ばされるたびに、取引先からＡさんが不信の目でみられるようになった。

Ａさんの工場は、特殊な商品を開発していて、全国的に売りだして好評だった。ところが遠い地域ほど東海村にたいしての不安感が強いのか、うち切られるのがはやかった。「食品関係は効くんですよ」と、想像していた以上の「東海村」のマイナス効果に、Ａさんは匙を投げた様子である。

「役場には、あと四、五年かかる、といわれているけど、信用回復には、一世代はかかるんじゃねえの」

知り合いの不動産業者も、原子力関係の従業員が買うか、農家の二、三男に農地を分けるていどしか、土地の動きがなくなった、とぼやいているそうだ。

一年ぶりに、ＪＣＯの正門前に立ってみた。相変わらず、鉄製の横にながい門扉は閉められたまま。それでも、二、三人の労働者が、作業着姿で構内を歩いているのが見受けられた。

そのひとたちが、ＪＣＯの親会社である住友金属鉱山の技術センターの社員なのか、ＪＣＯへの社員なのか、それともその関連会社の「日本照射サービス」のひとたちなのかは、わからない。彼らは、その三つの会社を、いったりきたりしているからだ。

ＪＣＯの正門は、仙台へむかう国道6号に沿ってあるのだが、ここにふたたび立って、いまようやく気がついた。その門が国道から一〇〇メートルほど奥、桜並木のはずれにひっこんでいるのが、「住民対策」というようなものだったのだ。それが放射線漏れの影響を、すこしでも緩和したいとの、精一杯の安全対策だったのかもしれない。

ちかくに住んでいたひとたちは、塀と桜の木の陰に、制御不能の臨界に達して、中性子線が壁を突き抜けて飛んでくる、剣呑な工場があるとは思いもしなかった。

技術センターのほぼ一〇階建てに相当するビルは、放射性廃棄物の処理、処分の技術や金属ウランの製造技術を開発している施設である。敷地内には、核燃料の研究ばかりか、ＪＣＯの核燃料の再転換、そして、注射針などへの放射線照射などが実施されている核施設が並んでいた。が、いま日本照射サービス以外は、操業停止中。

住友金属鉱山は、これから、六ヶ所村でおこなわれる予定の核廃棄物の処理、加工によって、飛躍的に業績をのばす目論見だったが、目下、事故に憤激した住民の反対によって、事業再開に歯止めがかけられている。

原発反対派が村議に当選

事故後、村で大きく変化したひとつは、いわば、城主でもある原電に歯むかって、東海第二原発設置反対の市民運動をつづけてきた人物が、村議選に当選したことである。組織票が決定的の地域で、二二人中八位の上位を占めたのが、東海村の村民の意識変化をよくあらわしている。

県立歴史館の主席研究員だった相沢《あいざわ》一正《かずまさ》さん（五八歳）は、選挙にでるなど考えたこともなかった。それでも、職を擲《なげう》って出馬したのは、あれほどの事故が発生したにもかかわらず、例年のように、選挙戦が無競争で終わる気配が濃厚だったからだ。

相沢さんは、温厚篤実な学究肌なのだが、常磐線のちいさな踏切りのそばにある、自宅の物置の板壁に、「再処理工場運転再開反対」と大書している。

核燃(旧動燃)の再処理工場は、九七年の火災・爆発事故のあと、停止の状態にある。ところが、またぞろ運転を再開しようと動きはじめた。それにたいする牽制球である。

再処理工場、ＪＣＯと東海村での大事故がつづいた。それに福井県の「もんじゅ」の大事故を重ねてみれば、原子力施設など、安全の対極に位置しているのがはっきりした。

相沢さんたちの、「東海第二原発の設計許可は違法である、だから取り消せ」との訴訟は、一二年かけて水戸地裁で争われ、敗訴した。それでも、八五年七月に東京高裁に控訴、裁判はいまなおつづいている(二〇〇一年七月、敗訴)。

裁判をつづけてきたこの二七年の間に、世界の核施設では、チェルノブイリの事故をはじめ、さまざまな事故が続出した。ついに、ドイツ政府は、原発からの撤退を決定、判断停止状態の日本だけが、先進国でなお懲りることなく原発推進を唱えているのは、広島、長崎に原爆を落とされて、はじめて政策を転換した愚かしさに似ている。

「脱原発とうかい塾」が、相沢さんたち市民運動の元となった団体である。この学習会を中心にした地道な継続が、いわば、「原発王国」のまっただなかにあって、これからの脱原発の時代にそなえようとしている。それが、ほかの原発地帯の運動に、大きな励みをあたえている。「脱原発は、この村から核施設をできるだけ減らしていこう、というものです。この村にはまだ樹林地帯も残っています。オオタカの生息地もみつかっています。これらの環境を残すために、核施設を撤退させる運動をしているのです」

相沢さんは、静かな口調である。

動き出した核施設計画

ＪＣＯ事故から一年たって、核施設はしびれを切らしたかのように動きだした。住友金属鉱山は、技術センターの再開を、核燃は、再処理工場の再開をそれぞれ画策している。

さらに、原研は「大強度陽子加速器」の建設計画を打ちだした。これは中性子を発生させる装置で、この装置によって核種の寿命を短くさせ、核廃棄物を簡単に処分する、とのふれこみである。「夢の増殖炉」と喧伝された「もんじゅ」にも似た、「夢の加速器」ともいえるが、隘路《あいろ》にはいりこんだ核廃棄物処理の現状を逆手にとって、事業化にむけた宣伝がはじまりそうである。

しかし、放射性核種を膨大に生みだしつづける危険性もさることながら、東海村に辛うじて残されている海岸線に、さらに巨大な施設がつくられたなら、辛うじて残っている白砂青松が失われてしまう、と相沢さんは反対している。

環境や農業は、地元のひとたちが自前で担っていく、これからはそんな時代になる。地区住民の努力が問われるようになる。机上の計算で描かれた、原発の最後っ屁のような巨大な「加速器」を受け入れ、依存し、さらに地域を荒廃させるのは愚かというしかない。

本章のはじめに紹介した、Aさんの例のように、「風評被害」は、けっして一過性のものではない。継続的に、確実に打撃を与える、ということがよくわかった。「大強度陽子加速器」ばかりではない。このほかに、三菱重工の子会社である、核燃料開発会社「NDC」（ニュークリア・デベロップメント）が、さいたま市（旧大宮市）から東海村へ研究施設を移設する計画を発表している。

埼玉県さいたま市にあるNDCの前身は、三菱原子力工業である。いまは廃船になって、とんでもないムダ遣いに終わった、原子力船「むつ」の原子炉研究、実験をおこなったところである。ついでにいえば、「むつ」の核燃料廃棄物は、東海村にある原研の「高減却処理施設」という名の四角い建物にはこびこまれている。

さいたま市にあるNDCの敷地は、「さいたま新都心」に隣接しているのだが、大量の放射性廃棄物がドラム缶に詰められて埋設され、放射能汚染が問題化している。その研究所が、東海村にある施設との「統合」を目指して、移設してくる。

「さいたま市から追いだされた核施設を、なんで東海村が受け入れられるのか」というのが相沢さんたちの反発である。

政府のご都合主義

一九九九年九月にJCOの大事故が発生してから一ヵ月後、わたしは、はじめてこの工場にやってきた。このとき、工場の塀に接するようにして民家やちいさな工場やラーメン屋がたちならんでいるのをみて、眼をこするほどに驚かされた。そのだれもが、眼の前の塀のむこう側で、核燃料が加工されているなど、想像もしていなかったはずだ。

旧社名の日本核燃料コンバージョンが、意味不明の「JCO」に変更されたのは、九八年になってからである。それでことさら、核燃料転換作業の危険性を感知するのが困難になった。作業をさせられていた労働者でさえ、その危険性をさっぱり理解していなかったことが、原子力工場の秘密の体質をよく示している。

自動車のワイヤーハーネスを製造している、「大泉工業」の工場は、「転換試験棟」から一二〇メートルの距離にある。臨界事故発生の日、大泉昭一《おおいずみしょういち》社長（七一歳）は、事務所にいた。

午後一時一〇分ごろ、ヘルメットに防護服姿の消防署の職員がふたりでやってきて、「窓を閉めてください」といった。大泉さんは、とっさに「動燃ですか」と問いただした。再処理工場の事故が頭にこびりついていたからである。

ところが、こんどは眼と鼻の先、塀のむこう側でなにか事故が起こったようなのだ。それでも、そのときは、それ以上のことはわからなかった。

事故発生は、午前一〇時三五分、村の広報車が現場周辺のひとたちに屋内退避を要請したのは、午後一時だった。ＪＣＯの幹部が村役場を訪れて、ちかくの住民の避難を要請したのが二時八分。村当局が、三五〇メートル圏内に住む住民にたいして避難を要請したのは、三時だった。

大泉さんのところに連絡がきたのは、三時半ごろだった。避難先は、「舟石川コミュニティセンター」、作業着をビニールの袋にいれてもってこい、といわれた。いっしょに働いている妻（六一歳）ともども、ガイガーカウンターで調べられたが、ふたりとも「異常なし」といわれている。

しかし、そのときは、中性子線がコンクリートの塀を貫き、二キロメートル先の民家にまで進入したあとだった。事態の深刻さをはじめて知らされたのは、午後七時のテレビニュースでだった。

わたしが訪問したとき、大泉さんは、右手に包帯を巻いていた。湿疹ができているのだそうだが、包帯のない左腕にも黒ずんだ湿疹の跡がある。話をしながら掻いているのが、いかにも痒そうだ。原因不明。医者に診てもらっても、内臓からの影響はない、といわれている。

「事故前はこんな湿疹などなかった。事故のあと、草むしりをしたからかな」

と、本人はつぶやくようにいうのだが、いまのところ因果関係はわからない。住民には、下痢がつづいていて入院したり、高血圧になったりしたひともいる。健康診断の結果、ガンの「要精密検査対象者」が、三三人でている。大泉さんもそのひとりである。このほかにも、リンパ球数が基準値以下のひとが二人、基準値以上が九人、白血球の多い子どもが五人は発生している。

事故当時、作業に従事した労働者や、大泉さんのように、周辺ではたらいていたひとをふくめて、被曝者は四三九人。国が一般人の年間被曝許容量と定めている一ミリシーベルト以上の被曝者は、一二五人とされている。

科学技術庁は、「事故調査対策本部」で、周辺住民の健康被害は、認めないとしている。これまでの公害問題にたいする役所の常套句のように、「因果関係を立証できない」というのが原発推進の科学技術庁の逃げ先である。

「一年に五ミリシーベルトの線量被曝で亡くなった原発労働者を労災認定していて、二〇〇ミリシーベルト（原爆被爆者の平均的被曝量）以下の線量は安全という科技庁は、あまりにもいい加減です」

と大泉さんは批判する。たしかにそれもそうなのだが、市民は一ミリシーベルトが年間の許容量とされ、労働者は五〇ミリシーベルトが許容量とされているのも、ヘンである。とにかく、政府はご都合主義、人間の生命より、〝科学〟、つまりは国策優先である。

「臨界事故被害者の会」が結成されたのは、二〇〇〇年二月である。大泉さんが会長になった。会の国にたいする要求は、健康被害の補償要求と健康手帳の交付である。手帳がなければ、どこかへ移動した住民の健康はチェックされなくなるからだ。

二一世紀への可能性

村上達也・東海村村長に、一年ぶりに会った。そのとき、彼はたばこが一日、六〇本にふえた、と苦笑していた。いまでもまだ四〇本という。この一年で、なにが変わりましたか、と聞くと、「住民の意識が変わりました」と答えた。

「原子力施設はこれ以上、もういらない」

それが世論になった、という。世帯数一万一〇〇〇のうち、四〇〇〇人が原発関連で働いているこの村で、核離れが起きているのは、歴史的な出来事である。

というのも、それはほかの自治体にもかならず波及するからだ。日本の原発が、東海村からはじまったことを考えれば、これほど重大な変化はない。

「昔は軍事大国、最近までは経済大国、それはいわば、モノカルチャーの政策で、本当の意味での豊かさをつくりださなかった」

とは、村上村長の主張である。自然保全と農業振興、それが住民の意識になってきた、ともいう。それを具体的に政策化するために、学区ごとに、「地区委員会」をつくり、住民が独自に将来を考えていく組織としている。

また、地元の茨城大学の教師や学生たちが、フィールドワークとして、村の将来像を考える研究もはじめた。

「原子力の街」の看板をはずしたことにたいして、原発推進の議員たちの反発を受けている、という。が、職員の意識は大きく変わった。事故を契機に、原子力依存の村から、福祉と自治の村へと、大きな軌道修正がはじまっている。

「核の実験村」は「核燃料転換」の大事故で眼が覚めた。核の村からの転換への道は、まだまだ試行錯誤をくり返すかもしれない。しかし、それでも、原発社会への固執よりは、はるかに二一世紀への可能性をふくんでいる。

大泉工業は、その後、夫婦ともに入院、長期休業となった。事故が原因なのは、まちがいない。

第11章
三〇年前からつづく電力の〝秘密工作〟
鹿児島県川内《せんだい》市

　前田トミさんは、ちいさな農家づくりの家で、ひとりで暮らしている。

　ガラス戸を引いて敷居をまたぐと、すぐ土間になっていて、土間には大きな笊《ざる》が重ねられ、草刈り機やスコップや麦わら帽などが置かれている。皮をむかれたニンニクが、紙箱に寝かされ、干されている。

　鹿児島市で、「反原発・かごしまネット」のひとたちと会っていたとき、首相や科学技術庁長官（当時）へ、毎日、原発政策の見直しをハガキで訴えている女性がいる、と聞いた。一九九三年から、旅先からでも筆ペンで書き送っている、という。そのひとが前田トミさんだった。

　七五歳でひとり暮らし。二五年前、喘息で夫に先立たれた。原発建設の反対運動が盛り上がっていたときだった。夫は土地改良区や役場の書記、郵便局などに勤め、郷土史の研究をしていた。原発には反対だった。

賢い国に原発はいらない

　白髪の目立つ、穏やかな表情をしているトミさんが、原発に反対するようになったのは、尋常小学校で、日本は地震帯のなかにある火山列島だ、と教わったことが大きく影響している。夢にも思わなかったことだが、家のすぐうしろ、一〇〇〇メートルも離れていない海岸に、そのもっとも地震に弱い原発がつくられることになったのだ。

　トミさんが毎日書くハガキの文面は、つぎのようなものである。

「昔より『地震国』の名を背負い、今また原発列島の名重ねる、環太平洋地震帯の中の狭い火山列島日本。確実に夥《おびただ》しい核ゴミを生み遺す原発の新・増設は、もう絶対にお止め下さい。見直して下さい。

　賢い国に原発はいりません。

　見直して下さい。地球の未来のために、是非、是非見直して下さい。日本はこのままでいいのでしょうか。危ぶまれて仕方ありません。見直して下さい。見直して下さい。見直して下さい。

　何卒《なにとぞ》、御賢察の程、お願いいたします」

　はじめのころは、首相や大臣の名前を書いていたのだが、替わるのがあまりにもはやいので、いまは「日本の首相様」「経済産業大臣様」などが宛先である。地震があったときなどは、九州電力(九電)の社長にも出す。

「何卒、となんど書いたことか。知っとるのかな、何卒、という言葉、いまの政府のひとたちは」

原発がきて、なにが変わりましたか、とたずねると、彼女はこう答えた

「日本人の心を忘れて、自分よがりのひとがふえました」

トミさんは、農業は国の基《もとい》、と学校でならった。そのあと、営林署の給仕になった。昔はたいがい、向学心のある娘は、役所や学校の給仕に採用された。結婚してからは畑を耕し、海持のちかくにあったイリコやチリメンジャコの加工工場で働いて、先妻のふたりの子と、五人の自分の子どもを育ててきた。半農半漁の地域だった。

原発が建設されたあたりは、カタクチイワシやチリメンジャコの絶好の漁場で、波打ち際から三五〇メートルが地引き網、そこから六〇〇メートル先が、パッチ網の漁場だった。パッチ網は、機帆船びき網のことで、二艘の漁船がもやって網をひいた。

川の漁では、ホシトカシ漁だった。「建干《たてぼし》漁業」の字があてられたのは、干潮時に網を砂の上におき、満潮時に網を建てると、ふたたび干潮になったときに、網のなかで魚が干し上げられるようになるからだ。海岸には、シラガイなどの貝類も豊富だった。地域のひとたちは、たいがい雑魚の加工工場で働いていた。

そんな昔の話をしているあいだに、電話がかかってくるのは、離れて暮らしている息子さんたちが、ひとり暮らしのトミさんを心配してのことである。

七三年九月、建設予定地にされていた鹿児島県川内市久見崎《ぐみざき》地区の有権者の八三パーセント、三八〇人ものひとたちが、反対の署名をして市議会に提出した。トミさんは、それで原発問題に決着がついた、と思っていた。

ところが、郵便局長の妻が、五一人分の署名を撤回させるために奔走していたのだ。漁民からもあいついで撤回がはじまった。出稼ぎにいかなくていい、社宅ができる、学校は鉄筋になって、プールもつくなどと喧伝された。しかしいまは過疎化がすすんで、子どもたちはいなくなってしまった。

話し終わったあと、外にでた。まっ暗だった。街灯もなく、川内川の堤防まででるのに、トミさんの懐中電灯の光だけがたよりだった。原発の足元の暗闇である。

漁民に対する騙し討ち

川内市は、南下してきた川内川が、東シナ海にむかって大きく蛇行する、その曲がり角の沖積層に発達した町である。外洋には面しておらず、川をつたった内陸部にひっこんでいるので、「川内」の名前になったようだ。

ゆったりした、幅のひろい流れである。はじめてこの川を見渡すことができたわたしは、意表を衝かれる思いがした。いわば無名の川の底力を知らされたような気がしたのである。

九電の川内原発（八九万キロワット）二基は、河口の左側、久見崎の裏側にある。ここの原発を訪れるのははじめてだったので、わたしは最初にみた対岸の火力発電所（五〇万キロワット）二基を、原発か、と思ったほどだった。

関西以西の原発は、たいがい加圧水型のドーム状であり、東京電力などは沸騰水型の四角い建屋である。だから、変だとは思ったのだが、それでも、川をはさんで火電と原発がむかいあっているとは、思いもしなかった。

川内市議会が、全会一致で原発を誘致したのは、六四年一二月だった。九電が県と市にたいして、原発建設を正式に伝えたのは、それから、四年たった六八年である。ところがその二年後の七〇年になって、こんどは九電側から、市へ火電の建設が申しいれられ、七四年には運転を開始した。

遅れてきた火電が、原発を追い抜いたかのようにみえる。が、実はそうではない。ふたつの発電所建設は、いわば漁民にたいする挟撃だった。火電の漁業補償額に、原発の補償分もふくまれていたのだから、騙し討ちといえる。

「このように交渉に時間がかかるのでは次の原子力の交渉の時困ると考え、横山市長を仲介として、火力、原子力を含めた一括の協定を結ぶことで話を進めた」

これは、七〇年七月に、九電川内調査所長として赴任した、津崎邦武《つざきくにたけ》さんの『川内発電所建設回顧記』の一節である。この回顧記を引用しながら当時の様子を再現する。

川内市漁協との漁業補償協定が成立したあと、内水面漁協（川での漁業権をもつ）の下流の組合員たち、二、三〇〇人が大挙して、彼の事務所に押しかけてきた。市長が人質のように同行させられている。

「我々は火力発電所については、九電との間に契約を結んだ。しかし、原子力については何も話し合いをしていない。ところが噂によると、原子力についても既に話し合いがすんでいるという人がいる。これはどうしたことか説明してもらいたい」

それまで、川内市漁協の漁業権を放棄させるため、「調査所」（実態は工作部隊）の職員たち全員が、作業服に地下足袋姿で、数ヵ月にわたって、朝早くから漁協のダシザコ工場へでかけては、もっこでダシザコをはこんで、漁協幹部たちの歓心を買っていた。夜は説明会や個人宅へ焼酎持参の説得活動である。

「薬師寺（市漁協）組合長には、原発推進の立場に立って戴き、原発の安全面を聞く会では賛成派として質問に立って戴いた」

漁協組合長も原発の回しものだったのだ。漁業権放棄を提案する漁協総会がちかづくと、

「漁協の理事たちに毎夜集まってもらって、選挙の票読みを何回もやって、大丈夫という予想を立てていた」。

それでも、ふたをあけると、漁業権放棄の提案は否決される。と、その総会の議長をつとめていた、八〇すぎの長老の理事が、「（調査所の）事務所を閉鎖して福岡に引き揚げる」という津崎さんにむかって、「一週間待ってください」といった。

「もう一回総会のやり直しをさせる」

とのことだった。四〜五日たって、津崎さんのところに、「一ヵ月後にやり直し総会をやる」との連絡がはいった。

七一年一一月一八日付の「朝日新聞」には、「執行部が辞任もしないまま、日数がたっていないのに、全く同じ提案をするのは、何らかの疑惑を持たれてもしかたがない」との反対派漁民のコメントがでている。疑惑のウラには、やはり九電がいたのだった。

やり直し総会は、記名投票にされ、九六パーセントの賛成に変わった。このような陰謀と強引さによって、火力発電所建設にともなう漁業権放棄が決定され、原発建設への水路となった。

漁協幹部たちを集めての飲み喰いは、どこの原発でも常識になっている。この本によれば、津崎さんが漁協のある幹部に呼びだされて「飲み屋」へいくと、そのあとで、一〇回分ほどの請求書が会社にまわされてきた、という。それまでのツケを一掃させられたのである。

地域にカネをばらまいて立地を推進するやり方は、自治とは正反対のタカリと依存の精神を増殖する。これまで、わたしがいくつかの地域でみてきたのは、自治体の最高責任者である「首長」たちが、住民の強い反対にもかかわらず、判断停止したフリして、企業や国の意向に迎合してきた実態である。それは自治の放棄といえる。

日本は極端な中央集権国家で、自民党のネットワークが、「土建業」を中心にすみずみまで貫徹している。川内市の場合、その当時、横山正元《よこやままさもと》市長は、四期目で、ワンマンだった。津崎所長は、一日おきぐらいの頻度で、横山市長の自宅を訪問していた。

五選にはいろうとする横山市長を追い落としたのは、福壽《ふくじゅ》十喜《じゅうき》市議会議長で、彼は原発用地約四〇万坪（約一三五ヘクタール）の確保に貢献した人物だった。四〇万坪は、当初計画の二基建設にしては過大だったが、「将来のことを考え」てのことだった。これがいまの増設計画の伏線である。

七四年九月、原発推進派だった福壽氏は、市長選ちかくなってから、慎重論をとなえて反対派の票をもあつめ、一万六〇〇〇票の横山氏に、四〇〇〇票の大差をつけて当選した。それが当時の反対運動の盛り上がりを示している。落選した横山市長は、津崎所長の選挙にたいする「努力不足」を難詰した、という。が、慎重派になったはずの福壽氏は、一年後には、もうもとの木阿弥、推進派となる。「その位の腹芸は十分出来る人であった」というのが、津崎氏の評価である。

のちの九電立地部次長、武田氏については、「突貫社員で福壽市長のお気に入り、安全審査では東京方面で大いに働いてもらった」との記述がある。各地の原発建設のための調査所が米国中央情報局（ＣＩＡ）のような組織であるのは、これまでも指摘されてきた。

「髭の姫野君は、反対派グループとまぎらわしい風貌をしていたので反対派の集会に容易に港入して模様を報告してくれた」とも書かれている。スパイ活動である。鹿児島出身の大物政治家たちが、川内原発にどうかかわったかの証言も貴重だ。

山中貞則。東京のホテル・ニュージャパンの事務所へ挨拶にいくと、「お前は挨拶に来るのが遅いではないか。だれのお陰で漁連（漁業補償）が解決したと思っているのか」と一喝される。彼は県漁連の会長だった。この一言に九電上層部との深い関係がよくあらわれている。

金丸三郎（当時の鹿児島県知事）。「知事室から直接当時の科学技術庁長官、福田赳夫《ふくだたけお》先生にお電話され、推進を依頼して下さったこともあった」。地元での対話集会には、反対派のピケの裏をかいて、前泊、早朝の会場入りの作戦で、「現地に乗りこんで来て戴くことになった」。

二階堂進。官庁への陳情は、たいがい秘書をわずらわしていた。挨拶にいくと、「原電（原発）のほうはうまく行っちょるな」と声をかけられた。それで、市長、議長、商工会議所会議所会頭、漁業組合長などが政府に陳情にでかけることになっていたので、国会の有力者に会わせてほしい、と依頼した。一週間後、陳情団は、三木武夫首相、福田赳夫、大平正芳、中曾根康弘などの有力閣僚と握手して帰った。

政治献金の効き目というものであろう。

原発を
なんのヘチマと思いしに
知るに知るほど事の多きに

これがトミさんの原発反対の短歌である。原発は難題が多すぎる、との批判である。彼女の居間にはちいさな本箱があって、原発関係の本がならんでいる。

言葉《ことのは》を飾りし
原発推進の奥を思えば
この国あわれ

動き始めた3号炉増設

現在、九電は、国内最大級となる3号炉（一五〇万キロワット級）の増設を計画している。これにたいして、川内市滄浪《そうろう》学区の役員たちは、原発の調査にともなう「特別交付金」県内分五七億円に期待している。こんどこそ、地元重視の還元を絶対に勝ちとる、との決意である。

増設に関しては、川内市漁協以外は、安全性や温排水の影響を懸念して、反対を表明している。隣りの阿久根《あくね》市議会は、二〇〇〇年一〇月一三日に、

「将来にわたる市民の安全と、漁民の生活権の確保、美しい自然環境を保全する立場から、田内原子力発電所3号炉増設は断じて容認できるものではなく、強く反対するものである」

と、決議している。

3号炉の増設にたいして、「反原発・かごしまネット」のメンバーは、福岡市の九電本社前に、鎌田迪貞《かまたみちさだ》社長との面会をもとめて、そのすこし前、九月三日と四日の二日間にわたって座り込んだ。

そのあとも、鎌田社長が鹿児島県庁へ行くとの情報をえて、県庁前に座り込んでいる。反対派の農民がもってきた、大豆、ピーマン、カポチャ、トウモロコシなどを玄関前に撒いて、バリケードにした、という。

農産物が原発反対のシンボルになるのは、なかなか平和的でいい。

黒塗りの高級車から降りたった鎌田社長は、九電社員に抱えられて玄関に突入、野菜ははじけ、悲鳴があがり、ラグビーの試合のようになった。そんな体験談を鹿児島市で聞いたつぎの日、わたしは、川内市内で、住民のひとたちにあつまっていただいた。鹿島県議会議員だった福山秀光《ふくやまひでみつ》さんや、鹿児島大学にいて、原発とふかくかかわってきた橋爪健郎《はしづめたけお》さんなどをまじえ、一〇人ほどのひとたちから、これまでの話をきくことができた。

高橋ひろみさん（五九歳）は、増設するとはいっても、九電の副社長が森卓朗《もりたくろう》川内市長を訪問したぐらいで、市議会ではなにも議論されていない。一万円の歳費値上げについてなら徹夜ででも議論するくせに、と批判した。

二〇〇〇年六月、川内市議会は、環境影響調査の促進についての陳情を採択する一方で、九月には増設反対の陳情については不採択にしている。

地元で、原発に期待しているのは、タクシー会社やバス会社、それに鉄筋工事店などでしかない。原発の定期検修が、一基につき三ヵ月かかれば、三基で九ヵ月、四基あれば一年分の仕事になる、と期待する業者もいる、という。極端な原発依存経済である。定期検修はもっとも危険な作業である。この日は、白

血病で入院した労働者のことが話題になった。

トミさんも出席していた。彼女はいちばん隅から、

「わたしらは、つましく生きるように教えられたものですが、いまは贅沢しすぎです。この国はおしまいだ、と思います」

と最後に、みんなの話をひきとるようにして、いい切った。

第12章
貧すれば鈍す赤字市　魔の選択
青森県むつ市・東通村《ひがしどおり》

年あけるのを待っていたかのように、二〇〇一年一月中旬になって、東京電力の南直哉《みなみのぶや》社長は、常務など幹部を同道して、青森県むつ市に乗り込んだ。懸案の使用済み核燃料の「中間貯蔵所」建設をめぐって、杉山粛《すぎやままさし》市長への表敬訪問である。

中間貯蔵所建設のひそかな策動については、これまでもあつかってきたが、これほどあからさまに、雷力会社の社長が、幹部をひきつれて候補地に姿をあらわしたのは、はじめてである。

財政赤字と核廃棄物

日本の原発も、いよいよ雪隠詰めに耐えきれず、もがき転がりでた、ともいえる画期的なできごとである。それとも、原発にたいして逆風吹く時勢に、率先、誘致の手を差し伸べる自治体があらわれたのに、嬉しさ隠しきれず、はるばる本州北端の町まででむいた、というべきか。

南社長は、一月中に、東京電力の調査事務所をむつ市内に開設し、当面、三〇人ほどの職目を常駐させる、と語って帰京した。

二〇〇〇年一一月に、むつ市の助役が東京電力本社を訪れ、中間貯蔵所の立地調査を依頼している。それが市の誘致の正式表明だった。が、実際は、一九九七年ごろから、「第三者」を介して、東京電力、東北電力に立地の可能性を打診していた、と伝えられている。

むつ市が、嫌われものの「核廃棄物」を受け入れることにしたのは、市立の総合病院の赤字などによって、赤字再建団体への転落のおそれがでていることなどが作用している。

およそ年間二〇億円と算定される「電源三法交付金」と固定資産税などをあてこんだ、カネと危険を引き替えにする大バクチである。

二〇〇〇億円、ともいわれる、世紀のムダ遣いに終わった原子力船「むつ」は、むつ市が母港を引き受けて、その名がある。航海中に放射線漏れ事故を起こし、陸奥湾漁民の抗議を受け、「むつ」は彷徨《さまよ》える幽霊船になっていた。

疫病神あつかいの「むつ」を引き受けるところはなく、いったん佐世保重工（長崎県）にドッグ入りしたあと、政府はカネをバラ撒いてむつ市の北側、外洋に面した「関根浜《せきねはま》」に新母港を設置、そこへもどした。

結局、原子炉は外されて見世物とされ、「むつ」の船体は転用された。が、港はそのまま残され、いま核廃棄物の陸揚げ港として狙われている。

つまり、むつ市は県内でもっともはやく、核施設を受け入れた地域だった。鹿児島県馬毛島を狙っている中間貯蔵所については、地元の漁協組合長が、「電事連から話がきた」といっていた。むつ市が話を持ち込んだ「第三者」が、電事連であるのは、まちがいがない。

杉山市長は、市議会で「知事部局から、手を挙げてほしい、といわれた」と言明している。すでに核の洗礼を受けていたむつ市が、日本最初の「中間貯蔵所」の候補地として狙われていたのである。旧科学技術庁が、毎年、一億円の「原子力船開発関連事業費」の名目で、捨てガネをはらいつづけてきた成果でもある。

むつ市は、中間貯蔵所を売り込む理由に、「むつ」の使用済み核燃料保管の実績がある、ことを挙げている。これなどは、貧すれば鈍する、というべきいいかたである。

港の裏山にある、コンクリートの建物に保管されている、三四体、ウラン換算でおよそ四トンの使用済み核燃料は、「二〇〇〇年を目途に」、東海村の再処理工場へ搬出される協定になっていた（実際は、東海村の原研「高減却処理施設」にはこばれている）。

ところが約束通りには撤去は実行されず、一部が置き去りにされている現状を、こんどは保管の実績に数えあげるのは、〝奴隷の言葉〟というしかない。杉山市長に面会を申し込んだのだが、スケジュールの調整がつかない、との理由でかなわなかった。

ＪＣＯ二の舞の恐れ

むつ市で中間貯蔵所建設の動きがはじまったのは、原発立地県で、使用済み燃料の貯蔵、保管にたいする不安がたかまってきた、九六年以降である。

「もんじゅ」の事故で、高速増殖炉構想も破綻し、「核燃料サイクル」などは、画に描いた餅で終わりそうになって、福島、新潟、福井県などの知事が、将来どうするのだ、といいだした。

これにたいして、総合エネルギー調査会の原子力部会が、「二〇一〇年頃を目途に発電所外での貯蔵も可能となるような環境整備を行う」という方針をだした。トイレが溢れて糞詰まりになる。だから、とりあえずどこかへ運べ、それが「中間貯蔵所」構想である。

九八年にだされた、同部会の中間報告「リサイクル燃料資源中間貯蔵の実現に向けて」には、

「国による安全審査を受ければ、事業の主体としては、電気事業者のみならず倉庫業等の他産業の事業者、あるいは第三セクター等も可能であると考えられる」

とある。ブツを預かってくれるのなら、倉庫業者でもなんでもＯＫ、という杜撰さに、ＪＣＯ臨界事故の二の舞が懸念される。

使用済み核燃料は、すでに全国の原発敷地内に九〇〇〇トンも溜まっている。これ以外に毎年九〇〇トン以上が発生する。それを処理するために、いま建設されている六ヶ所村の再処理工場など、本当に稼動できるのかどうか、安全操業が可能かどうかわからない代物である。

たとえ、もしそこで消化したにしても、年間八〇〇トンでしかない。トン当たり、二、三億円といわれている再処理費も問題だが、抽出されたプルトニウムをこんどはどうするのか、それがさらに問題だ。

中間貯蔵所が、はたして最終処分場に持ち込むまでの、暫定的な置き場ですむのかどうか、肝心の最終処分場の候補地が決まっていないので、まだ不透明だが、再処理工場の「原料」の名目で、核廃棄物を六ヶ所村に搬入しつづけているのは、ペテン、といっていい。

六ヶ所村の貯蔵は、一応、いまはプール方式だが、原子力部会の試算によれば、貯蔵容量五〇〇〇トン、貯蔵期間四〇年として、プール貯蔵で二九九七億円がかかる。これにたいして金属キャスク（輸送容器）にいれたまま、地上で貯蔵する場合は、一六〇八億円と、ほぼ半値にちかいコストですむ。

おそらく、これからは、むつ市にある、「機材排水管理棟」（原

子力船「むつ」の核廃棄物貯蔵車）のような、金属キャスクを並べただけの窓のない、分厚いコンクリートに囲まれた建物が、全国にあらわれることになろう。

むつ市の矛盾は、「むつ」の使用済み核燃料を協定書どおりに茨城県東海村へ搬出されないうちに、東京電力や東北電力の核燃料廃棄物の引き受けを決定したことにある。

「機材排水管理棟」は、九九年一一月に、火災事故を発生させている。原因は当初、ケーブル漏電と報じられたが、管理区域への出入管理装置の製造時のミスによるもの、と発表された。

この事故にたいして、すぐちかくの、中間貯蔵所の候補地に共有地をもつ、地主の杉山隆一さん（五二歳）たちは、管理者である原研にたいして、火災原因の究明と、核廃棄物を約束どおり、早急に東海村へはこぶよう文部科学省へ要求しつづけている。

杉山さんが疑問をもったのは、むつ市の九八年の補正予算で、市道整備事業として一億円が計上され、財源が「原子力船開発関連」となっていることだった。

原子力船などは、とっくに廃船になっているのに、あたかも亡霊のように、いまでも市の予算を動かしている。「むつ」の母港から、二八〇〇メートルにおよぶ道路が計画されている。それが核燃料搬入のあらたな誘導路になりそうだ、と彼は深い疑念を抱いている。

関根浜港（八〇〇〇トン級船舶の碇泊可能）を抱えるむつ市には、いまでさえ、キャスクに密封された使用済み核燃料三二体と予備二体（このうち二四体は搬出ずみ）が貯蔵されているのだが、それが搬出されないままに、新中間貯蔵所を誘致しているのは、毒を食らわば皿までも、の自殺行為といえる。

関根浜漁協の組合長である松橋幸四郎さんは、こういう。

「市長がどういったにしても、漁協にはまだなんの相談もない。市民の大部分は反対だ。廃棄物の運搬船がはいってくるようになれば、操業に影響する。賛成できない」

むつ市長の、市民の安全を売り渡すやりくちが、財政赤字に苦しむ、ほかの自治体に波及しないかどうか。

死の灰半島の恐怖と現実

米空軍と自衛隊基地の町である、三沢市の北側に隣接する六ヶ所村では、核燃料再処理工場が建設され、そのさらに北隣りの東通村には、二〇〇五年の運転開始予定で、一一〇万キロワット、東北電力の原発が建設されている。東北電力はさらに一基、東京電力が二基、それぞれ一三八・五万キロワットの原発を計画している。

かつて、ここには両電力が各一〇基ずつの原発建設を計画、土地（八三八万平方メートル）を買い占めているだけに、隣りの六ヶ所村に売れ残っている旧「むつ小川原開発」の膨大な土地とともに、いったいなにに使われるか、住民に大きな不安を与えている。

さらに、東通村の隣りが、原子力船「むつ」に代わる、中間貯蔵所の誘致である。そこからさらに西へすすんだ下北半島の先端には、電源開発の大間原発（一三八・三万キロワット、二〇〇八年に運転開始予定）が、計画されている。

本州の頭部に振り立てられた鉞《まさかり》状の下北半島は、核施設で塗り固められ、恐山、死の灰半島にされようとしている。

東通村議会が、原発誘致を決議したのは、六五年五月だった。それは六ヶ所村が、財界総体の欲望の草刈り場（むつ小川原巨大開発）にされるよりも、はるかにはやかった。

このころは、クリーンエネルギーなどと、でたらめな宣伝が世間を覆っていた。だから原発の誘致は中央政治から見捨てられた不便さから脱却する、一本の蜘蛛の糸でもあった。そのあと、わたしたちは、原発がまき散らす利権にからめとられるひとたちの悲劇を、どれほど見せつけられたかわからない。

しかし、開拓部落などの土地が買収され、多くの挙家離村の悲惨をみたあとも、漁師たちの抵抗はしぶとく、地元漁協である白糠《しらぬか》、小田野沢《おだのさわ》漁協が、漁業補償に応じるようになったのは、村議会の誘致決議から、じつに二七年たってからだった。

つまり、二七年にわたって、漁民は漁場を守る闘いをつづけていたのである。隣りの六ヶ所村の泊漁協にいたっては、陥落するまで三〇年もかかっている。むしろ、それまでそれをささえきれず、孤立させていたわたしたちの無力さを、反省すべきである。

六ヶ所村の巨大開発の反対闘争は全国的に知られ、原子力船「むつ」の去就もまた、全国な話題となっていた。が、そのふたつのあいだにはさまっていた、東通原発の反対運動は、ひとり漁民たちだけの手にゆだねられていた。三つをつなぐ運動は、わたしもふくめてだれにもできなかったのだ。その間、電力側は、静かに、ひそかに、そしてじっくりと切り崩していた。

鮭が湧く海が消える恐れ

東《ひがし》田貢《だみつぐ》さん（六九歳）のお宅へうかがうと、「夕べはみんな集まって、ちょうどよかったのに」と、とても残念そうだった。「船祝い」という行事の日だったのだ。

船に乗っている若い衆や親戚が、船主の家に寄り集まって、ご馳走を食べ、酒を酌み交わす。床の間には、大きな、銀色に輝いている鮭が二匹、飾られていた。窓の外にはなん枚もの大量旗が、ピーンと張られたロープに括られ、強い風にあおられている。

わたしは、運転手役を買って出てくれた、久保武志さん（五一歳）と、夕方、東田さん宅を訪問すると電話で連絡していたのだが、雪がひどく、道がアイスバーンになっていて、急坂の多い東通村まで到達できなかったのだ。

二〇〇〇年は鮭の豊漁だった。老部《おいつべ》川に放流した鮭の稚魚が、四年たってどっとばかりもどってきた。その前の年の倍以上の水揚げになった。鮭漁場は五〇メートルほど沖合いの定置網である。

「（鮭が）一本跳ねれば、一〇〇〇本はいる、といわれているんだけど、ことしはそうだったね」

東田さんは、輝いた笑顔になった。元気ものの鮭が、仲間から胴上げされるように、水面に躍りあがる、という。豪勢である。

「ひと網に二〇〇〇本もはいっていれば、漁師やっていてよかった、と思うべさ」

一月で鮭漁は終わり、これからは鱒《ます》漁、そしてコウナゴ、六月からはヒラメ、イカとつづく。原発にたいしての抵抗が強かったのは、漁業で十分やってこれたからだった。

が、不漁のときもあるし、出稼ぎにいくしかない年もある。そんなときに、不安にかられるひとたちが、あたかも一本釣りのように、漁業権放棄の賛成派に組みこまれた。電力会社は、出稼ぎ先までまわって歩いた。

かつて、一万二〇〇〇人を数えていた東通村の人口は、いまでは約八三〇〇人である。漁業のさかんな白糠地区でさえ、半分以下になっている。

九二年、白糠、小田野沢の両漁協には一三〇億円の漁業補償金と基盤整備基金として五〇億円がはいった。

それが原発四基分の漁業権消滅にたいする補償だった。その一時金に眼が眩んだひとたちが、漁業権放棄に賛成した。東田さんは、土建業と村議、それに村で「長」がつくものは、全部賛成にまわった、という。どこでもおなじ話である。

鮭は水温に敏感な魚である。一八度の水温では定置網にむかってこない。一七度になって、ようやく網を張っている沿岸に寄ってくる。東田さんは九月から一〇月にかけてのころ、はやく水温が下がってくれればいいのに、と海岸にたって祈るような気持でまっている。

だから、原発ができて、温排水が流され、水温があがると、鮭漁は全滅する。すでに港湾の工事がはじまって潮流が変わった。場所によっては、逆に漁獲がふえたりしている。

が、東田さんは、あと、二、三年もしたら、きっと暮らしていけなくなるよ、という。鮭が寄りつかなくなってしまう恐れが強い東通村には、鮭の定置網が七ヶ統《とう》ある。一ヶ統六人の乗組員がいるのだが、定置網漁業は、漁協のなかでも少数派である。

いままで、鮭の定置網のある地域に原発がつくられたことはない。だから、どれだけの被害が発生するか、その統計はどこにもない。

「余っている土地で、なにをやられるかわからない」

東田さんのこれからの不安である。

伊勢田義雄さん（七〇歳）も、東田さんとおなじように、漁業権放棄を決められた漁協総会の日がいちばん悔しかった、といった。このふたりは義兄弟で、漁協での原発反対の中心を担ってきた。

「みんな建設工事がはじまると、棚からボタ餅で、なんでもかんでも仕事があると思っているんだね」

と伊勢田さんは醒めきった表情だった。みんな圧（圧力）に負けてしまった、との苦い思いがある。

わたしは、この家にくるたびに、長押《なげし》のうえに飾られている、クロマグロを釣り上げた写真を見上げる。八三年に二三〇キログラムほどのマグロを五本も獲った。二〇〇一年の新年に声京の魚河岸で、二〇〇〇万円の値のついたヤツである。

「当時は安かったよ」

と、伊勢田さんは、そっけなくいう。そばで妻のせ井さんが、

「そんなのを一日に二本逃したといって、心臓悪くしたんですよ、宝クジみたいなもんだね」

と笑っていった。

「みんな騙されたのさ。これからどうなるか。重い荷物を背負わされたんだね」

話は自然に原発の話にもどって、伊勢田さんはそう嘆いた。村役場で聞くと、1号炉分で、七年間に五七億六〇〇〇万円の交付金がはいる、という。すべてアブク銭、である。

第13章
世界最大の原発地帯に吹くカネの暴風
新潟県柏崎《かしわざき》市・刈羽《かりわ》村

「ここの原発は海からでないとよく見えないんです」

日本海に突きだした堤防のうえを先にたって歩きながら、武本和幸さん（五〇歳）が、冷やかすような口調でいった。

背のたかい巨大な塔が四基、横に並んでいる。昼間なのにチカチカ飛行機の衝突防止用の光を放っていて小うるさい。

送電線のない送電塔のようにみえる。注意深くみればわかるのだが、じつはこれは民謡「柏崎三階節《さんかいぶし》」にうたわれた、米山《よねやま》名物のカミナリを防止する避雷針である。

カミナリに怯え、避雷針の下に小さくちぢこまっているようで、肝心の原発がどの建物か、にわかには判別がつかない。

原発はたいがい、交通が途絶した岬の陰などに設置されている。ところが、ここでは柏崎の市街地から出雲崎にむかって北上する県道をつぶして建設された。

問題なのは、よりによって活断層の上にあるため、海面下四五メートルにまでもぐる耐震構造で、建屋の三分の二が地下に埋もれて、よく見えない。この砂丘には、「どんどん」と呼ばれるアリ地獄があった。あたかもすでに止めどもない沈下がはじまっているようにみえる。

地盤の安定している段丘にではなく、どんどんの砂丘に原発が建設されたのは、武本さんたち住民が指摘した「炉心直下に活断層」を無視できなくなったからだ。それで海岸にせりだしてきた。

防波堤からみえたのは、地震、カミナリ、アリ地獄に取りかこまれた「科学技術の粋」だったのだ。

柏崎刈羽原発の自慢は、「世界最大」である。この四文字は、柏崎市と刈羽村の「要覧」に仲よく書かれている。人口約五〇〇〇人の刈羽村が「ギネスブックに掲載されている」といい、柏崎市はいまでもまだ、「環境に優しいクリーンエネルギー都市をめざす」などと御託をならべている。

田中元首相の〝土地転がし〟

「世界最大」とは、柏崎市の三一〇ヘクタール、刈羽村の一一〇ヘクタールの敷地に建設された七基、八二〇万キロワットにおよぶ原発のことである。集中化は、恐怖の集積であるとしても、けっして自慢になるものではない。「あの野郎がもってきたんだコテ」と、地元のひとから、野郎呼ばわりされているのは、いまは亡き田中角栄である。

一九六五年一二月、地元に帰ってきて、県庁で記者会見に応じた角栄氏は、新潟県に自衛隊の施設大隊を誘致する、とブチあげた。これが「不毛」といわれていた、この地の砂丘利用についての、はじめての具体的な提案だった。

ところが、その半年後の六六年六月、「日刊工業新聞」に、「原発をもってきてはどうか」と角栄氏が東京電力（東電）の木川田《きかわだ》一隆《かずたか》社長（当時）と話をすすめている、とのちいさな記事が掲載された（『泥田の中から　田邉榮作回顧録』）。日刊工業新聞社は、角栄氏の『日本列島改造論』を発行して、ベストセラーになっていた。

原発建設予定地の一部、およそ五二ヘクタールが、北越製紙から、刈羽郡越山会会長であり角栄氏の隣り村に住む側近、木《き》村博保《むらひろやす》刈羽村村長に所有権移転されたのが、六六年八月。その二〇日のちに、木村村長から角栄氏の「室町産業」におなじく移転している。

この土地については、わたしも雑誌『流動』（七四年二月号）に、木村村長と室町産業との間で転がされたあと、およそ買い値の二六倍になって、七一年一〇月、木村村長から東電へ売却された、と書いた。

最近になって発表された木村村長の手記によれば、彼が目白邸に運んだ「柏崎原発の用地売却代金」は、「五億円」（「文藝春秋」二〇〇一年二月号）という。いまから三〇年前の五億円、である。彼の生命取りになった、ロッキードの「ピーナツ」などは、それより二億円安い、三億円にすぎなかった。

そのほかに、東電などから、どれだけの機密費が目白邸へはこばれたかはわからない。それはとにかく、角栄氏は墳墓の地を、放射能の里に変えて世を去ったのである。

八〇〇〇円の畳が一三万円

二〇〇一年になって、二月の上旬、刈羽村の生涯学習センター「ラピカ」で、「エネルギー講演会」がおこなわれた。

ラピカはあとで触れるように、建設費六二億円のうち、およそ九割が「電源三法交付金」でまかなわれた原発施設だが、茶室につかわれたタタミは、化繊で覆われていて、時価八〇〇〇円、それが一枚一三万円で納入されるなど、べらぼうな上げ底価格で、全国的な話題になった（これはこのあと、村から国への返済が問題になる）。

講演会の主催団体である「刈羽村を明るくする会」は、原発の下請け業者などで組織された。村内の各戸に、「住民投票の署名はお断りします!!」のステッカーを張らせるために運動している。その日の講演会は、住民投票つぶしの一環だが、講師は「国際政治学者」の舛添要一《ますぞえよういち》氏である。

「私の母親は昨年の九月に亡くなりましたが、五年間、介護をしてきました。ベッドから車椅子に移したり、車椅子ごと抱えたりしていましたから、今でも腰が痛いんです。

介護をしていて思ったのは、高齢化社会には電気が絶対に必要だということです。車椅子で階段は無理ですからエレベーターが必要ですし、火の始末が心配ですから、マッチやガスは使えません。それに体が弱っていますから、冷暖房をしっかりしないと命にかかわることになるんです」（「刈羽村を明るくする会」の要約）

と、彼は演説した。

原発反対派は、電気の浪費はやめようとはいっているが、電気はいらないとはいっていない。原発に代わる電源にしよう、といっているだけだ。亡くなった母親を枕に振って、デタラメをいっているのでは、母親が泣くぞ。

柏崎刈羽の原発が蠢きはじめたころ、科学技術庁のＣＭに、「原発の電気でテレビをみていて、髪が薄くなりませんか」と質問するシーンがあった、という。舛添センセイのお話もこれとおなじ、住民にたいする愚弄である。

彼は原発、高速増殖炉を誉めたたえ、プルサーマルの必要性を説教し、住民投票を否定してみせて、東京へ帰った。

東電が発生源の「カネの暴風」

柏崎刈羽原発にたいする反対闘争は、西の伊方原発反対闘争とならんで、広範囲の住民が参加し、逮捕者をだすほどに激しく、長い間つづいた大衆運動だった。

残念ながら、そのころはまだ、マスコミは原発に大賛成だったし、世論はいまほどには原発にたいして批判的ではなかった。それに、あらゆる策略と恫喝を弄して土地を買い占め、漁協幹部を買収し、漁業権を放棄させれば、地域の住民がどんなに反対していても、原発の建設をすすめることができた。

首長は、カネ、メリット、地域発展の起爆剤、と唱えるだけだった。中央に開発されることでしか、地域の将来を考えることができなかったのである。

わたしがはじめて、刈羽村に取村にいったとき、武本さんは大学を卒業して、柏崎の測量事務所に勤めはじめたころだった。堤防の上を歩きながら、わたしは反対運動に駆けまわっていた当時の若ものたちのその後の消息を聞いて、懐かしい想いにとらわれていた。

ここの運動は、武本さんのような地元の若ものたちによる、活動家集団としての「原発反対同盟」と各地域の住民組織「守る会」、それと柏崎地域の労働組合、その三者によって、すすめられてきた。

若もの中心の「反対同盟」に、五〇をすぎた社会党市議の芳川廣一さんも参加していて、よく突き上げられながらも、一緒にやっている率直さに、わたしは好感を抱いていた。

「世界最大の原発、といわれて、これだけ狭い地域に濃密にカネがばらまかれて、それでもプルサーマル反対運動が起きているんですから」

と武本さんは、自信のこもった口調でいった。

わたしの計算でも、人口約五〇〇〇人の刈羽村にはいったカネは、電源立地促進対策交付金で二一五億円、それに周辺地域交付金の一五億円をくわえると、二三〇億円にもなる。

さらに、用地買収費、漁業補償費、さまざまな「寄付金」名目の買収費がくわわる。生活の手段として、東電社員として八〇人、下請け企業に二八〇人が雇用され、土木などの関連事業をふくめると、四軒に一軒が原発のカネを受け取っている。

敗戦直前、沖縄への米軍の攻撃は、「鉄の暴風」といわれたが、刈羽村への東電の攻撃は、「カネの暴風」といってもいい。米軍と東電との共通点は、世論の支持が、時間がたつごとにしだいに少なくなっていることである。

二〇〇〇年一二月、村議会でプルサーマルの是非を問う住民投票の実施が、議員提案で可決成立した。原発城下の小村議会が、ノーを突きつけたのだから、東電にとっては激震だった。

刈羽村の議会の原発反対派は、一九七五年四月に議員になった武本さんだけだった。それがいま、一八人の議員中、プルサーマルに疑問をもつ議員が九人、賛成が議長をふくめて九人、が、議長は採決にくわわれない、九対八で住民投票条例制定の議員提案は、成立した。

ところが、品田宏夫《しなだひろお》村長は、村長権限の「再議」で突き返して、廃案にした。

それにたいして、目下、「制定派」議員を中心に、条例制定の直接請求の署名運動がはじまっている。それを切り崩すための尖兵につかわれたのが、舛添センセイだった。

刈羽村に吹く新しい風

一二〇〇年の歴史をもつ善照寺《ぜんしょうじ》にいくと、そこには村議がぽつりぽつりと集まってきた副住職の吉田大介さん（三五歳）も、制定派の議員である。

「これから、条例制定をもとめる署名が集まるのはまちがいない。その住民の意思を無視して議員だけが否決にまわると、議会解散になりかねない。そこまで覚悟ができている、住民投票反対派の議員がどれだけいますか」

それが、吉田議員の読みである。それに、「ラピカ」問題が、当局とそれにちかい議員にたいする、村民の不信の感情をつくりだしている。

ラピカは、国道116号沿いに、九九年に完成した、銀色のドームを載せたモスク状の建物である。三〇〇席の文化ホールやプール、体育施設などがはいっている。別館の茶室まであるのだが、事業費は六二億円、付設の運動場をふくめると、八〇億円を超える。

それにたいして、村の年間予算は、五〇億円。ちいさな村の巨大な施設である。事業費のうち、七一億円が、電源三法交付金でまかなわれる。といっても、この資金は、電気料金に上乗せした税金によっているのだから、つまりは消費者が支払ったものである。

これらの過大な施設を考えたのは、村ではない。全国の原発地帯の施設を手がけている「電源地域振興センター」である。この組織が、国の資金を浪費するために、必要以上の施設をむりやりつくらせ、カネを吐き出させている。

センターの会長は、歴代電事連の会長。理事長は通産省、専務理事は国土庁などの元高級官僚の天下り。以下、理事には、電力会社、銀行、それに三菱重工、東芝、石川島播磨重工業など、原発メーカーの社長たちがならんでいる。利権集団である。

「地域振興センター」などとうまいことをいってはいるが、交付金という形で地域に配った税金を、電力会社に関係のふかい会社に環流させる組織、といってもいい。

ラピカの工事はいい加減で、三四〇カ所も設計とちがう手抜き工事によって、濡れ手に粟の荒稼ぎだった。それでいて、自治体のチェックがない。が、そればかりではない。

ラピカ図書館の書棚などの什器は、五九八〇万円で落札受注されたが、落札額は設計額の九九・九九三パーセントという精度のたかいものだった。しかも、落札したのは原発の下請け企業で、ふだんは原発へ労働者と弁当を配給しているだけなのに、入札前になって、急遽、営業項目に「事務機器」をくわえている。

「交付金がはいってくるので、村民は自分たちでやるよりも、なんでも村におねだりするだけ、地域の活性化にはつながらない」と石黒健吾《いしぐろけんご》村議（六七歳）が慨嘆した。村民は村にお任せ、村は電力会社にお任せ、いっときのカネまみれは、自立心を喪失させて、かならずや将来に禍根を残す。

「刈羽村と原発とは関係ない」と意表を衝く発言をしたのは、長世憲知《ながよのりとも》村議（六三歳）である。無関係な関係。そこには、利用されるだけの関係、という苦い想いがこめられている。

長世さんは、山形県朝日村へ見学にいったことがある。財政力指数が〇・一八の貧乏な村だが、下水道が発達していて、図書館も完備している。なによりも職員が生き生きしている。

それに引き替え、刈羽村の財政指数は二・一八。日本一豊かな村だが、カネに麻痺して、村おこしの意欲がない。その象徴がラピカだ、という。

小林一徳《こばやしかずのり》議員（五三歳）は、原発賛成、プルサーマルにも反対ではなかった。が、JCOの臨界事故やMOX燃料データの捏造事件のあと、村の将来について真剣に考えるひとがでてきた。議員は村民から選ばれたのだから、住民の気持に忠実になるのは当然だ。こんどは、妨害運動が激しくても、条例制定運動を成功させなくてはいけない、と力をこめていった。

「原発反対刈羽村を守る会」の会長は、佐藤武雄さん（七〇歳）、篤実な人物である。この村の不思議は、昔からの反対派がそのまま残っていることで、佐藤さんはそのころからの運動の中心人物だった。

わたしたちは、昔とおなじように、炬燵《こたつ》にはいって雑談した。奥さんがそばで、自動車部品になにかをつける内職をしていた。佐藤さんたちの原発の危険性にたいする批判に、東電はかつて、「避難するような事故は起きません」といっていた。ところが、いまでは、隣りの柏崎市もふくめて、避難訓練を実施するようになったではないか、と佐藤さんは穏やかな表情でいった。

刈羽村の人口は八〇〇〇人にふえる、と村はいっていたが、逆に減るばっかりで、小学生はこの四年間で、六五人から三五人になってしまった。JRの刈羽駅周辺でも、空き地や売り地が目立っている。

原発が地域の活性化に貢献しないのは、わたし自身、これまで原発地帯を歩いてきて、よく知っているつもりだった。それでも世界最大の柏崎刈羽原発の場合には、幻想があった。なにしろここには、立地分で二四二億円、周辺分で二四〇億円もの交付金が落ちている。

それでも、再開発地域の商店街は閑古鳥が鳴く状態で、夜の繁華街も寂れていて、飲み屋の主人も浮かない顔だった。

久しぶりに再会した、柏崎地区労議長の佐藤正幸《さとうまさゆき》さんによれば、いままでに合計一五〇〇億円ものカネが落とされたのだが、最近になって、大型スーパー、銀行、ホームセンター、旅館、料亭と倒産がつづき、人口減は県下で第一位という。

ここでの原発反対運動は、労働組合が中心だったが、医師や主婦による、プルサーマル計画凍結の署名運動がはじまった。「住民投票を実現する会」の代表の桑山史子さん（六六歳、柏崎市）は、九九年に住民投票条例を直接請求する署名を集めたが、柏崎市議会で賛成九、反対一九で否決された、という。その後も刈羽村の住民と連携しながら、プルサーマル計画延期の署名や議会への請願をつづけている。

平山征夫《ひらやまいくお》県知事は「福島より（新潟が）先ということはない」と公言している。プルサーマル実施の順番の話である。いまがこの計画を凍結させるチャンスである。（二〇〇一年五月に実施された刈羽村の住民投票は、「プルサーマル計画実施反対」という結果となった。）

第14章
矛盾噴き出す原発銀座の未来
福島県双葉町《ふたばまち》・富岡町《とみおかちょう》

「もう二〇年になりますか」

事務所で出迎えた石丸小四郎さん（五八歳）にいわれて、後ろめたい思いがした。富岡町と楢葉町《ならはまち》とをむすぶ海岸に建設された、「第二原発」の取材にきてから、もう二〇年も顔をだしてなかったのかと、わたしは、引け目を感じさせられた。

厳密にいえば、まだ四基同時に建設工事がすすめられていたころで、わたしは原発予定地のすぐそばの、五〇〇メートルと離れていない富岡町毛萱《けがや》部落を歩きまわっていた。

そのとき出会ったある老人の日記には、「一九六七年一二月一二日、南双地区開発のために、大工場を誘致するので実地検分したい、と楢葉町の助役と総務課長、書記など四人が、ジープで乗りつけた」と書きつけられていた。

町の幹部たちは、原発がくる、とはいわなかった。「大工場」という触れこみだったのだ。それが第二原発のはじまりだった。

そこからすこし北上した大熊町《おおくままち》と双葉町では、東京電力（東電）の第一原発六基のうち、1号炉の建設がはじまっていた。

一、話し合いには絶対に応じないこと
一、だんまり戦術により多忙な様に仕事する
一、印は絶対に押さないこと

「部落一致団結して堅く三原則を守り勝ち抜く」。それが「毛萱原発反対委員会」の申し合わせである。三三年前の孤立した闘いだった。異例なことというべきか、部落総会に木村守江《きむらもりえ》知事（当時）までやってきた。のちに収賄容疑で逮捕、実刑になった権力者だった。

わたしは、新聞の折り込み広告の裏に書かれた、老人の膨大なメモをみせていただいて、ひとたまりもなく押しつぶされたこの運動の悲しさを知った。「どうせ駄目ならみんなで謝るべ」それが集落を分裂させないための最後の方策だった。

JR常磐線富岡駅から歩いて一〇分ほどの毛萱地区は、二〇年前とおなじようなたたずまいだった。当時よりはたしかに家は立派になっていた。原発と鉄塔が集落の屋根のむこうに姿をあらわしていた。

すぐそばの旅館に泊まっていたのであろう、中年男女、五、六人の観光客が、浴衣にどてらをひっかけて、道にひろがって歩いてきたのに、眼を瞠る思いにさせられた。原発地帯が観光地になっていたのだ。

突出する被曝労働者数

石丸さんは、テープをとりだし、ラジカセにセットした。泣き声の強い口調で、

「自分で自分の身体が自由になれながった。一〇日も一五日も苦しんで、水も飲まれながった。口のなかも真っ黒になっていだんだ」

と年輩の女性が訴えていた。富岡町に住んでいた、Ｈさんの母親の声である。九九年一一月上旬、当時四七歳のＨさんは白血病で死亡した。わずか一ヵ月前の朝、疲れがひどくて、出勤したがらなかった。それでもでていったのだが、五日後、腹痛を訴えて欠勤した。

翌日、病院へいって点滴を受けたが、動けなくなった。「急性白血病」と診断され、救急車で転院、一ヵ月もたたないうちに、あわただしく世を去った。妻と四人の子どもが遺された。

それから一週間たって、石丸さんが代表をつとめる「双葉地方原発反対同盟」に、遺族が相談にやってきた。

「白血病といわれたんだけど、どう考えたらいいのか」

富岡町の農家の長男だったＨさんは、地元の農業高校を卒業したあと、職業訓練校にはいって溶接の技術を身につけ、各地の石油備蓄基地で、タンクの溶接作業に従事していた。中近東まで出張していた、ベテランだった。

八八年、三五歳で結婚したあと、父親の酪農を手伝いながら、地元にある東電の三次下請けにはいって、原発内の溶接を担当していた。死亡するまでの一一年間、福島第一、第二原発で被曝した総線量は、七五ミリシーベルトだった。

これは労働省（当時）の労災認定基準（年間五ミリシーベルト×年数）五五ミリシーベルトをはるかに上まわるものだった。

亡くなる前、Ｈさんの鼻孔に化膿性ぶどう球菌による腫瘍ができて壊死、呼吸が困難になっていた。口のなかまで真っ黒になっていた、水も飲めなかった、と母親が泣き声でいっていたのは、このことだったのだ。

その録音テープには、二次下請けの労務担当と三次下請けの社長を前にして両親が交渉している様子が記録されていた。もしも労働災害保険がでなかったなら、生活の面倒をみてくれるのか、との遺族の懸命の主張を受けて、会社側も資料をだして労災申請に協力した。

被曝労働者の労災請求事件は、七五年、原電敦賀原発で働いていた岩佐《いわさ》嘉寿幸《かずゆき》さんが、労働基準監督署で、不支給の決定がだされたあと、大阪地裁へ提訴したのがはじまりである。それ以来、全国で一三件申請されたが、ＪＣＯの事故で、急性放射線症となった三人を除けば、四人しか認定されていなかった。

七六年、わたしは東電で働いていた労働者の家庭に、小頭症

の子どもが産まれたという噂を確認するため、第一原発周辺を歩きまわっていた。「水頭症の子どももならいいた」という医者に会うことはできたが、原発との因果関係を証明するのはむずかしかった。

このとき、肺ガン、リンパ腺ガン、急性単球白血病、急性骨髄性白血病、膵臓ガンなどで死んだ原発下請け企業の労働者の名簿によって、それらの家族を訪問した（「潮」七六年一一月号）のだが、まだ労災申請などできる時代ではなかった。ある医師は、放射線の影響は一〇年、二〇年たたなければわからない、と突っぱねた。

福島県内を駆けまわっていた当時の徒労感をいま思いだしているのだが、国内で最初の労災認定は九一年一二月、富岡労基署によるもので、対象者は、骨髄性白血病で死亡した、三一歳の福島第一原発の労働者だった。彼はたった一一ヵ月で、四〇ミリシーベルトも被曝していた。

Hさんは、二〇〇〇年一〇月に労災認定され、全国で五人目になったのだが、九年間で五人の認定とはあまりにもすくない。

この五人のうち、九九年一〇月に日立労基署（茨城県）で支給認定となった労働者も、福島原発で働いていた。不支給になったふたりの労働者も、ここで働いていたから、福島原発がとりわけ労働環境が悪かったことがわかる。

このことについて、石丸さんは、

「福島原発が老朽化していることと原子炉の格納容器がフラスコ型で、作業スペースが狭いという問題があります。年間五ミリシーベルトを超えて働いている労働者は、全国で三九七六人いますが、福島原発だけで一八八五人と全体の四七パーセント、とくに二〇ミリシーベルト以上の被曝者は二〇人います」

という。

労働省の労災認定基準は、年間五ミリシーベルトだが、「原子炉等規制法」の被曝限度は、年間五〇ミリシーベルトとなっている。日本の原発が、労働者の被曝を許容しながら運転されているのは、非人道的といってまちがいはない。

一二年前の数値だが、福島環境医学研究所の調査によって、第一、第二原発で働く労働者の染色体異常が、一般住民の二倍、なかには六倍というケースがある、と発表されている。九〇年代後半から、第一原発では、老朽化にともなうシュラウド交換による被曝がふえ、2号炉では下請け労働者の被曝量が、社員の五倍とのデータもある。

炭鉱の閉山のあとに、陥没池などの鉱害ばかりか、大量のじん肺患者が残されたが、原発はちかい将来、大量の放射性廃棄物とともに、白血病やガン患者などの被害者を、地域に大量に置き去りにするのであろう。

かつての栄華は一炊の夢

富岡町の町役場は、丘の上に、巨大な城塞のようにそそり建っている。原発地帯の役場は、やや大袈裟にいえば、村役場は市役所のように、市役所は県庁のように虚勢を張っているのだが、たかだか人口一万六〇〇〇ほどの町役場としては、いままでみたこともないほどの重厚さである。九二年に完成、総工費は約三二億円だった。

ところが、この町は二〇〇〇年、地方交付税の不交付団体から交付団体に転換した。起債残高が一三〇億円、保守系の議員でさえ、「数年先に再建団体になる可能性がたかい」と議会で発言しているほどである。

財政力指数でいえば、第二原発四基のうち、1、2号炉をもっている隣りの楢葉町、第一原発の5、6号炉をもつ双葉町とともに、急速に悪化して、「一」を切っている状態である。原発ブームに沸いたかつての栄華も、「一炊の夢」というしかない。

町には、場ちがいな「ハコ物」が目立っていて、健康増進センター「リフレ富岡」の建設費は四一億円、このうち、東電の寄付が一四億五〇〇〇万円。大熊町の総合体育館は、建設費三七億五〇〇〇万円（東電寄付二〇億円）、双葉町のステーションビルが七億五〇〇〇万円（東電七億円）と馬鹿げた浪費をつづけてきた。さらにサッカー練習場の「Jヴィレッジ」（一三〇億円）、郡山市の「ふれあい科学館」（三〇億円）の寄付などもある。

このほかに、あらたに計画されている第一原発7、8号炉や、広野火力の補償金などがくわわる。

「Jヴィレッジ以降だけでも、東電の寄付金は、三五三億五〇〇〇万円になります」

とは石丸さんの計算だが、これらは消費者の電力料金に上乗せされている。地域独占の悪行といっていい。

〝巨大施設〟をつくってもらった自治体は、自己負担の起債分と施設の維持費で、財政パンクの危機に瀕する。「毒まんじゅう」といわれる所以である。

金の力で建設されてきたので、「金権力発電所」というのが、わたしの原子力発電所にたいする批判だが、これまでどれほどの策謀と裏切りをつくりだしてきたことか。

石丸さんが代表をつとめている「双葉地方原発反対同盟」の初代会長は、岩本忠夫・双葉町長だった。彼は社会党県議として、原発反対の急先鋒だった。東電の選挙妨害で、県議選に落選、その後、双葉町長になった人物だが、いまはあろうことか、原発の増設を要求している。

わたしも彼が原発反対論のころには、お宅に伺ってなんどか話を聞いたことがある。篤実な人柄に好感をもったのだが、いまや反対派からは、裏切り者あつかいである。

東電は発電所の新・増設凍結の方針を打ちだし、佐藤栄佐久《さとうえいさく》知事が「プルサーマル実施」の凍結を主張する時代に急転した。かつては県知事の木村守江が原発建設をゴリ押しし、岩本議員が県議会で追及する役回りだった。

ところがいま、知事が「ブルドーザーのような原子力政策」と批判しているのとは逆に、岩本町長は積極推進である。時代に裏切られた政治家の悲劇である。不徳を嘆くしかない。

岩本町長を告発したのは、かつて同志だった鶴島常太郎《つるしまつねたろう》元町議(七七歳)である。彼は原発の話がもちあがったとき、議員として賛成だった。が、原爆とおなじ原料を使用すると知って批判をもつようになった。

もしも津波が発生したとき、海の水位は急にさがる。すると冷却水の供給が間に合わなくなる、と考えると、強い不安に襲われるようになったのだ。鶴島さんは、それ以来の反対派である。

東電の第一原発7、8号炉増設計画に関連して、資材搬入のため、四車線の町道が建設されることになった。ところが、「この道路で大儲けしたヤツがいる」との情報を、鶴島さんにもたらした人物があらわれた。国労の元幹部でうるさ型の鶴島さんへの期待である。

それで法務局へいって調べてみると、町道にかかる地主にたいして、用地代金を支払ったほかに、町有地(二四二一万円)を無償譲渡していたことが判明した。

このほかに、土地の買収に応じたひとの所得税(五〇四万円)を負担するとか、代替地として提供した土地が、相場よりも一〇〇万円も高かったとか、とにかく双葉町は原発道路をつくるために、大盤振る舞いをしていた。東電の浪費癖の影響である。

鶴島さんは、岩本町長を相手に告発、告訴し、新聞に弾劾チラシを折り込むなど、個人で闘いを挑み、ついに町長はじめ町の幹部が弁済する事態にまで追い込んだ。

「デタラメの書類をつくったり、公金を違法に支出したり。まるで泥棒をして、バレたら返せばいい、というやり方だ」

と鶴島さんは町長を批判している。妻に先立たれている。だから、あとのことは、おれはちっともかまわない。町民の用心棒になるんだ、と捨て身の構え。四選目の町長に、チラシでこう呼びかけている。

「岩本町長よ。傷は浅いうちに、満身創痍に陥らない前に潔く速やかに身を引き、精神的苦痛などより解放されることを、以前の社会党員として、一緒に行動した同志、友としてこころから忠告する次第である」といって、これは私怨の文書ではない。原発によって我を忘れている町当局にたいして、自治の精神を取りもどせ、というアピールである。ある町議が虚偽の文書をだして、東電に架空の工事費を支払わせた問題で、三一億円もの分担金を負担している大雑把な東電でさえ、鶴島さんの告発を受けて、町にたいして、「三〇三万円を返せ」と追及せざるをえない事態になっている。

福島県知事の決断の影響

二〇〇〇年八月九日、全国一九一五人の原告団によって、福島地裁にたいして、MOX燃料使用差し止めの訴訟が起こされた。二〇〇一年三月の判決では「却下」とされたが、データの偽造などの問題に関連して、判決文では、「情報公開は、企業の責務」との指摘がなされ、国や原発にたいするひとつの警告となっている。

原告団代表の林加奈子さんは、「たしかに敗訴にはなっていますが、現実的にはプルサーマルは止まっています。来年夏までの凍結を知事が言明していますので、この間に、危険なプルサーマルへの世論をさらにたかめていきます」と語っている。

佐藤知事は、東電の使用済み核燃料を保管するプールの拡大工事許可の要請を拒否しながらエネルギー政策の転換とあらたな地域振興を提起している。それは核依存体制からの脱却を模索する方針でもある。

やがて一基四〇〇億円の経費を要するともいわれている廃炉がはじまる。その廃棄物をどうするか、その難問解決も焦眉にせまっている。電力自由化の趨勢のなかで、いままでのようなバカげたカネの使い方はできない。

いわき市に住んで、「原発のない社会をめざすネットワーク」をつくり、機関誌「アサツユ」を発行している佐藤和良《さとうかずよし》さん（四七歳）は、これから社内に厳しくなる原発のコスト削減の要求が、事故の危険性をさらにたかめる、その監視と防災をどうするか、国と東電を逃さない運動が必要だ、と主張している。

いま、原発は、いわば「国策・民営」。だから責任の所在がはっきりしていない、というのが、佐藤さんの指摘である。

住民ばかりか、自民党の政治家たちの意識変革も課題になる。いよいよ、原発の店じまいの方法を具体的に考える時期になった、とわたしたちは話しあった。

第15章
進出を阻止したあとの住民のダメ押し
新潟県巻町《まきまち》

眼の前に佐渡島《さどがしま》が横たわっていた。思っていたよりも大きくみえた。こんなに近かったんですね、とわたしは運転席の田《た》畑《ばた》久子《ひさこ》さんに声をかけた。

一九九六年にきたとき、ここから佐渡はみえなかった。霧につつまれていたからだ。

薬売りの里として知られていた角海浜《かくみはま》の集落は、いま無人である。これみよがしに、「立入禁止」の高札が土につき刺さっている。東北電力（東電）が買収した痕である。

クルマを降りて、わたしたちは、日本海とむかいあった。そこは崖の上になっていて、右手に白い波が岩を嚙んでいる海岸線がながく延びて、北上しているのを見下ろすことができた。

左手は、頭上から岩山が迫っていて、その下を柏崎にむけてトンネルが穿たれているのだが、いまはどうしたことか、閉鎖されている。

肝心の正面には、東電の大きな「原発建設計画概要図」の掲示板が立てられているので、せっかくの佐渡の眺望はさえぎられている。

「観光開発だ、とだまして、東北電力がこのあたりぜんぶ買収してしまったんですよ」

トドメの一撃を与えた「共有地」

掲示板によると、わたしたちは、いま「原子炉建屋」予定地のまんなかに立っていることになる。五〇メートルほどうしろ、草に覆われた傾斜地に、有刺鉄線が張られた一画がある。墓石が二基みえている。

「この墓地は、巻町有地につき、立札・工作物を設置すること、その他一切の物品の搬入を禁止する」

巻町の看板である。ここが三〇年にわたって原発建設の工事を押しとどめてきた町有地だった。九九年九月、原発反対派の住民が町から買収、「共有地」にして、トドメの一撃を与えた田端久子さんは、夫の護人《もりひと》さん（五九歳）と田畑酒店を営んでいるのだが、護人さんは全国的に有名になった、「巻住民投票」の中心メンバーのひとりであり、「共有地主」になった二三人のひとりである。

「巻原発」は、九六・五パーセントの用地が買収され、漁業権も放棄、国の「電源開発審議会」での建設計画の承認、と推し進められてきた。「クビの皮一枚をようやく残した」とか、「九回裏」などとわたしは書いたことがあったが、東電が建設に踏みこめなかったのは、反対派住民の「共有地」が二ヵ所あるばかりか、炉心部にふたつのお寺の墓地が、辛うじて残されていたからだ。

八三年一〇月、巻町は学校跡地や火葬場跡地など一二九〇平方メートルを東電に売却していた。しかし、まだ、称名寺《しょうみょうじ》、城願寺《じょうがんじ》あわせて一一七六平方メートルの墓地の所有権をめぐって、町とお寺の争いがつづいていた。

八五年二月、長谷川要一町長(当時)が仲介して、九億五〇〇〇万円で、お寺側が東電に売り渡す斡旋案をだした。これで、原発問題は、建設にむけて大きく動くはずだった。

ところが、東電は、「社会的水準として了承できる額ではない」と拒否、買収交渉は決裂した。たしかに、法外な要求だったとはいえ、カネに糸目をつけないことでよく知られている原発にしては、めずらしくまっとうな発言だった。この予想外のできごとの背景には、自民党代議士の対立と利権争いがあった、と噂されている。

巻町政は、自民党の小沢辰男派と近藤元次《こんどうもとじ》派の対立の激しいところで、町長選挙は、二派が毎回いれかわるほどの激戦だった。その政争が買収の足を引っぱったといわれている。どっち側の町長になったにしても、原発推進に変わりはないのだからあわてる必要はない、と東電は高を括っていたようだ。

町と東電の関係おわる

それから一〇年たった九五年一月、いままで沈黙していた町民たちが中心になって、原発建設の「イエス、ノー」を問いかける、自主住民投票が実施された。町議会が拒否するなら、自分たちでまずやってみよう。いわば模擬投票が実施された。まず町民の声を形にして表わす、という精神は強靱なものだった。

自主住民投票のきっかけは、前の年、巻町ではめずらしく佐藤莞爾《さとうかんじ》町長(当時)が三選をはたしたことによる。過去二回は原発慎重論を唱えて当選していた佐藤町長が、こんどは推進を公約に掲げて当選した。それまでは、巻町のしがらみのなかで、「死んだフリ」して商売をつづけてきた田畑さんなど自営業のひとたちに、

「いま行動しなければ、本当に原発がつくられてしまう」との危機感をあたえたのだ。

実際、田畑酒店は、その後、町の有力者たちから、ひそかな不買運動を起こされ、売上げを急減させた。酒は町のさまざまな行事にかかわっているのだから、兵糧攻めは痛い。

自主住民投票のときに掲げられた、「自分たちの運命は、自

分たちで決める」とのスローガンは、地方自治の精神をたからかに謳ったもの、とわたしは評価している。ここから、巻町の条例作成の運動は、大きなうねりとなって本番の住民投票を成功させることになる。

　町民の自主住民投票の成功に驚愕した東電は、先手を打っため、町有地の買収を申し入れた。佐藤町長はこれを受け入れる決意を固めた。九五年二月、臨時町議会をひらき、そこで売却を決定する腹づもりだった。

　と、これまた予想外だったのだが、町のひとたちが町議会に押しかけ、警官隊が出動する事態となった。議会は流会した。そのあとの町議選では、住民投票派の議員が過半数をおさえる政治状況へとせり上がる。

　それから、住民投票条例可決（九五年六月）、佐藤町長のリコール運動（九五年一〇月）、町長の辞任（九五年一二月）、住民投票派の笹口孝明《ささぐちたかあき》町長の誕生（九六年一月）、原発ノーの住民投票の成立（九六年八月）、と巻町はあたかも「町民革命」ともいえる、大衆的な高揚をみせながら、新しい道を拓いていく。

　佐藤前町長は、三選時の自己の得票数よりも、一〇〇〇票以上も多い、一万二三一票のリコール署名を集められて辞任していた。急転回だったため、原発推進派は対立候補をだすことができず、笹口町長はほぼ無投票の圧勝だった。

「ひとつの失敗も許されなかった」

と酒屋の三代目である田畑護人さんは、大きな声でいった。小柄で声が大きいのは、元気もののしるしである。つれあいの久子さんの弟は、郷里にやってきた原発建設に反対するため、弁護士になった人物である。

「ひとつの失敗も許されなかった」とは、危機的な状況をあたかもロープを渡るように、細心の注意をはらってじりじりすすんできたことと、自営業の仲間たちがよく集まってはつぎの戦術を討論し、すばやく行動してきたことを示している。

　ちなみにいえば、笹口町長は酒造会社の後継者で、実は町長などやっているほど、経営はあまくない。

　笹口町長が就任したのは九六年一月、その一年後に、「電源立地対策課」を廃止した。英断である。これで町と東電の関係はおわった。自治体内部に設置されているこの課は、たいがい市民のほうをむかず、電力会社のために画策するようになる。

　わたし自身、巻町以外でも、原子力課職員の秘密主義には、腹にすえかねる苦い思いをさせられてきた。彼らはまるで、電力会社の社員のような意識になっていて、いわば自治体のなかでウイルスのような役割しかはたさない。

原発推進派の町長いじめ

巻町は人口三万人ほどの田園都市である。市街地は日本海からすこしひっこんでいて、落ちついたたたずまいである。

笹口町長は、二〇〇〇年一月の二期目の選挙で、町の農政課長だった新人候補に、二六七票差で辛勝した。相手候補は、「原発問題は町有地売却でおわった。まず町づくりが先決だ」との「原発隠し」（田畑護人さんの話）の戦法で、票を追いあげた。原発問題が争点から外れれば、町のひとたちは、さっそくこれまでのように、地縁、血縁の義理をはたしたい。

その前年の町議選では、住民投票派は原状の九人にとどまり、定数二二人の半数に達しなかった。このときも、「原発推進」をスローガンに掲げる候補者はなく、旧来どおりの地域ボスが当選する構造を打破できなかった。議員報酬は月額二四万六〇〇〇円、いわば名誉職だから、本当に町政に専念したいひとはでにくい。

市民運動からでて、笹口町長を支持する議員は、議会内少数である。そのこともあって町長は、原発推進を狙う、頑迷な野党からけっこういじめられている。

たとえば一九九八年に、老朽化した「老人憩いの家　得雲荘」の改築を機会に、「脱原発のまちづくり」の一環として、太陽光発電のパネルを設置する提案をすると、原発推進派は「原発こそ地球にやさしいエネルギーだ」「税金のムダづかい」との論法で、否決にまわった。

それでは、と町民グループは、一年にわたってカンパを集め、現金を町に寄付することにした。するとこんどは、「総務文教委員会」で、町の施設は町の予算で負担すべきで、税外負担は避けるべきだ、との屁理屈をたてて否決。ついに町民はカネではなく、実物をもちこむ戦法に切り換え、二年がかりで設置に成功した。

老人施設ばかりか、「児童クラブ」の改修問題でも、彼らはやはり愚昧《ぐまい》な抵抗をした。五回おなじ提案をつづけて抵抗した町長を、「議会軽視」として、町長報酬を減額する条例を提出し、可決させた。これによって、笹口町長は、三ヵ月間、一〇分の一の減額処分にされた。

住民投票によって、原発建設に歯止めをかけた巻町民は、光栄ある地方自治のパイオニアである、とわたしは考えていた。今回取材にきたのも、地域民主主義のその後の展開を知りたい、というモチーフがあったからだ。

が、わたしが逢着《ほうちゃく》した現実は、あまり変わり映えのしない保守派の抵抗だった。その背景には、地域にのしかかっている、巨大電力会社の影があるのはまちがいない。が、そればかりともいえない。開発によって、土木事業を活性化させなければならないところに、保守派議員たちの存在理由がある。その構造は解体されていない。

しかし、目にみえるような民主化の進展はまだあらわれていないにせよ、選挙のたびの買収行為はすくなくなってきた、といわれているから、絶望することはない。

裁判で完敗した推進派の訴え

街をあるくと、「町有地は三万町民の共有財産です」との看板が目につく。なんとなく見過ごしてしまいそうだが、原発推進派の手になるもの、と聞けばなるほどと納得がいく。

九九年九月、町長選挙を翌年に控えていた笹口町長は、緊急記者会見をひらいた。原発予定地内にある町有地のひとつを、「巻原発・住民投票を実行する会」のメンバーに売却した、との突然の発表だった。

推進派にとって、驚天動地のできごとだった。この町有地はこれまで、歴代の町長たちが、東電に売るチャンスを逃しているあいだに、原発に批判的な町民をふやし、ついには、住民投票まで実施された因縁の土地である。東電にとって、飲もうとすれば眼の前で消える、「タンタロスの水」というべきものだった。

それがあっさり、トンビに油揚げ、宿敵でもある住民投票派にさらわれてしまったのだ。

記者会見で、笹口町長は、「住民投票後も東北電力は建設をあきらめていない。任期中に原発問題に最終決着を付けるのはわたしの最大課題で、責任を果たした」（「新潟日報」九九年九月三日付）とすましたものだった。

巻町の条例によれば、町有地の売却の場合、五〇〇〇平方メートル以内であれば、議会に諮る必要はなく、町長の専決事項となっている。

これにたいして、推進派は「議会軽視だ」「リコールだ」などと息まいていたが、あとの祭り。東電の常務でもある米澤英伍新潟支店長は、「今後とも、関係者の方々からご理解を得て、お譲りいただけるよう努力していく」とのコメントを発したが、敗色は覆うべくもない。

住民投票の結果とは、東電には町有地を売らない、との意思表示だった。だから、そのためにこそ、けっして東電に売ることなどない町民に売っておくのは、住民投票の意思を尊重したことになる。

「巻町における原子力発電所建設についての住民投票に関する条例」の第三条には、「町長は、巻原発予定敷地内町有地の売却その他巻原発の建設に関係する事務の執行に当たり、地方自治の本旨にもとづき住民投票における有効投票の賛否いずれか過半数の意思を尊重しなければならない」とある。

住民側の買収額、一五〇〇万円は、佐藤前町長がその四年前に議会に提案した、東電への売却価格を下回っていないので、安くも高くもない。まして、原発が撤退したあとは、共有者たちはこの土地を町に無償で提供する、というのだからなんの問題もない。

原発推進のひとたちは、笹口町長と田畑さんたちにたいして、「所有権移転登記の抹消」を訴える裁判を起こした。が、一〇ヵ月後の二〇〇一年三月、新潟地裁は、その訴えを退けた。どこにも違法行為はなかったのである。

「本件土地を住民投票の結果の尊重を期待し得る者に随意契約の方法によって売却することにより東北電力が本件土地を取得して原発計画を推し進める余地がないようにした判断・措置が明らかに不合理であるということはできないし、また、不正の動機に基づくものであるとか、あるいは被告町長に委ねられた裁量権を逸脱・濫用したものということはできないというべきである」(判決文より)

訴えは推進派および東電の完敗におわった。推進派は東京高裁に控訴したが、この明快な判断を覆すあらたな材料はない。かつて長谷川元町長が、町有地を随意契約で東電に売ったことを、推進派のひとたちは忘れたフリをしている。

「もうケンカのためのケンカはやめてください。巻町民は、争いに終止符をうつために住民投票をしたのですから」

と、「原発のない住みよい巻町をつくる会」の桑原正史会長が、機関誌「げんぱつはんたい町民新聞」に書いている。それが大方の町民の考えのようだ。桑原さんによれば、正面きって、「原発賛成」というひとはいなくなった、という。

村松治夫《むらまつはるお》巻町議会副議長(六四歳)に会った。推進派のひとりである。

「裁判(一審)が終わるまで、なにもいわないことにしているんだ」

といいながらも、電力会社には不信感があるようで、

「なにがなんでも(原発を)やらなくては、との姿勢がみられない。やるのかどうか疑わしい」

と愚痴った。

もはや諦めムードである。梯子をはずされたものの不安のようだ。彼にしてみれば、あのとき、東電が九億五〇〇〇万円の価格で、黙って買っていればすんでいた問題だったのだ。

「巻原子力懇談会」は、関連業界の団体である。石田三夫《いしだみつお》会長(六三歳)は、町内一の印刷会社の社長で、原発関連の印刷も引き受けている。

「事業者にとっても、巻原発は必要です。共有地の問題があってもいずれは成就する、と思って活動しています」

そのあと、石田会長は、「巻はタイミングがことごとく悪かった」といった。やっとうまくいくとの兆しがあらわれると、

どこかで原発事故をやってくれる、と不運を嘆いたのだった。

笹口町長とは、町長室で一時間ほど雑談した。就任してから、ほぼすべての行政の情報を公開する条例をつくった。それがこの町で民主主義が定着するためのひとつの施策である。それよりも、はやく原発に決着をつけて町長をやめ、家業に専念したいという。

ところが、東電は、着工予定を四年延ばして、「二〇〇六年にする」などとまだいっている。

だから、笹口町長も、なかなかやめられそうにない。

第16章
精神を荒廃させる〝植民地〟経営
北海道泊村《とまりむら》

「泊村の起源はさだかでないが、文治《ぶんじ》・建久《けんきゅう》の頃から多数の土人が漁業によって生活を営んでいたと推測することができる。はじめて和人が居来したのは、いつだろうか。それは文禄三年（一五九四）春、近江国愛知郡柳川村の田付新助が漁夫数人と共に来航し、土人を使役して鰊《にしん》漁の資源調査のために視察したのにはじまる」（『泊村史』）
北海道、日本海寄りの沿岸の港は、だいたい似たり寄ったりの歴史をたどってきた。先住民の土地を、シャモとよばれる「和人」が侵略した歴史だった。が、「土人」とは穏やかではない。アイヌをさしてのようだが、まだ「北海道旧土人保護法」が残されていた一九六七年に発行されたものである。
しかし、二〇〇一年三月に刊行された新版『泊村史』でも、この記述がそのまま踏襲されていて、相手をみる意識はまったく変わっていない。「土人」と書いている村自身が、原発をもちこんできた電力会社から、はたして「土人」あつかいされていないかどうか。

村の苦境が狙われた

北海道積丹《しゃこたん》半島の付け根に建設された泊原発が、立地決定の六九年当時、「共和《きょうわ》・泊原発」と呼ばれていたのは、隣接する共和町との境界線あたりが予定地とされていたからだ。

このあたりが、建設候補地に選定されたのは、その二年前の六七年。それを受けたかたちで、古宇《ふるう》郡泊村には「誘致期成会」が結成された。しかし、岩内《いわない》郡と泊の両漁協は、真っ向から反対した。

かつて海の色を変えたといわれたニシンブームは去っていたとはいえ、北上してきた対馬暖流を阻むかのように、突兀《とつこつ》として日本海に突きだした積丹半島は、スケトウダラの産卵場であり、ウニの宝庫でもあった。

ほぼ一万人を数えていた泊村の人口が、一挙に半減したのは、六四年四月、村内にあった茅沼《かやぬま》炭鉱閉山の打撃によった。

この炭鉱は、タラ獲りの「漁夫」によって発見されたもので、函館奉行所、官営炭鉱としての歴史を経て操業一〇八年、戦争末期には、労働者の四分の三が朝鮮人労働者だった（『茅沼炭鉱史』）。

炭鉱とニシン漁によって、内地からの労働者を多く抱え、泊村の商店街も繁栄していたのだが、「エネルギー転換」によって、炭坑は歴史を閉じた。とはいっても、この村が、それまでのように、「石炭から石油へ」と段階を踏むのではなく、いきなり、「石炭から原発へ」と一足飛びになったのをみると、村の苦境が狙われていたのがよくわかる。

泊漁協が「条件つき賛成」に転換したのは、七四年夏だった。「海象調査」などの名目で漁協内に別働隊の「委員会」を設置して、それを「トロイの木馬」にするのは、原発各社の常套手段である。

漁業権の放棄を狙って、頑強に反対する岩内郡漁協の地先をずらし、買収済みの土地を捨ててまでして、原発立地点を丸ごと泊村内にすべりこませたのが七八年秋、岩内郡漁協がついに切り崩され、条件つき賛成に転向したのが、八一年秋だった。

漁協幹部へお手盛り分配

泊港のあたりは、板壁の民家が道の両側にひしめいている、昔ながらの漁村で、ひっそりとしていた。船溜まりにいってみると、係留された漁船を前にして、堤防に背をもたれるように日差しをさけながら、老人がひとり煙草を吸っていた。

ちかづいて、ゴム長靴のあいだに置かれたバケツを覗きこんでみると、採りたてのナマコとホヤ貝がはいっている。

「なに、近所にわけてやるだけさ」

「無線自動操舵機」のメーカーの社名がはいった、戦闘帽型の帽子の下で、彼はつまらなそうに答えた。いわば手すさびに、魚を獲ったり貝を採ったりの老後のようだ。

若いころは、釧路港にいる秋アジ（鮭）獲りの漁船の機関長だった。故郷に帰ってきたころ、原発の工事がはじまった。泊のひとでも、目先の利くものは、ひとを使うようになって、漁師仲間もアワビやウニ漁の端境期に、1号炉の工事にでるようになった。彼は恵庭《えにわ》市にある大成建設の下請けへ行って、建屋の組立ブロックをつくっていた。

漁協は反対してましたよね、と水をむけても、泊は反対はなかったね、とやはりつまらなそうな口調である。

「あのあたりは、ウニ、アワビの宝庫だったよ。櫂で漕いでいっても、年に一〇〇万円はかるく稼げた。大きい船の船主は三〇〇〇万当たったけれど、われわれには五〇〇万しか当たらなかった」

漁業補償の配分のことなのだが、まるで宝クジのようないいかたである。漁業海域の「二〇カイリ」規制がはじまったのにたいして、沿岸漁業に活路をみいだそうとした船主たちは、争うように機械船を新造した。が、そのころから漁獲高が減って、借金がかさむようになっていた。

原発に賛成すれば、一〇〇億円の補償金がはいる、との噂がばらまかれた。「取らぬタヌキ」に踊らされた船主たちは浮き足だち、反対運動は崩される。結局、配分されたのは、一般漁民で一戸あたり五〇〇万円前後でしかなかった。

二〇〇三年に着工予定とされている、3号炉の漁業補償の追加分（名目は「経営強化対策事業資金」）として、泊村漁協に六億円が支払われた。ところが、このうち、漁協幹部と元役員の九人にたいして、「特別功労金」として、総額一四〇〇万円がお手盛り分配されていることが、最近になってあきらかになった。

「（3号機での）十四億円の海業補償配分でももめた経緯があり、組合員に説明する機会を失った」と、漁協参事は弁明（「北海道新聞」二〇〇一年七月二日付）、そのあと返還された。

原発への道にはカネが敷き詰められている、というのは、わたしの原発各地を取材しての感慨だが、カネがならい性となって、地元にタカリの風習がはびこるのが、原発のもうひとつ危険性である。

漁協には「漁業補償金」との名目がある。しかし、「共存共栄」とはいいながらも、農協には手ごろな補償金はない。それでも、1号炉、2号炉とも、隣接する共和町の三農協に、町を経由して「農業振興資金」として、合計八億円も支払われた。ところが、「北海道新聞」（七一年三月四日付）によれば、さらに七億円が追加され、合計一五億円となっている。

スイートコーン（トウモロコシ）畑で立ち話をした農民の話に

よれば、3号炉建設にともなって八億円支払われたのだが、それ以外にも五億円が追加されている、という。カネが必要になると、電力会社に「迷惑料」が請求される。「風評被害」が担保だが、どこの原発地帯にも共通する、自立とはほど遠い、「打ち出の小槌」への依存である。

泊村役場は、ややメルヘンチックな建物で、九億六〇〇〇万円、屋内アイススケート場（八億円）、国民宿舎（一五億円）、公共施設はすべて新築、電柱にはオレンジ色の街灯がともり、一二歳以下の医療費は無料である。

さらに、修学旅行の費用は半額助成、七〇歳以上の老人には年間七〇枚の温泉無料券、それ以下の年齢は五〇枚配付される。村内に家を建てれば、二〇〇万円の補助がある。いわば、「原発パラダイス」である。

泊村の歳入四四億五〇〇〇万円のうち、村税は二三億円（九九年度）である。このうち固定資産税が二一億円を占めている。佐藤淳一村長によれば、北海道電力（北電）分は六〇パーセントということだが、償却資産分をふくめると、北電で八〇パーセント以上を占めるという。

一世帯あたり、二〇七万円の固定資産税がはいっている計算になる。その代わり国から補助金というべき「地方交付税」がゼロ。国よりも北電に依存している、三割自治どころか、二割自治ということになる。

「3号炉を受け入れたのは、資産を食いつぶしたからだ、といわれたりするけど、そんなことはない。たしかに償却資産分は、あと三年で切れるが、毎年、八〇〇〇万円ずつ貯蓄して、八億円の基金があります。

代替エネルギーができれば、原発は必要ないと思いますが、国の政策でもあるし、生活水準をさげられないので、当面は原発でいきたい」

佐藤村長の話である。危険性の問題については、「がっちり干渉していく」という。

かつての原発首長のように、「安全神話」を鰯《いわし》のアタマのように信じているわけではない。職員から昇り詰めた村長のスタンスは、原発を利用しない手はない、というもののようだ。

それでも、村の人口減に歯止めがかかるというものではなく、いまは、約二〇〇〇人。かつての五分の一の惨状である。

「どうせちかい将来、村がなくなるなら、3号炉をつくってでもらって、豊かに暮らそうや」

そんなヤケのヤンパチの声が、村民からあがっている、といわれている。村がなくなるとの物騒な発言は、原発事故のことではない。ポスト原発、村の将来像についてである。泊村は炭鉱の閉山で人口が半減した。二〇〇一年はイカが豊漁とはいえ、沿岸漁業は衰退の傾向にある。

原発の廃炉は時間の問題である。限られた繁栄だ。いっそのこと毒を食らわば皿までも、との投げやりな気持になるのも、わからないではない。

温排水による海水温上昇

「岩内原発問題研究会」の斉藤武一《さいとうたけいち》さん（四八歳）は、岩内町立の保育所で、「保育士」として働いている。自治労の組合員で、本部が募集している「文学賞」に、反原発運動のルポルタージュを書き送ってこられていて、選考委員のひとりであるわたしはよく記憶していた。

定年にちかい年輩のひととばっかり想像していたのだが、五〇歳前、まだまだ職場にいなくてはならない人物である。原発促進の自治体にいて、少数者として抵抗するのには、勇気を必要とする。

岩内町もまた、泊とおなじように、原発反対派がごく少数の地域である。岩内町にとっての原発は、一村をへだてた村にある存在だから、交付金はすくない。それでも、二基のドーム型の原発は、ちいさな入り江をはさんで、街なかから対岸にくっきりとみえていて、なにやら危なっかしい。その距離わずか五キロメートル。

「原発反対にたちあがるまで、一五年かかりました」

と斉藤さんは率直である。七八年から、彼は岩内港の防波堤で、夕方六時にバケツで採集した、海水の温度の変化を記録してきた。その結果、原発の運転開始前と試運転後の冬季間の水温が、一・六度上昇していることが判明した。

いうまでもなく、温排水の影響だが、二〇年にわたって、うまずたゆまず、確実な手つきで原発の海を診断してきた沈着さが、最北の原発反対運動の静かな情熱をあらわしている。「報告書」には、原発から五キロメートル離れた地点での一・六度におよぶ水温上昇について、こう書かれている。

「スケソウが水深二〇〇メートルから水深三〇〇メートルに移動していることと関係あると思われる」

不漁になった理由である。斉藤さんの祖父は、茅沼炭鉱から専用鉄道で、岩内港まで運ばれてきた石炭を、貨物船に積み込む「沖仲仕《おきなかし》」だった。閉山のあおりを食って失職したのだが、その息子にあたる父親は、スケトウ景気に沸く魚市場のまっただなかで仲買人となった。町内でいちばん最初にテレビを買った、というから羽振りがよかった。

石炭景気とスケトウ景気。それへの依存と栄華の記憶が、商業都市として拡大した岩内のひとたちの、原発への期待に反転した。

戦後の混乱期に発生した岩内大火と青函連絡船・洞爺丸《とうやまる》の沈没を結びつけたのは、水上勉《みずかみつとむ》の『飢餓海峡』だった。が、いま哀れを誘うのは、船影のすくない巨大な岩内港と無人のまま打ち捨てられたフェリーの大桟橋である。

はじめのころ、北電は資材運搬や原料の搬入に既存の岩内港を使用する、といっていた。ところが、港とむすぶ専用道路の建設が、反対運動によって阻止された。それでも、岩内港の拡張計画だけがひとり歩きしていった。北電が専用港を建設したあともなお、自己増殖していったのだ。

ついに無用の長物に終わった港湾の拡張工事は、岩内〜直江《なおえ》津《つ》航路が新設されたのを受けて、こんどは、フェリー埠頭の建設へむかった。こうして、あらたなゼネコンの需要がつくりだされた。政府がやみくもに新航路の設置を認可したのは、原発の経済的な波及効果をしめす、ショーウインドウにしたかったからのようだ。

岩内町は埠頭の建設に一〇〇億円もの予算を投入した。が、就航一〇年でフェリーは運休した。いま町債の残高は一三〇億円、町は毎年七億円の金利を支払っている。

むりやり他人の土地に侵入するしかない存在としての原発は、地元を繁栄させるどころか疲弊させ、被曝ばかりか人間の精神まで荒廃させる。その基本が植民地経営にあるからだ。地元の生活を破壊し疲弊させたあとに、農業振興金、漁業振興金などを配って、カネの力によってしゃにむに、疲弊から「振興」させる方策が、どうして地域の将来をつくることができようか。

斜陽化する技術力と安全

九一年七月、岩内町で創業九〇年の歴史をもつ、中堅乳業会社の製品が、札幌の消費者から購入をうち切られる、という「風評被害」が発生した。その年の四月に発生していた原発の「静《せい》翼《よく》亀裂事故」がきっかけになったもので、年間二〇〇〇万円の損失だった。

この乳業会社のブランドは、全国的にもよく知られているのだが、それまでも、大口契約が成約直前に不成立となるなどの被害が大きく、ついに岩内町からかなり離れた町へ移転していった。

「農業振興金」には、風評被害の分もふくまれている。いわば、「被害」が「振興」といい換えられている、といっていい。それでいて、もらったほうの口は封じられる。岩内町は、全国ではじめて原発の「隣隣接町」と認められて、二〇億円もの「電源三法交付金」が支払われている。これも、口封じの一種である。

いま計画されている3号炉は、九一・二万キロワット。加圧型軽水炉（ＰＷＲ）の新設工事としては、ほぼ一五年ぶりになる。メーカーの三菱重工業にとっては、ひさびさの受注チャンスとなった。

「北電がビックリする額に三菱重工は下げてきた」

「三菱重工の技術陣は全体的にレベルが落ちてきた」(「日刊工業新聞」二〇〇一年四月一一日付)。

安売りと技術力の低下は、原発産業の斜陽の影の深さをあらわしている。それは安全の斜陽化でもある。

札幌から岩内までは、バスでほぼ二時間半、小樽、余市と積丹半島の付け根を横断する。雨模様で、山の谷間に雲がわだかまっている。原生林のあいだを通り抜ける、快適なバス旅行だった。夜になって、丘の中腹から、イカ釣りの漁火《いさりび》が、海の上にひろがっているのがみえた。

帰る日、廃墟になりかねないフェリーターミナルのそばの海岸で、「使用済み核燃料搬出反対」の集会がひらかれていた。「送るな六ヶ所村へ」がスローガンである。札幌など、道内から労働者、市民、四〇〇人ほどが集まってきた。いよいよ、原発立地点で、「搬出阻止」の行動がはじまった。カネだけは享受して、危険物はどこかにはこばせるのでは、原発の問題点は、いつまでたっても、明らかにならない。

すべての矛盾を青森県六ヶ所村に押しつけようとする、この国の原発政策に目をつむって、地元の原発増設にだけ反対するのは、欺瞞である。搬出と搬入、ともに討つ行動が必要だ。

第17章　反発強まる地震地帯の原発増設

静岡県浜岡町

駿河湾西側の先端、御前崎灯台は、木下惠介監督「喜びも悲しみも幾年月」、灯台守の夫婦の物語によって、よく知られている。

「俺《おい》ら岬の　灯台守は
妻と二人で　沖行く船の」

軽快なメロディだが、かすかに哀調をふくんでいる。仕事にたいする思いと夫婦の愛情をうたいあげた主題歌は、灯台守ならずともよくくちずさまれた。

いまは合理化によって、無人灯台にされているので、さほどの思いいれもなく眺められる。そこから一路伊良湖岬《いらごみさき》(愛知県)へむけて、遠浅の遠州灘の長い砂浜が延びている。

海岸線と並行して走る国道は、御前崎港から迂回してきた核燃料運搬道路である。まもなく前方に、クレーンの林立がみえだす。浜岡原発5号炉の建設現場である。

東海地震は、地震予知連絡会でも、いつ起きても不思議でない段階、といわれている。それも、M8クラスというのが定説である。さいきんになって、「震源域」は、かつて想定されていたよりも、さらに浜岡原発にちかいものとなっている。

にもかかわらず、なに食わぬ顔で、さらにもう一基の原発を増設する工事がすすめられている。あたかも、地震に挑戦するかのようである。

浜岡原発1号炉は、一九七六年三月、2号炉は七八年一一月の運転開始、すでに二十数年を経過した老朽炉である。そのころの耐震設計は、地震の強さの想定がまちがっている、との指摘（石橋克彦神戸大教授）もある。

秒読みの段階にはいった大地震と5号炉建設をめぐって、運転中止、建設反対をもとめる、県内の「原発を考える会」などの運動は、活発になってきた。

「掃き溜めに鶴」の浜岡原発

「浅根《あさね》にどえらいものがきそうだ。これは口外してはならん。こんな事がもれて外部のものが動いて、地所の価をつりあげたら大変だ」

浜岡町佐倉浅根。このあたりで「最後の旦那」といわれ、村長を務めて「元老」とも呼ばれていた鴨川啻一《かもがわただいち》が、家人に口止めしたのが、六六年のなん月ごろだったのだろうか。

そのあと、やはり浜岡町長になった啻一の息子、鴨川義郎の妻トシエの回想記（「浅根と我が家」、『佐倉の歴史』所収）には、原発がやって来る話はイの一番に耳にはいった、とある。

六七年四月、現職町長と助役が町長選挙に立候補、町を二分して争っていた。義郎によれば、そのふたりの候補者でさえ、町が原発に狙われていたことを知らなかった、新町長にその話が持ちこまれたのは、就任直後だった、という。

河原崎新町長には、決断がつかなかった。それで地元出身で、財界四天王のひとりだった水野成夫《みずのしげお》（当時の産経新聞社社長）に相談することにして、上京した。

「泥田に金の卵を生む鶏が降りたようなものだ」と水野から「錦の御旗をいただけた」、という（鴨川義郎、前掲書）。「鶏が降りる」とはいささか珍妙な表現である。もっと率直に、「掃き溜めに鶴」といったともつたえられているが、真偽は定かではない。

原発の進出をいつ発表するか、浜岡町の企画課長だった鴨川義郎は、そのタイミングを測りかねていた。と、「サンケイ新聞」が全国版一面で、「浜岡町（静岡）が有力に」（六七年七月五日付）とスッパ抜いた。いわば、新聞辞令である。

記事によれば、建設地に選ばれたのは、「人口密度が低く用地交渉が楽」で、さらに、二年前に、隣接四町村と「低開発地域工業開発促進地域」に指定され、営業開始から一〇年間は、固定資産税を国が肩代わりする特例がある、などの条件があげられている。町当局は、「非公式に議会工作を進めている」状況にあった。

中部電力（中電）は、六四年に三重県芦浜《あしはま》地区に原発を建設する、と発表していた。しかし、ハマチの養殖などが順調で、漁民の反対運動がつよく（二〇〇〇年二月、建設断念）、浜岡町に切り替えた。東京電力、関西電力に遅れをとったための見切り発進、なんのことはない地震地帯に不時着した、ともいえる。

建設予定地一六七ヘクタールのほぼ八割は民有地だった。対象地主は、二五七戸だったが、およそ七割が五反以下の零細農民だった。立ち退き対象農家が九戸だけだったのも、狙われた理由だった。

これらの土地は、戦時中に、陸軍省が農民から強制買収してつくった、砲弾試射の「遠江射場」二三五ヘクタールと重なっている。このため、敗戦のころには、本土決戦にそなえて、部落の各戸に防衛隊員がはいりこんでいた。

陣地の隊長だった将校は帰農してここに残ったが、元の住民は一戸しかもどってこなかった。あとは、戦後の食料増産のために入植した開拓者たちである。

「放射能はスプレーで消せる」

清水一男さん（七六歳）の祖父も村長だった。原発の村となった佐倉村は、水野茂夫の実家や「元老」といわれた鴨川啻一家、それに清水家などが交互に村長をつとめる「旦那政治」の村だった。

「町長は配下に専門の職員をつくって、内々にやった。原発の話はうすらうすらでてきた」

という清水さんは、端正な面立ちである。町内会長や区長をつとめてきた人物だから、比較的はやくから原発の動きを知っていた。原爆から連想して危険なものだとはわかったが、その危険性を論理化する知識はなかった。「放射能はスプレーで消せる」などという説得にも反論できなかった。

若いとき、鉄道省につとめていた村のインテリでさえ、それぐらいだった。それが当時の日本全体の原発にたいする知識水準をあらわしている。財政力指数〇・三五。自主財源に乏しい寒村が、原発に期待をかけた。

清水さんによれば、それでも佐倉神社の境内に農民があつまり、反対集会がひらかれていた。周辺の漁協は「漁場を守れ」と海上デモを敢行した。このころは大学闘争など大衆運動が盛んな時期だった。それでも、浜岡の原発反対運動について、わたしは残念ながらまったく無知だった。

佐倉の反対運動は、地主を中心としたものだった。一反八万円ていどの地価にたいして、中電から十倍ほどの価格が提示されると、あとは脱兎のごとく価格交渉にむかうようになる。周辺の地価もあがったので、営農のための代替地の手当は困難になるのだが、それはあとからの問題である。

「中電方式というのがあって、ひとつずついってくるんです。はじめはひとつつくらせてくれ、といっておいて、半年さきにはもう2号炉の話がでてくる」

既成事実を積みあげ、押しまくるやりかたである。1、2号炉の建設は、住民がなにもわからないうちに、独裁的にやられた。七七年六月の3号炉の増設申し入れにたいして、すでにふたつもあるから充分だ、との声がつよかった、と清水さんはいう。

増設のたびに、漁業権消滅地域が拡大されるので、漁民には漁業補償が支払われ、本人も土木工事などに吸収される。しかし、土地を売って協力した地主たちには、なんの恩恵もない。「佐倉地区対策協議会」（佐対協）が結成されたのは、1号炉の用地買収のときだが、これが旧地主の利害を守る交渉団体として、現在にいたっている。

七三年七月には、「㈱サービスセンター」を設立して、原子力館内での売店、構内作業の請負、緑化事業、ランドリー業務などをおこなうようになる。地元からだけでも、二〇〇人の雇用が確保され、老人にも仕事が与えられている。

利益は町内会に還元されているのだが、そのほかにも、中電から下水道工事費や町内会運営費などの名目で、「原発協力金」が年に一億円以上も支払われ、佐対協はその受け皿団体として、いわば、原発と地域住民との「共存共栄」のショーウインドウとして存在してきた。

ところが、3号炉、4号炉と小出しにされて原発が建設されたあと、九三年暮れ、中電社長は突如として、5号炉建設をもちだし、さしもの佐対協も憤然となる。

「4号炉分でもう敷地はいっぱい。それでおしまい、ときいていました。これまで充分に国策に協力してきたのに、県は公共事業の補助金はカットするし、なんのために協力してきたかわからない」

町議を四期、一六年つとめた清水さんはそういって、気色ばんだ。お金のことばかりではない。当初計画には4号炉まであったようだが、それを隠して、こんどは5号炉の建設まで押しつけてくる。

「不同意」は反対ではない、との解釈

芦浜への建設は三重県知事の反対もあって、中電はついに断

念せざるをえなかった。5号炉建設は、その側杖《そばづえ》である。阪神大震災もあって、東海地震の心配が強まっている。清水さんにとって、これ以上の集中立地は認められない。

「いままで事故がなくてよかった、との安堵感はあります。でも行政的にはウソばっかりですべての信用がなくなりました」

浜岡原発とはいいながら、立地は佐倉地区三分の一の土地を犠牲にしたもので、いわば「佐倉原発」といっても過言ではない。たしかに、町が立派になったのは事実で、これは反論の余地はない。公民館や生涯センターなどができた。

しかし、それはすべて原発のかねのおかげだ。だから、本当によくなったといえるのかどうか。殺人や傷害事件がふえ、人間の気持が大きく変化した。

清水さんのこのような冷ややかな口調は、中電の5号炉工事強行のあとになってでてきたものだ。それまでは町議の立場上、いえなかったこともあった。

佐対協は、九五年三月、5号炉増設にたいして、「不同意」の意見書を提出した。ところが本間義明町長は、「不同意」は反対ではない、と強弁して賛成あつかいしてしまった。いままで、町内には反対意見などなかったので、高を括っていたようだ。

が、佐対協と町、佐対協と中電との間には、「浜岡原発施設に重大なる変容のある場合は、佐倉地区の了承の上にたってそれに対処する」との「確認書」があった。それを一方的に踏みにじられた、との不信感が佐対協の会長だった清水さんには、強く残っている。

浜岡町議会は、定例議会でもなく、全員協議会でさえない、「議員懇談会」で、5号炉の「増設推進」を確認した。しかし、これは地元の佐倉地区からだされていた、「不同意」の意見書を無視したものだった。佐倉地区出身の三人の議員は沈黙をまもり、反対したのは一六人の市議のうち、共産党議員だけだった。

清水さんは、「話し合いがない」といういいかたをなん回かした。佐対協は反対団体ではなく、いわば協力団体である。その幹部でさえ、中電や町が自分たちと話し合わない、との不満が強い。民主主義が欠けている、との批判である。

「限度というものがあります。あとのことを考えないで、うっちゃらかしというのはありえないことだ。これから廃炉の問題があるんですから」

浜岡原発は、国道150号線に沿ってある。国道からはみえないのだが、製鉄所や造船所でさえ、こんなに身ぢかに感じられるのはめずらしい。道をはさんだ山側が佐倉地区だが、社宅や貸し屋が建設され、原発がひとびとの生活のなかにはいりこんでいるのがよくわかる。

「浜岡町原発を考える会」が発足したのは、佐対協が「不同意」の意見書を提出した一年後の九六年二月である。国道沿いに「5号炉建設絶対反対」と大書した看板を掲げ、反対の署名運動がはじめられた。

それまで、1号炉建設のころからも、原発反対の大きな集会がひらかれたことがなかったわけではない。しかし、地元のひとたちが声をあげたのは、それがはじめてだった。

華美な建物と謀略の横行

「考える会」の伊藤実会長(五九歳)によれば、地区のひとたちと、新潟県の十日町へ「雪祭り」を見物にいった。夜、宿舎で酒がはいったとき、若い連中(といっても四〇代だが)から、「中電の幹部が4号炉で終わりだ、といっていたのに、5号炉とはなにごとだ」との鬱憤が噴出した。

伊藤さんは意表を衝かれる想いだった。「時代が変わった」と実感した。彼は原発に反対だったが、行動はしていなかった。関西の大学を卒業して、サラリーマンになっていた。が、やがて帰郷して、父親がやっていた繊維工場の建屋をつかって、ガス器具の下請けをはじめるようになっていた。慰安旅行のあと、地域のひとたちに押されるようにして、反対運動をはじめるようになった。伊藤さんの工場は、原発から一キロも離れていない場所にある。

わたしは、伊藤さんに案内されて、一日一〇〇万円の赤字をだしている町立病院、二三億円もかかった温水プールなどを見学した。中電が建設した「原子力館」は、いままでに各地でみたこの種の宣伝用の建造物をはるかに圧倒する、これみよがしな巨大な二棟を上空でつないだ建物で、なぜ地域に不必要なものに大金をかけてつくるのか、理解に苦しむ。

ムダ遣いといえば、5号炉建設にともなう、国からの「電源三法交付金」七二億五〇〇〇万円を使って、これから五九億円の町民体育館、ケーブルテレビ三五億円などがつくられる。これらは町立病院のように、この地域には分不相応な建造物といえる。その維持費が赤字の発生源となって、町の将来の財政を圧迫するかもしれない。

原発はムダ金をエネルギーにしている。全国の原発立地地域にバラ撒かれている国のカネを新エネルギーの開発にむければ、原発麻薬のサイクルから脱却できるはずだ。

原発の運転がはじまった七九年、浜岡町にはいった固定資産税のうち、中電分が九一パーセントを占めていた。いまでも八〇パーセントていど。この原発への依存度が、電力会社の横暴をつくりだしている。

地元での集会や署名運動がはじまると、中電職員によって、車両ナンバーがチェックされて参加者が特定されたり、尾行がついたりしている、と伊藤さんはいう。もっと謀略的な話を芦浜原発の反対派のひとから聞いたことがある。原発建設だけにともなう暗い話である。

伊藤さんによれば、反対運動は彼よりもまた妻の真砂子さんのほうが熱心だそうだ。それには、浜岡原発の定期検査(定検)作業に従事していて、白血病で死亡した嶋橋伸之《しまはしのぶゆき》さんの遺族とのつながりが大きく影響している。

嶋橋伸之さんの両親は、息子夫婦と暮らすために、横須賀の自宅を引きはらって浜岡町にやってきた。が、それもつかのま、肝心の息子に死なれてしまったのだ。彼を採用していた孫請け会社は、異例にも三〇〇〇万円の弔慰金を支払った。「労災申請をしない」との約束によってである。放射能管理手帳は改竄されていた、という。

この事件は、九四年に労災として認定された。二〇〇一年五月下旬には、やはり定期検査の作業中に、心筋梗塞で三三歳の下請け労働者が死亡している。過労が原因とみられているが、ほかの労災事故とともに、中電は発表しなかった。

水野清志さん(五一歳)は、営繕など原発内の仕事などを請負っていた。伊藤さんたちがはじめた、5号炉建設の白紙撤回をもとめる署名運動に参加するべきかどうか、胃がチクチクするほど悩んだ。

一九歳のとき、水野さんの家の農地は、原発に土地を売った地主の代替地用として、中電に買収された。水野さんは農業を継がず大工になった。1号炉完成のときには、旧地主のひとりとして、落成式に招待されている。が、彼は4号炉建設のころから、原発のやり方に疑問をもつようになり、5号炉の強行で「許せない」と強く思うようになった。

署名は、有権者一万二〇〇〇人にたいして、約三五〇〇人と四分の一以上があつまった。

清水さんは、決然とした表情になって、こういった。

「自分とのたたかいだった。敵は自分のこころだった」

たしかに、社宅の内装や社員の持ち家の建設などの仕事は減った。が、いまは晴れ晴れとした気持だ、と水野さんは眼を上げていった。

原発反対運動は、依存から自立をもとめる、きわめて人間的な運動なのだ。

あとがき

原発を推進するひとたちのやりかたは、わたしにとって理解できないことが多すぎる。

たとえば、建設反対、という意見が地元に根強いのに、なぜそれを押し切ってまで建設をすすめるのか。

原発建設にたいして、農地を奪われる農民や漁場から追いだされる漁民たちが、生活がたちゆかなくなる、といって反対するばかりではない。直接的には利害関係のない、建設予定地周辺のひとたちも反対している。政府のいう「安全運転」を信頼しきれないからだ。

たしかに、チェルノブイリ事故のまえまでは、「クリーンエネルギー」などの宣伝の影響がまだ残っていたこともあって、世論は原発にたいしてさほど疑問を感じていなかった。だから、過疎地の発展をおもい描いたひとたちが、誘致したりしたことはあった。

が、しかし、七〇年代になると、スリーマイル島やチェルノブイリの大事故が発生する以前から、原発立地点や建設予定地などで、電力会社のけっして民主的とはいいがたいやりかたが、地域のひとたちに不信の眼をむけさせるようになっていた。

工業開発の歴史のなかで、最初のうちは地元とうまくやっていけなかった企業が、努力のすえ地域に受け入れられるケースはめずらしいものではない。その反対に、時間がたつにつれて、水俣病のチッソやイタイイタイ病の三井金属、おなじカドミウム鉱害の東邦亜鉛などのように、公害によって地元住民と対立するようになる例もある。

とりわけ、原発は立地してから時間がたつにつれて、ほとんど例外なく、しだいに疎ましい眼でみられるようになる。社会的に受けいれられない企業活動ならば、それは反社会的な行為といえるのではないか、というのがわたしの率直な疑問である。

つぎに疑問なのは、原発の施設から放水される「温排水」についてである。これについては、漁業被害があるとして、一定の範囲の漁場の漁業権が消滅させられる。その損害補償として、漁業権をもつ漁協に補償金が支払われ、それが組合員に分配される。

その分配の方法について、組合員から不満がでたりするのだが、そのことは措いても、沿岸の海草が枯れて魚が産卵場を喪ったり、広範囲に海水の温度があがっていることが、長い目でみて、生態系にどんな影響をあたえるのか、それが不安である。

放水管に貝類が付着しないために、薬品が使われている、ともいわれているので、その影響も心配である。それらはけっして、一漁協の被害だけですむものではない。空中に放出されている微量放射能の影響とともに、未来の環境と深くかかわっているはずだ。

　わたしは、炭鉱事故や閉山という、きわめて異常な事態をなんどか取材してきた。そのひとつの反省として、突発的な異常をみつづけていると、日常的に継続するちいさな異常に無感覚になっていく傾向がある。

　たとえば、炭鉱労働では、職業病としての「じん肺」はめずらしくない。取材先でその患者と会うことはすくなくないのだが、それでも爆発などの悲惨な事故によって、炭鉱労働の酷さをイメージしているため、日常的な疾患ともいえる「じん肺」に、さほど驚きを感じなくなっている。

　しかし、事故によってであれ、緩慢な破壊であったにせよ、あえて受ける必要のない苦痛と苦悩をあたえられていることに変わりはない。取材の慣れによって、ひとりの人間にたいする想像力が弱くなっているのを感じさせられていた。

　これから原発で発生するかもしれない極端な事故を想像して、その日からはじまるであろう生活の悲惨な崩壊と肉体的苦痛を、原発批判のバネにしたにしても、それはいわば仮定の話である。しかし、原子炉の定期修理（炉修）作業などによる下請け労働者の被曝は、日常的に、現実のものとして発生している。大事故の恐怖にくらべてみれば、それはちいさなものにしかみえないかもしれないが、人間の生命と生活がかかっている。無関心でいるわけにはいかない。

　最近になって、ようやく、白血病などによる被曝死もまた原発労働に因果関係があった、と国によって認められ、労働災害保険が適用されるようになった。被害者のほとんどが下請け労働者である。原発労働と被曝は、炭鉱労働とじん肺の関係などよりもはるかに深刻であり、かつ防止が困難である。被曝者を日常的に産みだす労働とは、はたして社会的に許されるべきであろうか。

　炭鉱が閉山したあと、その地下には、四通八達の暗闇の空洞と膨大な「じん肺」病患者が遺される。原発はそれどころではない。もしも、いますぐ事故にもあわずに、ぶじに操業停止したにしても、その周辺に膨大な被曝労働者と核汚染廃棄物を遺すことになる。

　使用済み核燃料など、高レベル核廃棄物は、「最終処分場」にはこばれることになっている。ところが、福井県若狭湾に面した美浜原発が稼動してから、すでに三〇年たっているにもかかわらず、最終的にどこに捨てるのか、その候補地さえ決まっていない。

　それでも、原発特有の秘密主義と欺瞞によって、すでに北海道の幌延、岐阜県の東濃地区（土岐市、瑞浪市）、岡山県と鳥取県との県境にある人形峠、さらにはすでに高レベルの核廃棄物がはこびこまれている青森県の六ヶ所村、などが狙われている、といわれている。

それぞれの地域をわたしも歩いてみたが、幌延、東濃、人形峠などでは、すでに深層地処分のひとつの条件とされている、一〇〇〇メートル級のボーリング工事がおこなわれ、地中から採取された資料が分析されている。

これらの地域が、永久処分の条件としての「自然バリア」が必ずしも十全なものではないとしても、「人工バリア」（ガラス固化体や粘土の緩衝材）などによってカバーできる、というのが旧動燃の技術者の説明だった。

しかし、いつか予測以上の天変地異によって、深層地に埋設された人工バリアが壊れたとき、はたしてどのような被害がでるのか、などは想定されていない。

「最終処分場」の候補地が発表されていないのは、地元の反対運動が鎮まるのをまっているからだ。既成事実を積み上げていくのが、これまでの政府の政治手法である。六ヶ所村への核施設の建設が、用地買収のときには伏せられていたのとおなじ、隠密作戦である。

最終処分場建設の前に、各原発サイトに溜まった廃棄物をなんとかしなければならない。そこで建設がすすめられることになったのは、「中間貯蔵所」である。東京電力は、壮大なムダ遣いに終わった「原子力船むつ」の母港が建設された、青森県むつ市をその候補地と決めた。

ここにはすでに日本原子力研究所の廃棄物貯蔵庫が建設されている。そのこともあって、むつ市は引き受けることにした。ここが「中間貯蔵所」の第一号になりそうだ。あとはどこにつくられるか、まだ各電力会社は発表していない。これまで、噂にのぼっているのは、鹿児島県馬毛島、石川県珠洲市、人形峠などだが、むつ市の南側に位置している東通村には、東電と東北電力が買い占めた、膨大な未利用用地があり、六ヶ所村にもまだ土地が余っている。

核廃棄物の貯蔵は、民間の倉庫業者にもあつかわせる、というのが国の方針で、深層地にこだわらない、としているので危険性はたかい。つまり、「中間」貯蔵という名目によって、「最終」処分場のように、一〇〇〇メートル級の竪穴を掘って地層に埋設することなく、地上の建屋内に保存できる。

わたしの疑問は、「高」レベルの放射性廃棄物が、さまざまな高濃度の放射性物質を内包してまだ生々しい時期に地上に置かれ、五〇年ほどたって、いくつかの物質の半減期が過ぎたあとになって、ようやく、地中にふかぶかと葬られるという点である。それだったら、すでに深層処分する意味はない。いかにも欺瞞的だ。「中間処分所」ですまされてしまわないかどうか。

その間の原発内での保存、運搬、受け入れ、貯蔵など、労働者が関わるときに、被曝しないかどうか。なん十年のあと、もしも中間貯蔵場から最終処分場へ移すとき、事故が発生しないかどうか。操業時の不安に勝るとも劣ることのない不安である。

どうして、原料の採掘、精製、加工から最終処分まで、そのすべての工程が、神ならぬ人間の手には余るものを、いまでもなお生産しつづけているのだろうか。

さらに、原発の問題点を挙げれば、その危険性が忌避されて、立地を引き受ける地域がないために、政府と電力会社ともども、すべての問題をカネで解決しようとする風習をつくりだしたことである。バラ撒き政治というなら、これほど露骨で、これほど退廃したやりかたはない。

いわば、俗にいうなら、ストーカーであり援助交際である。あらゆる手段を弄し、カネをそそぎこむ、その事例の検証がこの本のテーマだが、残念ながら、その手口のすべては書きつくされていない。

人心の汚染、それが環境汚染の前にはじまり、自治体の破壊、それが人体の破壊の前にすすめられてきた。

この本は、「週刊金曜日」に、一九九九年二月から二〇〇一年九月まで、断続的に連載したルポルタージュに手を加えたものである。取材協力者として、登場していただいた方々の年齢は、当時のままとさせていただいた。「週刊金曜日」編集部の伊田浩之さんに励まされながら、ようやく書き進めることができたものである。なお、集英社新書にいれていただいたのは、原発問題に関心をもちつづけている鈴木力編集長のこだわりによっている。みなさん、ありがとう。

二〇〇一年九月

鎌田　慧

資料　原発取材をはじめた頃
わが同志・樋口健二さん

樋口健二さんと最初にお会いしたのは、学習図書を発行している、ちいさな編集部だった。そこの編集者だった西村良平さんが、理科教師向けの原発スライドをつくろうと発案して、わたしに電話がかかってきたのだと思う。こうしていまは亡き高木仁三郎さんと樋口健二さんとの三人でお会いすることになった。高木さんとは三里塚（成田空港）反対闘争で知り合っていた。おなじ歳だが、樋口さんはわたしたちよりひとつ上である。

スライド作成は、樋口さんの写真を構成し、わたしがナレーションを書き、高木さんが解説を書く、という役割分担だった。一九七四、五年ごろのことだったと思う。

と、書いてから不安になった。それで樋口さんになん年ぶりかで、確認の電話をかけてみた。彼は相変わらず、元気な声だった。なん年も会っていなかったが、たがいに福島第一原発事故のあと、それぞれ集会に呼ばれて、反原発、脱原発の話をしていることはわかっている。

たしか、そのちいさな出版社は杉並に事務所があった。樋口さんとわたしはそこで会ったのが最初、と記憶していたのだが、樋口さんに言わせると、わたしが彼を高木さんの事務所に案内した、それが最初の出会い、というから、往時茫々、まるで「藪の中」である。

高木さんは都立大学の助教授として未来を嘱望されていたが、卒然として大学をやめ、反原発の運動をはじめていた。

それはともかく、編集者からの電話をわたしが受けて、わたしたちは三人で仕事をした。スライドはあまり売れなかったようだ、と樋口さんはいま証言している。原発に反対するスライドなど売れるような時代ではなかったし、もともと、樋口さんは「売れないカメラマン」をモットーにしていたし、高木さんもわたしも、それほどマスコミに好かれているほうではない。

樋口さんの原発内部の労働を撮った写真は、あまりにも有名である。世界的なスクープといっても過言ではない。原発内部の不気味さと、労働の過酷さを写し撮った、きわめて貴重な写真である。ここで働く、農民、下請け、孫請け労働者の姿は、そのまま被曝労働者を生み出す労働を撮っていて、反原発運動にどれだけ貢献したかわからない。

この一連の写真は、樋口健二の前にも、樋口健二のあとにも、原発の「放射線管理区域内」とその労働を撮ったカメラマンはだれもいない、という栄誉を示している。

が、この歴史的な写真が撮られたのは、スライド制作から二年ほどしてからである。敦賀原発の広報担当者をめちゃめちゃ説得して、実現した。

原発内部を撮影させせろ、と要求した樋口さんのドンキホーテ的夢想の実現をみて、わたしはアタマを殴られるほどのショックを受けた。原発取材は取材拒否と妨害がつきものであって、本丸に乗り込むことを考えるなど、わたしにとっての「想定外」だった。原発ジプシーを書いた堀江邦夫さんが美浜原発で働き始めるのは、その一年後である。

被曝労働者の労働とその後の被曝患者たちは、いまのフクシマの戦場のように、だれにも管理できていない、というより人海戦術の使い捨て「兵士」などは、だれも見むきもしない。これらの写真は、フクシマ以後の時代を予見していた。

この写真集によってわたしたちは、原発を停止した社会になったとき、もっとも野蛮で危険な労働を押しつけていたものの、確信犯的な犯罪行為を証明することになろう。

といいながらも、じつはわたしが好きな写真は、初期の頃の柏崎原発反対闘争の写真なのだ。柏崎原発反対同盟のデモの写真は、樋口さんしか撮っていないものだ。

風の吹きすさぶ日本海の柏崎の荒浜を、地元住民のデモ隊が行く。涙がこぼれるほどに懐かしい写真である。この人たちの中には無くなった人も多い。それでも、当時、二十代の青年たちは、いまなお反対運動をつづけている。三十八年前の忘れがたい光景である。旗竿を握り締めている女性の、穏やかな見据えるような、無心の表情も印象的だ。

海岸の団結小屋には、よく泊めていただいた。樋口さんもここを根拠地としていたはずだ。わたしは樋口さんから、これらの写真をお借りして、『工場への逆行』(一九七五年、柘植書房)という本を上梓した。『原発列島を行く』(二〇〇一年、集英社新書)など、その後の一連の原発地帯を書いた本の表紙や文中の写真も、たいがい樋口さんからお借りしている。

わたしが必要とするどんな原発地帯の写真でも、樋口さんがもっている。その安心感がある。おそらく樋口さんも否定しないと思うのだが、わたしたちは同志的な連帯感で結ばれている。

柏崎原発反対闘争の写真が、わたしにとって懐かしいのは、そこが反原発運動の最初の取材地だったからだ。樋口さんにとってもそうである。カメラマンやライターは、取材しながら、だれが先に取材にはいっているのか気になるものだが、彼も取材の合間にそれを聞いた、という。

「カメラマンではだれもきていない。ライターなら鎌田さんという人がきている」

との返事が返ってきた、と言う。わたしたちは、偶然、おなじ時期に、柏崎刈羽原発反対運動から原発取材を開始した。ふたりとも、公害反対運動からの転戦だった。

わたしはそれから、四国の伊方原発反対闘争に向かったのだが、樋口さんは原発地帯をまわりながら、一挙に本丸を攻める作戦をたてていたのだ。その周到さと粘り強さを、後進のカメラマンは学んで欲しい。

やがて原発がなくなったとき、この写真集に映し出されている現実を、後世の人たちがどう読むか、それが楽しみである。

二〇二五年一月

鎌田　慧

あとがき

国を滅ぼす原発総動員体制

鎌田慧

まるでほとぼりが冷めるのを待っていたかのように、というか、それとも臆面もなく、というべきか。政府は二〇二四年末にまとめた新しい「エネルギー基本計画」で、「原発の最大限活用」の方針に転換するという。

福島第一原発の三基連続爆発と核燃料のメルトダウン、という最悪、最大の原発過酷事故を発生させ、被災者たちは仕事と農地を喪い、故郷を追われ、自宅に帰れず、破壊された生活と戦い続けている。仮住まいの人たちも多い。

そのような悲惨を横目に見ながら、あの大事故のあと「可能な限り原発依存度を低減する」という、政府の反省と誓いを振り捨て、「原発の最大限活用」、「低減」（最小限へ）から「最大限」へと、裏切りというべき、一八〇度の転換を指示したのは、岸田文雄・前首相だった。二〇二二年、「GX（グリーン・トランスフォーメーション）」とのいい方で、経済財政運営のための「骨太の方針」として、原発回帰に転換した。犯罪的な経済第一主義である。企業の儲けのための安全無視政策、と言っていい。

岸田内閣の「GX」基本方針はそれでもまだ遠慮がちに、リプレース（「建て替え」）は、「廃炉を決めた原発の敷地内」に限定していた。が、三年に一回改定に当たる石破茂首相の「エネルギー基本計画」では、「同じ電力会社なら、他の原発敷地内でも作れる」という電力会社の欲望のままのプランを押し出した。

しかし、どこでも構わずリプレースを認め、新増設もOKの大盤振る舞いにしても、果たして、かつて五千億円、いま一兆円と言われる原発建設費、夢想的な笛吹けど踊らず、にならないかどうか。

石破茂首相は総裁選挙までは、原発について「ゼロに近づけていく努力を最大限いたします」、再生可能エネルギーの可能性を引きだして行くと強調していた。前任者の岸田文雄首相もおなじことを言っていた。が、たちまち転向。石破首相もその転向の軌跡を追った。首相になると財界スポンサーの手前、原発を減らすとはいえないようだ。

福島原発大事故から十三年がたって、保守党は電力業界や重工業界の意向に沿うようになる。手が混んでいるのは、国民民主党の玉木雄一郎党首の動きだ。就任直後、石破官邸に乗り込み、原発の新増設を進言した。国民民主党を支える、電力や重工業系労組などの要求に応える素早い行動だ。労組の要求は経営者の欲望の代弁でもある。とにかく、当面の利益のためには、国の将来、国民の安全などは斟酌しない。被害者の現状なども眼中にない。とにかく儲け、エゴイズムというべきか。

年の暮、福島原発事故の被災者団体は五団体連名で、内堀雅雄県知事と面会し、加害者側の横暴に異議を唱えるよう、申し入れた。この席で、福島原発訴訟の中島孝原告団長は、「原発事故で苦しんできた県民を愚弄するもの。知事には、福島の十三年間の痛苦と二度と事故を起こさない姿勢を国に示す必要があると思う。福島だけ原発ゼロにすればいいということではない」と主張した（「東京新聞」十二月二十七日）。

この言葉に自分たちの苦しみを最後にしたい、との思いが込められている。「ノーモア・ヒロシマ」、「ノーモア・ナガサキ」、「ノーモア・フクシマ」。核の被害者共通の、世界にむけた訴えだ。大量殺人兵器の原爆と「核の平和利用」（原発はこう強弁されてきた）とを問わず、核の被害者はおなじ苦しみを苦しんでいる。

「設備があるのに稼働していない原発を複数持つのは世界中で日本だけだ。安全性を確保し、国民理解を得た上で、既設炉を最大限活用することができればその分、火力発電を使う必要もなくなる……脱炭素を達成するには、原発が最も効果的な電源である」（小山堅・日本エネルギー経済研究所専務理事、「毎日新聞」十二月二十七日）。

というような意見は、まだまだ根強い。原発が脱酸素の決め手、とするのだが、論拠は弱い。

いま、再稼働できないのは、原子力規制委員会の規制による。原発が建設された時代、地震の活断層に対する知見は弱かった。たとえば、昨年一月、能登半島大地震が発生したが、それを引き起こした活断層に気づくことなく、珠洲市には七〇年代から、関西電力と中部電力の原発建設計画があり、誘致派と反対派との対立が激しかった。

二〇〇三年になって、両電力は建設断念を発表した。しかし、もし原発が建設され稼働していたなら、マグニチュード七・四の能登半島大地震に遭遇して、フクシマのような大事故になっていたであろう。だから、反対運動が惨事を防いだ、と言える。おなじ能登半島にある志賀原発は、一号炉、二号炉ともに、能登半島北岸断層帯に直面している。はたして、運転再開が認められるかどうか。

福井県の若狭湾内にある、日本原子力発電・敦賀原発一号炉はすでに廃炉、二号炉は規制委員会の審査で「不合格」とされた。そればかりか、活断層だらけの日本では、もはや原発どころではない。これまで五十四基建設されたが、二十一基がすでに廃炉。再稼働しているのは十三基だけである。

能登半島大地震のあと、若狭湾内にある関西電力の美浜、大飯、高浜などの原発への不安が強まっている。とりわけ、敦賀原発の敷地内を走る「浦底断層」が不気味だ。敦賀二号炉ばかりか、首都圏にある、日本原子力発電の東海二号炉、東京電力の柏崎刈羽の六、七号、中部電力の浜岡三、四、五号炉などの再稼働は、危険極まりない。

福島原発の大事故が発生して、日本の原発は全面ストップした。十三年が経っても、いまだ二万数千人が不自由な避難生活を続けている。それを尻目に原発の新増設を唱えるのは不見識である。事故に対する避難訓練をさせながら、再稼働をもとめる自治体の首長。使用済み核燃料の最終処分場もないのに、とにかく、われがちに再稼働を優先させようとしている。それでいて、事故が発生しても誰も責任を取らない、無責任政治は許されない。

それもあって、新エネルギー基本計画には、「発電所の建設支援制度「長期脱炭素電源オークション」を改定して、原発の建設費や廃炉費を電力料金に上乗せして、確実に回収できるようにする制度の導入についても盛り込む」（「朝日新聞」十二月十二日）。

これは全国の消費者が支払う電力料金で、電力会社の経費を賄おう、というぼったくり方針だ。これがあれば鬼に金棒、なんでもできる。というのもすでに実証済みの方式なのだ。たとえば、九三年四月に着工された、青森県六ヶ所村の核燃料再処理工場は、三十一年経ったが未だ完成していない。

三十一年もの長期の建設期間は、バルセロナ（スペイン）のサグラダファミリア教会には及ばないにしても、蓋し世界的な難工事といえよう。試運転運転停止は、二〇〇九年一月。それ以来コトリとも動いていない。それでも日本原燃は倒産することなく、ずっと黒字計上である。

その秘密は、全国の電力会社に支払われている電気料金から、経費が天引きされているからだ。親方日の丸、国民強制天引き。しかし、その一人一人に支えている感覚はない。

この核燃サイクル計画が正式に発表されたのは、八四年七月。九五年が操業開始予定だった。だが、実際の計画は六八年からすでにあった。六九年五月、閣議決定された「新全国総合開発計画」の中に、すでにふくまれてあったが、秘密にされてきた（拙著『六ヶ所村の記録』一九九一年刊）。

原発は電力会社の経営させている国家的事業である。経営破綻したはずの東京電力が黒字企業として生き残っている。政府はさらに原発を新設させようとしている。その経費も電力料金に加算させる。電力会社と電機会社とそれら労組を背景に持つ、国民民主党が、石破首相に原発の新増設を進言した。原発に批判的だったはずの石破首相、いまは反対を唱えなくなった。

初出及び底本一覧

日本の原発地帯
初出『日本の原発地帯』一九八二年四月、潮出版社
『日本の原発地帯』一九八八年七月、河出文庫
『新版　日本の原発地帯』一九九六年十一月、岩波書店
『日本の原発地帯』二〇〇六年九月、新風舎文庫
底本『日本の原発危険地帯』二〇一一年四月、青志社

原発列島を行く
初出「週刊金曜日」一九九九年二月五日号～二〇〇一年九月七日号
底本『原発列島を行く』二〇〇一年十一月、集英社新書

原発取材をはじめた頃　わが同志・樋口健二さん
樋口健二写真集『原発崩壊』解題　二〇一一年八月、合同出版

・本書は、右の単行本・雑誌を底本としました。
・単行本に収録された著作については、最新のものを使用しました。
・本書収載にあたり補筆・修正した箇所もあります。振り仮名は新たに振りました。

鎌田 慧（かまた・さとし）

1938年青森県生まれ。弘前高等学校卒業後に上京、零細工場、カメラ工場の見習工などをへて、1960年に早稲田大学第一文学部露文科に入学。卒業後、鉄鋼新聞社記者、月刊誌「新評」編集部をへてフリーに。1970年に初の単著『隠された公害：ドキュメント イタイイタイ病を追って』（三一新書）を刊行。以後、冤罪、原発、公害、労働、沖縄、教育など、戦後日本の闇にその根を持つ社会問題全般を取材し執筆、それらの運動に深く関わってきた。東日本大震災後の2011年6月には、大江健三郎、坂本龍一、澤地久枝らとさようなら原発運動を呼びかけ、2012年7月、東京・代々木公園で17万人の集会、800万筆の署名を集めた。2024年現在も、狭山事件の冤罪被害者・石川一雄さんの再審・無罪を求める活動などを精力的に行っている。

主な著書

『自動車絶望工場：ある季節工の日記』（1973年、現代史資料センター出版会、のちに講談社文庫）
『日本の原発地帯』（1982年、潮出版社　のちに岩波書店）
『死刑台からの生還』（1983年、立風書房　のちに岩波現代文庫）
『教育工場の子どもたち』（1984年、岩波書店）
『反骨 鈴木東民の生涯』（1989、講談社　新田次郎文学賞受賞）
『六ヶ所村の記録』（1991年、岩波書店　毎日出版文化賞受賞）

鎌田《かまた》慧《さとし》セレクション―現代《げんだい》の記録《きろく》―3
日本《にほん》の原発《げんぱつ》地帯《ちたい》

二〇二五年一月三十一日　初版第一刷発行

著　者　鎌田慧
発行所　株式会社 皓星社
発行者　晴山生菜
〒一〇一-〇〇五一
東京都千代田区神田神保町三-一〇　宝栄ビル六階
電　話　〇三-六二七二-九三三〇
FAX　〇三-六二七二-九九二一
ウェブサイト　URL http://www.libro-koseisha.co.jp/
メール　book-order@libro-koseisha.co.jp
印刷・製本　精文堂印刷株式会社
落丁・乱丁本はお取替えいたします。
ISBN978-4-7744-0843-9

鎌田慧セレクション―現代の記録―

第3巻
2025年1月

〒101-0051 東京都千代田区神田神保町3-10-601
TEL 03-6272-9330 FAX 03-6272-9921
e-mail book-order@libro-koseisha.co.jp
URL https://www.libro-koseisha.co.jp/

皓星社

鎌田さんと飲んでいます

石川文洋
（報道カメラマン）

鎌田慧さんと私は同じ1938年生まれ。同時代を生きてきたという感じを持っている。鎌田さんは北の青森、私は南の沖縄で生まれた。

鎌田さんと初めて会ったのは1976年「三里塚闘争」の現場。当時、政府は羽田空港だけでは世界の航空業界に対応しきれないと千葉県に成田国際空港建設を計画していた。成田空港の広い建設予定地には農民が住み農地がある。

政府は国策として警察機動隊を使って農地、農村を収用しようとした。空港建設に反対する農民は闘争小屋を建て少年、老人を含めた行動隊で国家権力と闘った。それに学生、政党、労働組合も加わっていた。

鎌田さんは農民の立場から「三里塚闘争」を取材していた。私は5年間のベトナム戦争撮影から帰り朝日新聞に入社、出版写真部員として空港建設闘争を撮影していた。

鎌田さんとのつき合いは酒を伴っている。しかし、「三里塚闘争」の時、一緒に飲んだことはない。私は1984年、新聞社を退社してフリーになった。その頃から鎌田さんと個人的つき合いが増えた。辻元清美、吉岡達也ほか若者たちが始めたピースボートに85年から乗船していたが87年、シンガポール―ベトナム―沖縄コースで鎌田さんと一緒になった。私たちは水先案内人（講師）として乗船していた。

二人で何を話し合ったかは忘れたが船の中で酒を楽しんでいた。まだ50歳前だったから夢や希望などの意見を言ったかもしれない。その後、石坂啓、辻元清美、鎌田慧、灰谷健次郎、本多勝一、前田哲男のピースボート仲間で船中、都内、わたしの住む諏訪市、灰谷さんの住む熱海市などで時々、酒を飲んだ。

03年北海道から沖縄まで徒歩の旅をした。12月10日那覇市ゴールの時、灰谷さんがわざわざ来てくれた。

祝賀会の乾杯のビールは私にとって人生最高の味だった。灰谷さん、鎌田さんもジョッキを上げてくれた。鎌田さんと親しい彫刻家の金城実さんも加わって一言ずつ挨拶をしてくれた。二次会で海勢頭豊さんの店「パピリオン」に行き泡盛を大いに飲んだ。

鎌田さんを尊敬するのはカメラマンの私より各地を歩き多くの人に会っている。ずっと沖縄にも目を向け、沖縄戦、米軍支配下の沖縄、米軍基地、沖縄復帰、辺野古基地新建設などの原稿を書いていることだ。

鎌田さんに悪かったと心に残っていることがある。06年7月、灰谷さんが一度行ってみたいという修善寺の旅館に石坂さん、辻元さん、鎌田さんと泊った。一泊5万円とのこと。私はそんな高い旅館に泊まったことがなかった。庭の池で小舟に乗った女性が新内節を謡った。夕食は本格的な懐石料理だった。食事中酒を飲み食後に宿のバーに行き又、飲んだ。そこまでは良かった。鎌田さんと私は相部屋だった。今は直っているようだが当時、私は眠っていて高い鼾をしていたようだ。

翌、早朝鎌田さんは講演があると帰った。今でも高いお金を払って十分に睡眠もとれず済みませんでしたという気持ちでいる。

この7月、石坂啓さん、妹のチズコさん、鎌田さんと新宿のビアホールで楽しい酒を飲んだ。「元気で飲めるうちに飲んでおこうや」が鎌田さんの口ぐせである。

ウンドウ仲間のこと

中山千夏（著述業）

出会ったのはいつのことだったろうか。

とにかく子役出身の俳優でテレビタレントで歌手でもあった私が、アメリカ発の「ウーマンリブ」を入口に、いわゆる「ウンドウ」なるものに首を突っ込んで間もないころ、だったに違いない。

そのおかげで、知り合いの種類が格段に増えた。それまで芸能界と出版界の知人ばかりだったところへ「運動家」が加わったのだ。それは社会の改革を考え活動するひとたちで、一般市民、教師や教授、著述家、そしてジャーナリストからなっていた。

カンパ以外には金銭のからむ仕事関係はまるでなく、かといって私生活の関係もなく、ただ世の中を改善するために、私たちは集まり、語りあい、行動した。

そこに鎌田慧さんの姿を認めてほぼ40年。

それから主として冤罪関係のウンドウなど、ちょこまかお手伝いしてきた。

この27年間は、これもウンドウ仲間だった色川大吉さんに誘われて「日本自費出版文化賞」の審査員に席を連ねている。昨年、色川さんが亡くなったあと、鎌田さんが審査委員長の任を受け、仲間とともに、膨大な自費出版物の審査に当たっている。

おかげで、最低年2回は鎌田さんと会って、あれこれ楽しく話している次第だ。

もちろん我々同様、昔日よりもお老けになった。でも、そのゆっくりと精力的な、たとえるならば竜宮城の大亀のような活動は、まったく衰えない。人柄は彼のウンドウそのもの、誰に対してもちっとも威張らず共闘する。そんな鎌田さんがどれだけ数々のウンドウに寄与してきたことか、このたびの出版でずいぶん明らかになることだろう。

ちなみに、鎌田さんは遅刻の達人である。仕事していると、つい出発時間を忘れてしまうらしい。そのたびに平身低頭する鎌田さんに、仲間はただ苦笑するのみである。

人生の羅針盤と接して

斉藤光政
（東奥日報特別編集委員）

「ノンフィクションの世界は経済的にとても厳しい。雑誌が元気がない上に、この出版不況ときてるでしょう。取材費もまともに出ないからね。ノンフィクション作品でベストセラーは難しいから印税だって限界があるし…。『食べていけてますか？』『生きていますか？』が、今やルポライター間のあいさつ代わりなんですよ」

この重厚なるセレクションの主人公である鎌田慧さんの言葉である。同郷ということで時々お会いし、酒を酌み交わし、教えを請う間柄だが、現代日本を代表するこのジャーナリストの口から漏れてくるのは、フリーライターが置かれている現状の厳しさを嘆く声だ。社会に対する苦言と言ってもいいのかもしれない。形なりにも物書きの群れの端っこに身を置き、いくばくかの本を出している身としてもズシンと響いてくる言葉である。

かといって、86歳の歴戦のルポライターが歩みを止めることはない。「さよなら原発運動」を呼びかけ、「戦争をさせない1000人委員会」に名を連ね先頭に立ったのは記憶に新しい。根っからの行動するジャーナリストなのだ。東京新聞の名物コーナー「本音のコラム」にも週1回のペースで寄稿し、ベテランらしい鋭い提言を披露し続けている。「近頃は書くことより会合が多くて…」と本人は照れることしきりだが現役バリバリのライターなのである。

実は、そんな彼に人生の進路について相談したことがある。過去の話でとっくに時効だろうから率直に話してしまおう。読売新聞と朝日新聞から相次いで移籍の誘いが来たのだ。さすがに天下の全国紙、提示されたポジションとギャラにクラクラときた。だがその時、鎌田さんはこう言い放った。

「そりゃあネームバリューはあるし、待遇もいいかもしれない。だけど、ただの記者で終わっちゃう可能性が高いよ。それより自分の育った場所の地方新聞で、それも得意なジャンルで独り気を吐いていた方がいいんじゃない」

目先の金や地位より実を取れと諭したのだ。もちろん、私程度の記者なら掃いて捨てるほど全国紙にいることを知った上でのありがたい助言だった。頭がスーッと冷やされた。

選りすぐりの優秀な記者たちと伍して限られた紙面スペース争いに汲々とするより、地方紙でゆったりとマイペースで、しかしオリジナルで濃いニュースを書いて気を吐いていたほうがいい、と鎌田さんなりに言いたかったのだろう。それは現場で書くこと、さらには独自のテーマを追究することに重きを置いてきた鎌田さんならではの、同郷の後輩に対する〝親心〟だったと今では受け止めている。

この原稿に付いている私の肩書を見てお分かりのように、その時私は現在の地方紙に残る決断をし、そして今がある。少しやせ我慢も入っているが、それを後悔してはいない。「現場で書く」という作業を、それも自分が最も関心あるフィールドで今なお続けられているからだ。その意味では鎌田さんに深く感謝している。

現に、この原稿は長期滞在するストックホルムのホテルの一室で書いているが、軍事・防衛・基地問題という長年取り組んできたジャンルの取材のためである。現時点であまり手の内は明かせないが、私が所属する地方紙の2025年の目玉企画と位置づけられている。ウクライナ危機に対して揺れ動くNATO問題を追いかけているのである。

人生の大きな岐路に立ちすくんだ時、さりげなくも的確な言葉で後進を導く先駆者。それが鎌田慧なのだと思う。彼が「絶滅危惧種だよ」と苦笑する、ルポライターという存在を目指す者たちにとって、暗夜の荒波に光る灯台のような存在と言ってもいいのかもしれない。

　だから言わないでください。「故郷の津軽はおれを覚えているのかな」なんて寂しい言葉を。忘れるわけないじゃないですか。巨人なんですから。羅針盤なんですから。

「鎌田さんと父と私」

佐川光晴（小説家）

　鎌田さんの名作『椎の若葉に光あれ　葛西善蔵の生涯』（講談社１９９４年）は、葛西善蔵（１８８７〜１９２８）と同じ青森県弘前市に生まれ育ち、若いころ葛西のもとに出入りし、その強烈な個性に「へとへとにさせられた」石坂洋次郎（１９００〜１９８６）による回想から始まるが、第二章「雪をんな」の冒頭に以下の記述がある。

「高校生のとき、わたしは、いつか葛西善蔵の生涯について書きたいと、希った。弘前市の寺院街にちかい、石坂洋次郎と同じ地区に生まれ育っただけに、石坂の「わが日わが夢」や「石中先生行状記」は、ごく身近な風物詩として愛読していた。しかし、それでも、わたしは、葛西により強く惹かれていた。鬱屈した高校生にとって、破れかぶれの負け戦、その悲惨さが、石坂の明るさよりもはるかに快かったようなのだ。」

　40年ほどの時を隔てて「同じ地区」に育った石坂洋次郎と鎌田慧（１９３８〜）は共に朝陽小学校を卒業している。そこは私の父・光徳（１９３８〜）の母校でもあって、新寺町に生まれ育った父は小学１年生のときから鎌田さんと交友があったそうだ。

　そのことを知らされたのは、２０００年に新潮新人賞小説部門を受賞した私のデビュー作「生活の設計」の単行本を鎌田さんが『週刊金曜日』誌上で書評してくださったあとで、「鎌田さんに紹介することもできるけど」と父に言われた。

「いや、いいよ。会うときがきたら会うだろうから」

　失礼極まりない言を吐いたのには理由がある。受賞の４カ月後に36歳で退職するまでの10年間、私は大宮食肉荷受株式会社作業部作業課に勤務して、１日平均１００頭ほどの牛をナイフによって解体していた。「生活の設計」には、大学卒業後に勤めた出版社を１年で辞めた「わたし」が慣れない肉体労働に四苦八苦する様子や家庭生活がほぼそのまま描かれている。

周知のように、鎌田さんには『ドキュメント屠場』(岩波新書1998年6月発行)がある。新聞広告で見て、早速購入したものの、私は目次と〔参考資料〕全国食肉市場一覧にザッと目を通しただけで、本文は読まなかった。すでに「生活の設計」の大枠は書き上がっていたが、この段階で高名なルポライターの影響を受けたくなかったからだ。

父と鎌田さんの間柄を知ったあとに、私は『ドキュメント屠場』を読んだ。O157対策のために見学した芝浦屠場以外はまったく知らなかったので、とても勉強になった。どの業界でもそうだろうが、同業他社の内情には疎いものであって、その後に会った芝浦屠場の人たちも、大宮の屠場については、「生活の設計」で初めて知ったと言っていた。

鎌田さんには、2022年の秋、初めてお目にかかった。

「佐川光徳の長男、光晴です」

後にも先にもしたことのない名乗りが口をつき、そうした挨拶ができたことが嬉しかった。鎌田さんのご活躍は衆目の知るところだが、私の父も、1歳下の母と共に、神奈川県茅ヶ崎市の公団住宅でつつがなく暮らしている。

同じ津軽出身の太宰治から「小説の名手」と称えられた葛西善蔵は41歳で没した。葛西らと共に同人雑誌『奇蹟』を創刊した谷崎精二(潤一郎の実弟)は『葛西善蔵と広津和郎』(春秋社)の「あとがき」で、「人の一生がいかに短いかは、長生きしなければわからないと云われるが、齢八十を越えて心身ようやく衰えを示した今、書いたものを纏めるのは私として一つの後かたづけに近い感がする。」と述べている。

本セレクションの月報に一文を寄せられる縁に深く感謝している。

青森県版で紹介した鎌田さんの半生

出河雅彦
(ジャーナリスト)

私が初めて鎌田さんに会ったのは二〇一三年一〇月のことだった。面会の目的は原稿の依頼である。

当時、私は五三歳。朝日新聞の総局長として青森総局に赴任してちょうど半年が経っていた。各都道府県に置かれた地方総局の仕事の中心は、各県版に掲載する記事の出稿である。私の退職後、総局機能の再編・統合が進み、いまはさらに地方記者が減らされていると聞いているが、私がいた当時の青森は総局長、デスク以外に記者は一〇人。社内では「限界総局」と言われていた。二ページの県版を埋めるため、東北六県の総局記者が交代で書く記事や社外筆者の寄稿は不可欠だった。

その社外筆者の原稿は総局長の担当だった。赴任当時、社外の執筆者グループによる観光をテーマにしたシリーズが長期に及んでいたので、新しい寄稿者探しを始めた。

青森に赴任するまで、私は東京で長く医療問題や社会保障政策を取材してきた。担当した領域は非常に限られ、青森県に集中立地する原発・核燃施設のことは無知に等しかった。日本の原子力政策と青森県の戦後史のにわか勉強を始めた。手に取った本の中に、鎌田さんの『六ヶ所村の記録』があった。巨大開発計画と国策にほんろうされつづけた村と、そこに住む人びとの暮らしを、四〇年以上にわたって執拗に追った取材記録に引き込まれ、その重量感に圧倒された。

六ヶ所村を中心とした地域での巨大開発計画が石油ショックのあおりで破綻した後、電気事業連合会が核燃施設の立地を青森県に要請した一九八四年から数えて三〇年となる節目の年(二〇一四年)が目前に迫っていた。原発・核燃問題に関して鎌田さんに寄稿を頼む手もある。それがだめでもせめて総局の記者の勉強会に来てもらえたら。そう考えた私はさっそく鎌田さんに手紙を書き、面談を申し込んだ。

二〇一一年三月に起きた東京電力福島第一原子力発電所の事故後、鎌田さんは国に「脱原発」への転換を求める「さようなら原発1000万人署名市民の会」の運動に忙殺されていた。会ってもらえるか心配だったが、すぐに連絡をくれた。

初対面の私は緊張していたが、偉大な先輩取材者は実に気さくな人だった。巨大開発の影を追い続けた動機を尋ねる私の質問に、「高校を出て大学に入るまでの三年間働き、旋盤工や印刷工などの労働者の姿を間近で見たことです」と答えた。

この時の取材ノートには次のような鎌田さんの言葉が残っている。

「少数者にリスクをおしつけるやり方」

「労働構造はまったく変わっていない」

「労働法制の緩和で、戦後積み上げてきたものをすべてドブに捨てた」

「国鉄の民営化が出発点だった」

それまでの私は、一貫して犠牲を押しつけられる側に寄り添いながら取材し、数多くのルポルタージュを発表してきた鎌田さんの仕事のごく一部に目を通しただけだった。

ノートに書き留めた言葉に込められた思いを理解したのはしばらく後のことである。

談笑する人々でにぎわう東京・西新宿のカフェでの面談は二時間に及んだ。話を聞きながら、地元弘前出身のルポライターの仕事と半生を連載にできないか、そうすれば一定期間県版を埋められる、と頭の中で計画を立てた。忙しくて寄稿は無理と言われたので、聞き書きを申し出て了解を得た。

それから五カ月後の二〇一四年三月、「声なき人々の側で――ルポライター鎌田慧の軌跡――」の連載を青森県版で始めた。タイトルは、さまざまな社会問題に対し、一貫して、犠牲を押しつけられる側に身を置きながら、文字通り地を這うような取材を重ねてきた鎌田さんの姿勢を表現したものである。記事を通して、「これからの日本のあり方を考える材料を提供したい」と思った。

連載は二年間、計八八回。原稿を書くためのインタビューは毎回三時間ほど、回数は六〇回を超えた。取材に備えて鎌田さんの本を読み、東京に出かける。青森に戻ってまた次の本を読む。著書に収められていない記事が載った雑誌や関連資料を探すため、会社の資料室のほか、国会図書館や東京都立中央図書館、青森県立図書館、大宅文庫、東京大学の図書館を利用し、鎌田さんの取材先だった人たちにも会った。

取材は戦後史を学ぶ機会であるとともに、報道機関の一員として自己反省を迫られる機会ともなった。国鉄の分割・民営化、労働法制の規制緩和、原発問題、数々の冤罪事件の報道で、メディアが犯した「罪」の大きさとも否応なく向き合わざるを得なかったからである。

新聞連載が終わった翌年の二〇一七年、連載に加筆した『声なき人々の戦後史』が出版された。上下二巻七七九頁の本が出来上がったとき、鎌田さんは「棺桶に入るときの枕になるな」と言った。初めて会ったときに聞いた「死ぬ前に大衆運動史をまとめておきたい」という念願成就のお手伝いができたとしたら、私にとって望外の喜びである。

鎌田さんの初めての著書『隠された公害』は、長崎県対馬にあった東邦亜鉛対州鉱業所のカドミウム汚染がテーマだった。本の刊行はやがて内部告発を呼び込み、企業の公害隠しの実態を報じる朝日新聞の特ダネ記事へとつながる。新聞連載では、このエピソードとともに、当時を振り返る鎌田さんの次のような言葉を紹介した。

一人の物書きの力はそれほど大きなものではない。しかし、書き続けていれば何かを動かすこともできる。初めての著書の取材を通して、私は「書く」ことの意味を深く理解した。
この言葉は、いまも取材を続ける自分の大きな支えとなっている。

恩師・鎌田慧さんから学んだこと

高橋真樹
（ノンフィクションライター）

鎌田さんと初めて会ったのは、パレスチナのガザ地区だった。1990年代後半、当時大学生だった筆者は、国際NGOピースボートの世界一周クルーズに乗船、「ガザ地区でホームステイ」という、今ではとても考えられない交流ツアーに参加した。何時間も検問所で待たされた挙句に入ったガザを歩いている際にふと隣を見ると、パレスチナから合流してきた鎌田さんがいた。筆者は熱心な読者だったので少しドキドキして話しかけると、鎌田さんはボソボソとした独特な口調で気さくに答えてくれた。偉ぶらず、誰でも対等に接する親しみやすい人柄が印象に残っている。

筆者はその後、ピースボートのスタッフとなり、今度は日本の若者たちを世界の現場に案内する立場となった。その際にゲストスピーカーとして何度も船に誘ったのが、やはり鎌田さんだった。鎌田さんの本を読む機会がなかった若者たちにも、彼の言葉を届けたかったからだ。鎌田さんは流れるように話をするタイプではない。しかし、豊富な現場取材に裏付けされた説得力のある話は、多くの若者の心に刺さったと思う。

筆者がフリーのジャーナリストとして独立する際に報告をした時は、「今の時代、フリーは食っていけないから、やめた方がいい」と忠告しながらも、その後は温かい言葉で励まし続けてくれた。ジャーナリストとして直接的に影響を受けた分野のひとつは、エネルギー問題である。原発をめぐる問題は、原子炉が安全かどうかという、技術的な問題がクローズアップされがちだ。しかし本当に重要な問題の多くは、原子炉の外で起きている。鎌田さんは、原発立地の人々を取材し続け、原発マネーに汚染された地域では、人と人とが分断され、ものが言えなくなると、早い段階から警鐘を鳴らしてきた。『日本の原発地帯』で指摘しているように、「原発は民主主義の対極に存在する」。そんな社会で、原発の安全性を公正に議論したり判断したりすることができるわけがない。かつて鎌田さんが問いかけたこの重い課題は、あれから数十年が経った現在でも、この国では何一つ解消されていない。
筆者はこの15年、全国を歩いて地域の人々が手掛ける再エネと省エネの取り組みを取材し、伝えている。取り上げるのは単なる設備の話ではなく、その裏にある人々の変革への思いと、地域の自立への強い意志である。
その取材や執筆の際、筆者が大切にしてきたことがある。現場を訪れ丹念に人々の声に耳を傾けること。最も困難な状況にある人々に寄り添い、声なき声を伝えること。そして派手なうわべに惑わされず、本質を見抜く眼を磨くことだ。いずれも鎌田さんから学んだものばかりだ。まだまだ鎌田さんの足元にも及ばないが、恩師の著作を振り返り、学び続けていこうと思う。

鎌田慧セレクション―現代の記録―

既刊

1　冤罪を追う

冤罪という権力犯罪の追及。財田川事件の『死刑台からの生還』、狭山事件、袴田事件、三鷹事件、福岡事件、菊池事件など。

2　真犯人出現と内部告発

警察とマスコミの退廃。『弘前大学教授夫人殺人事件』『隠された公害』の二編を収める。

続刊

3　日本の原発地帯

チェルノブイリ、福島原発事故のはるか以前、1971年から鎌田は反原発だった。『日本の原発地帯』『原発列島をゆく』を収録。

4　さようなら原発運動

脱原発の大衆運動を一挙に拡大した「さようなら原発運動」の記録と現地ルポ。

5　自動車工場の闇

トヨタ自動車の夢も希望も奪い去る、非人間的労働環境を暴いた鎌田ルポルタージュの原点。『自動車絶望工場』ほか。

6　鉄鋼工場の闇

溶鉱炉の火に魅せられた男たちの夢と挫折。高度成長を支えた基幹産業の闇に迫る。『死に絶えた風景』『ガリバーの足跡』を収める。

7　炭鉱の闇

落盤事故、炭塵爆発事故、合理化による大量首切り。必死に生きる労働者と家族の生きざまを伝える鎌田ルポの神髄。『去るも地獄残るも地獄』ほか。

8　教育工場といじめ

「いじめ」を追う。『教育工場の子どもたち』ほか。

9　追い詰められた家族

社会のひずみは擬制の共同体「家族」を破壊して子どもを追い詰める。家族が自殺に追い込まれるとき』『橋の上の殺意』ほか。

10　成田闘争と国鉄民営化

日本史上最長、最大の農民闘争となった三里塚闘争の渦中からの報告。

11　沖縄とわが旅路

『沖縄―抵抗と希望の島』。及び著者の自伝的文章を再編集して収録。

12　拾遺

人物論／文庫解説／エッセーなど単行本未収録作品を精選し収録する。

A5判並製　平均350ページ
予価　各巻2,700円+税